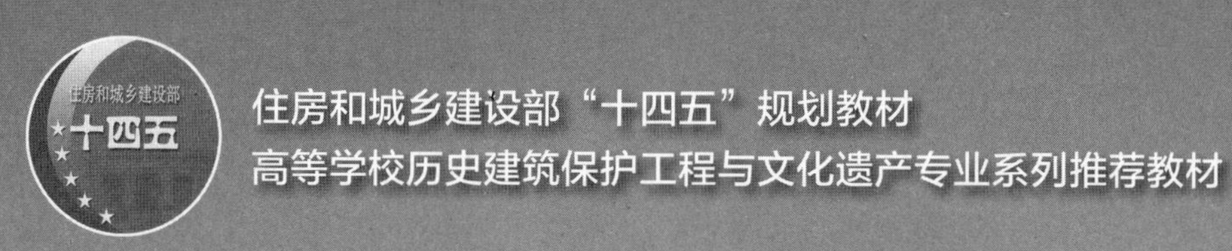

中国近现代建筑

Modern Architecture in China

同济大学　梅　青　编著

中国建筑工业出版社

图书在版编目（CIP）数据

中国近现代建筑 =Modern Architecture in China / 梅青编著 .—北京：中国建筑工业出版社，2021.10
住房和城乡建设部“十四五”规划教材　高等学校历史建筑保护工程与文化遗产专业系列推荐教材
ISBN 978-7-112-26110-9

Ⅰ.①中…　Ⅱ.①梅…　Ⅲ.①城市建筑—中国—近现代—高等学校—教材　Ⅳ.① TU-092

中国版本图书馆 CIP 数据核字（2021）第 080605 号

责任编辑：陈　桦
文字编辑：柏铭泽
责任校对：赵　菲

为了更好地支持相应课程的教学，我们向采用本书作为教材的教师提供课件，有需要者可与出版社联系。
建工书院：http://edu.cabplink.com
邮箱：jckj@cabp.com.cn　电话：(010) 58337285

住房和城乡建设部“十四五”规划教材
高等学校历史建筑保护工程与文化遗产专业系列推荐教材
中国近现代建筑
Modern Architecture in China
同济大学　梅青　编著
*
中国建筑工业出版社出版、发行（北京海淀三里河路9号）
各地新华书店、建筑书店经销
北京雅盈中佳图文设计公司制版
北京京华铭诚工贸有限公司印刷
*
开本：787毫米×1092毫米　1/16　印张：15½　字数：303千字
2021 年 9 月第一版　2021 年 9 月第一次印刷
定价：**59.00**元（赠教师课件）
ISBN 978-7-112-26110-9
（37700）

前言
Preface

感谢同济大学教材出版基金、国家社会科学基金一般项目：中国近现代城市建筑嬗变与转型研究（项目代号：14BSH058）资助本书出版。教材旨在培养学生在中外建筑交流史与跨文化理论审美中，阅读并鉴赏中国近现代建筑。

阅读城市建筑仿佛与建筑艺术和结构技术的会面，行走人文中的我们正在发生改变。昨日、今朝、明天，生命的智慧在探索不尽之宝藏与享受身心之成长。这本教材，只能算是初级导读，必须深入耕心，才能有所收获。借此希望能引导更多的人去看至今犹存的城市建筑，更深入地与之对话。

书中内容力求较为全面系统介绍中国自16世纪中叶澳门开埠至20世纪中叶所有重要中国近现代城市的建筑艺术：艺术流派、建筑作品与建筑师。从历史背景到建筑艺术的形成过程，以及各个近现代城市风貌形成的建筑历程，并从建筑分析中，引导学生对中国近现代城市建筑形成客观理解，以此培养学生跨文化的审美评价，对保护设计形成必要的理论铺陈。本书围绕中国近现代城市建筑的历史范畴、地位、价值、型制、风貌、特征、关联、技术及文脉等方面，结合案例，展开跨文化视野的历史建筑遗产价值的判断评价与讨论。

教材本为自2006年同济大学建筑系新开设的选修课程“中外建筑交流”的创新性尝试与集结，曾经作为“中国东南沿海的中外建筑交流”教学改革课程，以跨文化方法，架构了中外建筑交流中的中国近现代建筑。中国建筑文化似水流长，西方建筑文化大潮汹涌。在时空穿梭、波涛跌宕中，探寻着中国近现代建筑在当今国际潮流与世界舞台上的位置与意义。

书中内容，大多为历史陈述、背景拓展、理论转化、实践探索。许多老照片因为是作者20世纪拍摄的而弥足珍贵。抚今追昔，仿如跟随作者回到从前的历史时光中。本书平实易懂，深入浅出，以实现回归普罗大众教育的幸福旨归。

部分章节加入了专门研究：第2章中关于董大酉及其设计生涯的内容由建筑师吕维锋先生供稿；第4章由同济大学建筑与城市规划学院华霞虹教授撰写；第5章和第6章第1节系先师刘先觉教授的贡献；第6章第2节由东南大学建筑学院汪晓茜教授撰写。

本教材在编写过程中，选用了部分优秀案例的精彩图片与图绘，因无法获得有效的联系方式，仍有个别图片与图绘未能联系上原作者，请图片与图绘作者或著作权人见书后及时与编写者联系沟通（邮箱 mei@tongji.edu.cn）。

目录

Contents

第1章 概论：我们从未现代过？

1 1.1 中国近现代建筑史始于何时、何地？

3 1.2 中国近现代代表性历史建筑有哪些？

第2章 中国近现代建筑的兴起及其建筑师们

27 2.1 建筑教育

34 2.2 建筑师们

第3章 近现代技术对中国近现代建筑风貌的影响

40 3.1 建筑技术对近现代建筑风貌演变影响的分析

42 3.2 技术体系的转入：营造厂与工程师

第4章 上海摩登：邬达克的贡献

45 4.1 现代生活、新建筑类型、新颖风格、新技术与新工艺

61 4.2 都市文脉主义与上海摩登的时代精神

第5章 中国近现代城市建筑的地位、型制与特征

75 5.1 折中主义与西方古典式建筑

76 5.2 仿宫殿式的近代建筑

第6章 中国近现代新民族形式的建筑

80 6.1 西方现代派建筑影响

82 6.2 近代南京的城市化与现代化（1928—1937年）

第7章 几个典型城市中的建筑类型与风貌

93 7.1 居住建筑——青岛

96 7.2 居住建筑——鼓浪屿

第8章 社会需求与生活对近现代建筑演变影响的分析
8.1 鼓浪屿各国领事馆 107
8.2 上海国际大都市的侨居建筑 110

第9章 中国近现代建筑艺术
9.1 中国的现代化、现代性与现代建筑 118
9.2 以清华大学为例 120

第10章 东西方相逢于布扎传统
10.1 传统、交流与现代性研究 127
10.2 布扎艺术的中国传播与影响 130

第11章 中国近现代建筑的风格分类及风貌特征
11.1 中国近代建筑的风格分类 134
11.2 中国近代建筑的风貌特征 141

第12章 中国近现代建筑的价值
12.1 价值研究的基本观点与讨论 144
12.2 国际社会对遗产价值的阐述与评估 146

第13章 中国近现代建筑转型为世界文化遗产
13.1 世界文化遗产的突出普遍价值的概念 150
13.2 作为世界文化遗产的鼓浪屿之价值 152

第14章 鼓浪屿当下诗意的栖居
14.1 昔日的鼓浪屿 160
14.2 今日鼓浪屿及其生态学 166

第 15 章 鼓浪屿的物质文化遗产保护
174 15.1 建筑遗产保护的伦理、情理与法理
181 15.2 鼓浪屿的文化遗产价值解析

第 16 章 中国近代建筑遗产关联与保护
191 16.1 建筑遗产保护的学理
194 16.2 为何保护

第 17 章 遗产地的旅游价值与可持续发展
201 17.1 交叉学科方法
203 17.2 整体论的方法与展望未来

第 18 章 案例 鼓浪屿遗产保护性再利用设计
220 18.1 遗产的保护性再利用
223 18.2 创新整合设计的几个案例

参考文献 239

第 1 章　概论：我们从未现代过？

1.1　中国近现代建筑史始于何时、何地？

早在 15 世纪末，教皇亚力山大六世在位期间，曾经在 1493 年为世界海上强国葡萄牙、西班牙划定了殖民扩张分界线，葡萄牙获得了到非洲和亚洲贸易航线的海上控制权，而西班牙则是获得美洲乃至太平洋的海上贸易控制权。因而，非洲国家、印度、中国都在葡萄牙的海域航线范围之内。而整个南美洲除了已被葡萄牙占据的巴西之外，全部在西班牙的掌控下。在条约基础上，西班牙和葡萄牙几乎不受任何限制地在世界上航行、征服以及贸易。同时，他们也肩负着教廷的重任，一边从事贸易和掠夺，一边传播天主教和基督教。他们获得了教皇特准，所到之地兴建教堂、修道院，由此可以完成传教使命。驶向东方的船只，依赖海洋季风。从海洋吹向陆地的季风，将这些船只带入一个又一个港湾。

葡萄牙继 16 世纪占领了印度的果阿与马来半岛的马六甲，并顺着马六甲海峡驶向中国海，占据了澳门。1513 年，一艘自果阿出发的葡萄牙商船驶入珠江水域，这是自马可・波罗之后第一次有正式记载的欧洲人的到来。葡萄牙人在中国南方的贸易活动并不顺利，其时正值明朝实施海禁，1516 年，尝试在中国沿海建立据点的葡萄牙人在厦门港外的浯屿岛与当地人进行了私下的交易，结果 90 名参与贸易的中国人丧命。这时期葡萄牙人也试图在汕头和宁波建立商馆，但未成功。1553 年，通过贿赂当地官员，在澳门获得了居留权，以此为据点进行欧亚及亚洲各地之间的贸易（图 1-1、图 1-2）。

图 1–1　16 世纪澳门（左）

图 1–2　1999 年前的葡萄牙殖民地（梅青摄影，1997 年）（右）

图 1–3　1997 年考察澳门城市广场（梅青摄影,1997 年）

图 1–4　1997 年考察澳门市政厅（梅青摄影，1997 年）

图 1–5　1997 年考察澳门葡萄牙建筑（梅青摄影,1997 年）

15 世纪中叶，海洋大探索伊始，随着葡萄牙海上探险家瓦斯科・达伽玛（Vasco da Gama）从欧洲始发，绕过非洲好望角到达印度，外廊建筑在整个印度非常流行。欧洲人海上航线的开发，殖民地风格的建筑应该说就已经开始出现了。所谓殖民建筑，狭义上说，是一种从殖民者的祖国，传到遥远的新居住地并且被纳入当地建筑与居住地风格的一种建筑风格。广义上看，它是在新世界的一种新设计风格（图 1-3~ 图 1-5）。

殖民者们将自己祖国的原初建筑风格与新的所在地建筑设计合成融合而成为"混血儿"，一般外观美丽并具有文化与气候适应性的设计。直到 19 世纪，这种原型被英国殖民者，在东南亚国家，以及沿中国东南沿海的许多半殖民城市应用。外廊式建筑因其建筑形式所带来的半开敞式的新生活方式，而在中国的华南与东南沿海，尤其是华侨祖居之地的侨乡十分常见，成为独树一帜的类型。世界地理大发现，始于葡萄牙人与西班牙人 15 世纪（对应于明朝）的大航海探索。当时，欧洲船只漂洋过海，航行于地球各处的海洋，探索生存之路，寻找贸易路线与伙伴并发展新生的资本主义，并发现了许多当时不为人知的国家与地区，由此开启了欧洲资本时代与西方向东方的殖民。

直到 16 世纪末，欧洲在开拓了资本主义生产方式的道路上，从观念形态上向封建秩序发起了挑战，一个创始于 14 至 15 世纪意大利的资产阶级的新思想和新文化时期——史称“文艺复兴”，此时期达到了全盛的时代。由于文艺复兴所倡导的人文主义，在欧洲占据了主导地位，并伴随着东西方之间的文化与贸易交流，欧洲文化开始了全球性的扩张，这极大地推动了东方现代文明的进程。紧随葡萄牙与西班牙的另外两股海洋力量来自于荷兰与英国。荷兰人首先占领印度尼西亚的爪哇岛，荷兰人沿着葡萄牙自西向东殖民的航线到达中国台湾，被当地人称为“红毛贼”，之后在 1604 年占领澎湖列岛，1624 年占据台湾，台湾是中国东南沿海很重要的组成部分，民族学家认为台湾人为马来人种，历史上与内地的关系分合过很多次。荷兰人时常袭击月港至菲律宾的航线。

在 17 世纪的中叶，华南一带沿海与东南沿海有葡萄牙人、西班牙人、荷兰人和郑成功四股海上力量，此消彼长，一争雌雄。1661 年，郑成功率领水师横渡海峡，驱逐了荷兰人，收复了台湾。中国与西方海上力量首次大规模对决，锐不可当的西方新兴殖民势力在东方首次遭遇到强有力的回应。明清两代，在中国由于本土优势与地主之便，贸易往来的大部分时间里，中国都是获利的一方。与欧洲人之间的商贸活动从限定于几个口岸，直到因为受到时局的影响而时不时地关闭几个口岸，直到乾隆时期广州成为唯一对外开放的口岸。大量白银的流入造成乾隆时期白银的贬值，一直到 19 世纪，欧洲人没能运来能够在中国打开市场的本国商品，最后以鸦片的输入平衡从中国出口到欧洲的茶叶、生丝、丝绸与瓷器等外销品。海洋文化是一种外向型的文化，它更为积极进取，更容易对外界的影响作出反应。广袤的空间与更多的财富，都在内陆原有的认知所划定的界限以外。

1.2　中国近现代代表性历史建筑有哪些？

1.2.1　历史向度上的中国近现代代表建筑

1557 年，葡萄牙继占领亚洲殖民地果阿与马六甲之后，占据了澳门；1565 年，西班牙违反条约征服了菲律宾，将西班牙的海上霸权覆盖了整个南洋。1565 年，在澳门出现了天主教第一所耶稣会会院，耶稣会士开始在中国传教，当时教会隶属于马六甲教区，直到 1576 年 1 月澳门主教区成立，管辖日本、中国内地和越南等地的教务。兴建了修院、教堂、学校、医院、仁慈堂等一系列机构。圣保罗教堂，创建于 1580 年，重建于 1607—1637 年，1835 年毁于大火，仅存前壁，当下俗称“大三巴牌坊”，为澳门重要地标（图 1-6）。

图 1–6 大三巴牌坊（陆爱青提供）

1567 年明穆宗宣布停止海禁，开放福建漳州月港，允许民间通商东西两洋，即史称的“隆庆开海”。中国东南沿海的福建省，当时漳州月港是明廷开放的福建唯一港口，通东西洋，东至西班牙占领的菲律宾主导的东洋，西至葡萄牙占领的马六甲海峡主导的西洋。据《海澄县志》记载，“月港自昔号巨镇，店肆蜂房鳞次栉比，商贾云集，洋艘停泊，商人勤贸，航海贸易诸蕃”，当时月港一地“农贾杂半，走洋如适市，朝夕皆海供，酬酢皆夷产”，成为“闽南一大都会”。当时主要出口商品包括粗瓷器、陶器、蔗糖、果品、药材、小铁器以及工艺品，输入的是白银、大米、药材等大宗货物以及象牙、檀香、胡椒等海外特产。因为私人经营的海外贸易从未禁绝，位于九龙江出海口外，更为便利的厦门港逐渐兴起，并直到清代成为福建地区最大商港。

欧洲人在 16 世纪之后开始了大航海时代的全球性扩张，海上新航路的开辟带来了巨大的利益，商船自欧洲出发进行一次远东贸易，风向和洋流决定了行船的速度和方向，两年是常见的周期。欧洲海外冒险先驱葡萄牙人沿着非洲西海岸建立了许多沿海驿站。到 16 世纪的最初 10 年，葡萄牙人已经占领了东非的莫桑比克港，印度洋上通往亚丁湾与红海的关口索科特拉岛（今属也门）和扼守波斯湾的霍尔木兹岛（今属伊朗），以及印度西海岸的果阿，并控制了与远东通商的必经之地马六甲海峡。这些重要的沿海据点为葡萄牙连接起一条跨越半个地球的贸易通路。

16 世纪正值明代万历年间，1582 年意大利天主教传教士利玛窦（Matteo Ricci，1552—1610 年）应召前来中国传教，8 月 7 日到澳门，1584 年获准与意大利耶稣会传教士罗明坚（Michele Ruggieri，1543—1607 年）入居广东肇庆，由此开始进中国内地传教，自明代利玛窦进入故宫为万历皇帝传播福音，并特准在北京定居，开启了西方教堂在北京的出现，直至 20 世纪初（图 1-7~ 图 1-9）。

(a)

(b)

图 1–7　北京南堂入口（左上）
图 1–8　北京南堂（右上）
图 1–9　北京南堂内部（下）

继葡萄牙人对澳门的开发，随后的荷兰人在 16 世纪时拥有欧洲最庞大的商船队，17 世纪后葡萄牙人在亚洲贸易上的统治地位被荷兰人夺走，随后便开始挑战葡萄牙人的东方商国。1602 年荷兰人成立了荷兰东印度公司，随后在东印度群岛修筑了一系列要塞，并由此发展出一个比葡萄牙人的贸易网络大得多的殖民帝国。在中国近海，1604 年在进攻澳门试图赶走葡萄牙人取而代之的计划失败之后，荷兰人沿着海岸北行寻找别的可能的据点。荷兰于 1622 年占领了澎湖，1624 年被明朝军队驱离后转至台湾安平设立据点，直至 1662 年被明郑延平王郑成功打败为止，在此之间从事最为擅长的转口贸易。他们从中国大陆收购生丝、丝绸、瓷器、棉布等商品，将生丝及丝织品运往日本，瓷器运回欧洲，棉布转卖东南亚或供应台湾岛内。台湾本地出产的鹿皮、砂糖、渔获被运往大陆和日本。此外荷兰人也从东南亚购入胡椒、丁香、苏木等香料，以及铅、铝、硫磺等，卖至中国获利。这一时期台湾岛与内地之间的贸易，由于荷兰人的活动，在台湾一边集中在现在的台南，在大陆一边则经由十多个大小港口，其中以厦门和烈屿

（今小金门）进出的船只最多。明崇祯六年（1633 年）发生的明荷海战，起因于荷兰为迫使中国政府答应其贸易需求而对福建沿海进行的掠劫活动。此前荷兰人与福建之间的私商贸易，一度得到地方官员的默许，这种实质上等同于走私的贸易活动受到打击之后，荷兰在台湾的贸易陷入困境。于是荷兰人决定掠劫自南洋返回福建的中国商船以换取中国政府的妥协。在宣战书中荷兰人提出数项条件，其中包括在鼓浪屿建立一个贸易据点。

不过在被明朝水师以绝对优势的兵力击败之后，荷兰人放弃了这些要求，却也得到了原先期望的稳定供货保证，此后直到明朝灭亡，荷兰人都维持着闽台间的贸易活动。从 16—18 世纪，意大利、西班牙、葡萄牙传教士们在中国完成了重要的早期教皇赋予的传教使命。

17 世纪末，法国的传教士也加入其中，并随着时间的推移，提升了基督教会在朝廷中的重要性。继明万历三十三年（1605 年）在北京宣武门内建教堂，即是南堂前身，清顺治年十二年（1655 年），皇帝准许两位西方神甫在王府井兴建了教堂，也即东堂前身。

清代康乾盛世，更高层面地开启了近代西方建筑的传入之门，清康熙皇帝热衷于欧洲的先进科学技术，同时表现出对于欧洲文化艺术的浓厚兴趣，传教士们借助介绍西方的先进技术的机会，而深得康熙欢喜。1688 年，法国耶稣会在北京成立，其使命不仅仅是传播天主教信仰，而且希望建立与中国的外交和商贸关系。除引进传教士进入宫廷内外，还在京城兴建敕建了许多西式教堂与各类建筑，而规模最大的一组西洋建筑乃为由当时的耶稣会传教士设计的园林建筑，即圆明园西洋楼。喷泉的设计人是法国人蒋友仁（P.Michael Benoist），建筑的设计人是意大利人郎世宁（F.Giussepe Castiglione）和法国人王致诚（Jean Benis Attiret），园林的设计人是法国人汤执中（F.Pierre D′ Incarville）。西洋楼独立成景，四周围着山和墙，欧式园林建筑的集中体现，采用石柱结构体系，建筑本体用汉白玉，屋顶为中国琉璃瓦，建筑为巴洛克风格，园林模仿法国园林的洛可可风格。中国工匠在施工中夹杂了中国传统做法，为圆明园工程做法则例增加了西洋工程做法图例，后来成为“圆明园式”宫廷洋式建筑做法标准，并逐渐普及影响到清末宫廷洋风建筑，包括颐和园重建时，在石舫（清晏舫）船体两侧加汉白玉机轮造型，配彩色玻璃窗，仿照圆明园西洋楼风格；以及仿照圆明园海晏堂造型兴建的中海海晏堂，是一座西洋式建筑，用于慈禧接见外国客人；直至 1898 年清廷委派中国工匠建造的长河岸边的“畅观楼行宫”，甚至清代末年民间工匠根据自己对西洋建筑风格流行的样式建筑，包括店面、公共建筑及洋式装修。康熙三十三年（1694 年），皇帝允许法国传教士兴建救世堂，即北堂的前身。雍正元年（1723 年），意大利传教士在西直门内大街兴建西堂。

法国耶稣会传教士巴多明（Dominique Parrenin，1665—1741 年）1723 年在北京的一封信中这样写道：“中国的皇帝深爱科学，对外国知识极具亲和力，这在欧洲已家喻户晓。"由此，欧洲人送来了数学师、天文师、艺术师为宫廷传授知识的同时，将由宫廷决定，哪些传教士留在宫中，哪些可以到各地完成传教使命，使他们顺利地贯彻了宗教使命，传到中国精英文化的各个阶层。

18 世纪，荷兰及英国和法国的船舰，打破了东方航线葡萄牙独揽的局面，远东贸易的同时进一步传播宗教使命。清朝以后，荷兰人先是被郑成功从台湾逐出，失去了他们在亚洲至关重要的一个据点，随后其在国际贸易上的统治地位被逐渐崛起的英、法两国取代。自 18 世纪起英国人成为中国对外贸易的主要对象，茶叶取代生丝成为最大宗的出口商品，到 19 世纪中后期，其出口值在有些年份甚至占总出口值的 80% 以上。

在时间范畴上，中国近现代建筑的历史范畴在原则上是按照中国通史的分期，也就是说主要是研究 1840 年鸦片战争以后到 20 世纪末的建筑艺术成就。但是作为建筑历史也有其自身的特殊性，虽然中国近代史是从 1840 年开始划线，而实际上在这个关键年代之前，中西建筑文化交流已很频繁，它对中国近代建筑西化的过程，曾有过一定的影响。中华民族自近代以来（16 世纪中叶—20 世纪），是传统社会向现代社会的过渡时期。中国建筑文化似水流长，由于受到汹涌的西方建筑文化大潮的冲击，中国建筑文化发生了根本意义上的转变。例如 16 世纪葡萄牙人占据澳门时期所建造的一批西式建筑；天主教在明清时期所兴建的一些西式教堂；清朝初期在广州建造的广东十三行与十三夷馆；清朝前期在圆明园的长春园中建造的一批西洋楼等，都是西方建筑艺术东渐的佐证，也可以说是中国近代建筑艺术的滥觞。因此在讲授中国近现代建筑艺术时，追溯这批近代建筑艺术的源头是非常重要的。随着澳门回归，又将中国近现代建筑史上溯至海洋探索而带来的以澳门为首的珠江三角洲对外开放，及时间跨度由原来的 1840—1950 年，延展为 1550—1950 年。[①]

建筑概念上，我们暂且以 1949 年中华人民共和国成立这一重大历史事件作为分水岭。当然，有些人会强调应该以 1919 年的"五四"运动为分界线，也有人会认为中国在 20 世纪 30 年代已出现过现代建筑艺术思潮和现代建筑作品，把它的分界划在 1949 年岂不是有违事实？我们认为这里所讨论的近现代建筑艺术主要还是作为时间概念来考虑的，因此，争论这个分界线并没有多少实际意义，只要能把社会背景说明清楚，把各阶段建筑思潮与风格的活动分析全面，对于了解该时期的建筑概念来说仍然是完整的。

1.2.2　近代西方建筑历史大变局

17—18 世纪，英国领先于欧洲其他国家，率先进入了现代时期并开启了"现代建筑"的雏形并产生相应的崇尚功能、理性与实效的现代建筑技术美学。并且伴随传播，派生输出到欧美乃至亚洲，成为席卷世界的现代

---

① 刘先觉. 刘先觉文集 [M]. 武汉：华中科技大学出版社，2012.

建筑的主要源泉。主要源于18世纪60年代从英国发起的人类历史上第一次工业革命，它是技术发展史上一次巨大革命，开创了以机器代替手工劳动的时代。这不仅是一次技术改革，更是一场深刻的社会变革。第一次工业革命是以珍妮纺织机的诞生开始，以蒸汽机作为动力机被广泛使用作为标志。工厂制代替了手工作坊，机器代替了手工劳动；从社会关系来说，工业革命使依附于落后生产方式的自耕农阶级消失了，工业资产阶级和工业无产阶级形成并壮大起来，并密切加强了世界各地之间的联系，改变了世界的面貌，最终确立了资产阶级对世界统治地位，率先完成了工业革命的英国，很快成为世界霸主。

18世纪中期开始，英国不断出现各类工业化建筑，直到1851年伦敦世界博览会上的水晶宫建筑（Crystal Palace）的出现，被称为现代建筑的第一朵报春花，同时也是建筑技术美学的报春花，昭示出带有现代气息的建筑技术美学的诞生。

工业革命所带来的技术进步，尤其在新材料、新结构、新技术以及标准化设计等，具有新颖、快捷和经济等特征，从而带来了许多由新技术带来的建筑形式，以及新的建筑类型与结构类型的出现。标准化设计带来的第一个优势是设计完全依照一定的模数进行，因而带来的是快速有效的建筑设计，以及建筑设计过程、建造施工和后期都得以快速进行，与欧洲动辄百年的传统建筑的设计与建造相比，具有极大的优势。伴随葡萄牙与荷兰的亚洲海上航线的开发，英国相继在1776年对于亚洲的槟榔屿（今马来西亚槟城）的开发和1819年对新加坡的开发及其后的海峡殖民地的建立。而与中国，最初也是以通商为主要目标直至通商失败而以鸦片战争敲开了中国的门户。

不平等条约下开埠的城市

1840年的第一次鸦片战争，于1842年签订了《南京条约》（也即在南京所签订的《中英条约》）。次年的《虎门条约》规定了细则：

①赔款二千一百万两；

②割香港；

③开放广州、厦门、福州、宁波、上海为通商口岸；

④海关税的所谓协定关税；

⑤英国人在中国只受英国法律和英国法庭的约束，即所谓治外法权；

⑥中英官吏平等往来。

《南京条约》后，将中国的五个口岸城市广州、厦门、福州、宁波和上海，开辟设为五口通商条约口岸，其后的几十年间，各国领事和洋行商人在以上的几座城市中，建造了各种各样的办公与居所，在英国最初的殖民过程中，将建筑形式与环境关系进行了系统化的外廊式样风格的普及，这种形式源于其在印度殖民地所见的建筑原型之转型与变异，而形成了独特的外廊式样的殖民地风格建筑。经过签署《南京条约》开埠的五个口岸城市在之后的百年里分别成为半殖民地的公共租界。

1856 年 10 月爆发了第二次鸦片战争，清廷于 1858 年在英国、法国、俄国、美国强迫下签订了《天津条约》。之后，又相继有其他的中国口岸城市依据不平等条约而开埠。第二次鸦片战争，经过签署《天津条约》开埠的城市天津、汉口、九江、南京、镇江、营口、登州、台南、淡水、潮州、琼州。1860 年 10 月，英法联军逼近北京，当时郊外有一座清初康熙皇帝建造的美丽的皇家宫苑圆明园，受到英法联军的大肆掠夺与焚毁。联军占领北京，而咸丰皇帝逃往热河避暑山庄。留在北京负责交涉的恭亲王，主张与英法议和，以首先除掉太平天国为要。在此背景下，清廷与英法签订《北京条约》。两次条约约定了以下内容：

①开天津及长江沿岸的汉口、九江等十一地为通商口岸；

②允许外国人往中国内地游历、通商；

③洋货运销内地，只纳子口税百分之二点五，不再纳厘金税；

④允许外国公使入驻北京，有权与中央政府直接交涉；

⑤允许华侨出洋；

⑥割让九龙半岛给英国；

⑦ 1853 年始设于上海的外国人税务司制度在其他各通商口岸实施；

⑧各式公文中不得提书对外国蔑称“夷”字；

⑨鸦片贸易合法。

1842 年 8 月 29 日中英《南京条约》，清政府向英国赔款二千一百万两，将香港岛割让给英国，中国海关关税应与英国商定，领事裁判权，开放广州、厦门、福州、宁波、上海等五处为通商口岸，准许英国派驻领事，准许英商及其家属自由居住。

1844 年 7 月 3 日中美《望厦条约》，协定关税，扩大领事裁判权范围，片面最惠国待遇，美国兵船可任意到中国港口“巡查贸易”，清港口官员须“友好”接待。停泊在中国的美国商船，清朝无从统辖。

1844 年 8 月 14 日中法《黄埔条约》，法国人可在五个通商口岸永久居住，自由贸易，设立领事，停泊兵船，法国享有领事裁判权，片面最惠国待遇，法国人可在五口建造教堂、坟地，清政府有保护教堂的义务。

1858 年 5 月 28 日中俄《瑷珲条约》，黑龙江以北、外兴安岭以南 60 多万平方米的中国领土划归俄国，瑷珲对岸精奇哩江（今俄罗斯结雅河）上游东南的一小块地区（后称江东六十四屯）保留中国方面的永久居住权和管辖权；乌苏里江以东的中国领土划为中俄共管；原属中国内河的黑龙江和乌苏里江只准中、俄两国船只航行。

1860 年 10 月 24 日中英《北京条约》，开天津为商埠；准许英国招募华工出国；割让九龙司地方一区给英国；中英《天津条约》中规定的赔款增加为八百万两。

1860 年 10 月 25 日中法《北京条约》，开天津为商埠；准许法国招募华工出国；将以前被充公的天主教产赔还，法方在中文约本上私自增加：并任法国传教士在各省租买田地，建造自便；中法《天津条约》中规定的赔款增为八百万两。签约后，法国扶助清镇压太平天国革命。

1860 年 11 月 14 日中俄《北京条约》，将乌苏里江以东（包括库页岛在内）约 40 万平方千米的中国领土，强行划归俄国；规定中俄西段疆界，自沙宾达巴哈起经斋桑卓尔、特穆尔图卓尔（今伊塞克湖）至浩罕边界，"顺山岭、大河之流及现在中国常驻卡伦等处"为界，根据这一规定，于 1864 年签订了《中俄勘分西北界约记》，将巴尔喀什湖以东、以南和斋桑卓尔南北 44 万多平方千米的中国领土，割给俄国；开放喀什噶尔（今喀什市）为商埠；俄国在库伦（今蒙古国首都乌兰巴托）、喀什噶尔设立领事官。

1895 年 4 月 17 日中日《马关条约》，中国从朝鲜半岛撤军并承认朝鲜"自主独立"；中国不再是朝鲜之宗主国；中国割让台湾岛及所有附属各岛屿、澎湖列岛和辽东半岛给日本；中国赔偿日本军费二万万两；中国开放沙市、重庆、苏州、杭州为商埠；允许日本人在中国通商口岸设立领事馆和工厂及输入各种机器；片面最惠国待遇；中国不得逮捕为日本军队服务的人员；台湾澎湖列岛内中国居民，两年之内可变卖产业搬出界外，逾期未迁者，将被视为日本臣民；条约批准后两个月内，两国派员赴台办理移交手续增辟通商口岸。

1901 年 9 月 7 日《辛丑条约》，中国赔款白银四万五千万两，分 39 年还清；划定使馆区。将北京东交民巷划定为使馆区，成为"国中之国"。在区内中国人不得居住，各国可派兵驻守；拆炮台、驻军队。拆除大沽及有碍北京至海通道的所有炮台，帝国主义列强可在自山海关至北京沿铁路的 12 个地方驻扎军队；胁迫清政府承诺镇压反帝斗争。永远禁止中国人民成立或加入任何"与诸国仇敌"的组织，违者处死。各省官员必须保证外国人的安全，否则立予革职，永不录用。凡发生反帝斗争的地方，停止文武各等考试 5 年。其中这一条标志着清政府完全沦为了帝国主义的工具；对德、日"谢罪"。清政府分派亲王、大臣赴德、日两国表示"惋惜之意"，在德国公使克林德被杀之处建立牌坊；惩治附合过义和团的官员。从中央到地方被监禁、流放、处死的官员共百多人；设立外务部。将总理衙门改为外务部，班列六部之首，成为清政府与列强交涉的专门机构。

随着国际艺术潮流的影响和西方新技术的引进，中国传统风格在建筑领域的绝对主导地位被彻底打破，从而开始了一个中西文化冲突的过程，最终以两者的和谐结合而告终。这种建筑发展，作为中国社会困境的缩影，在一定程度上反映了那个时期整个国家的现代化进程。

从 19 世纪下半叶开始，西方人开始来到中国。从那时起，中国在政治、经济、思想、文化等方面发生了巨大的变化。近代（1840—1949 年）中国重要城市（上海、南京、北京、广州、重庆）出现了多种不同风格的建筑，可分为西式、传统中式和两者的融合体。

中国近代社会的这一重大变革可以概括为以下五阶段：清朝衰落与社会混乱、第一次鸦片战争与西方入侵、救国运动与中华民国的建立、中国人民抗日“抗战”（1937—1945 年）、解放战争（1945—1949 年）和中华人民共和国的建立。在中国，传统的建筑活动是通过传统匠人来进行的，直到 20 世纪中叶才有建筑师的职业或建筑学作为一门学科。在中外建筑师的共同努力下，中国近代建筑创作开始繁荣起来，当年中国建筑最突出的特点是“中西风格元素的结合与融合”，在这种建筑的融合中，中国大城市呈现出新形象。

1.2.3　空间领域里的中国近现代历史建筑

在空间领域里，包含主要的口岸城市，包括上海、南京、广州、福州、厦门和宁波等首批中国东南沿海地区因中外交流而涌现出的建筑，以及随后很多受到西化影响的内陆城市。而作为中华民族所处的一个特殊时期，近现代建筑的嬗变与转型，主要界定为晚清的 19 世纪末（1890 年）到 20 世纪中（1940 年）。近现代的中国，正处在世界的大变局时期。对应于以英国为主的西方世界历史的主线的中国同时代的历史，也正是受到西方列强瓜分与殖民的历史。蒋廷黻在他的中国近代史一书中，作了一个区域划分，经过了 1895—1898 年欧洲列强在中国的割地狂潮：长城以北属俄，扬子江流域（十省）属英，山东属德，云南两广属法，一部分属英，福建属日，又各争夺铁路建设权，瓜分大清。从建筑史角度看，鸦片战争后西方建筑进入中国，中国人的生活方式、建筑、家具逐渐西洋化。而中华民国时期（1912—1949 年）的建筑形式弥补了中国木结构建筑的不足，吸收了西方建筑的优点长处，以砖石结构为主，木结构为辅，同时也保留了很多中国古建筑的风格和元素，从而形成民国时期风格。期间新建筑类型、新建筑形式与风格、新建筑技术等的层出不穷。因地理位置，中国东南沿海城市近现代建筑具有举足轻重的地位。东南沿海建筑（包括上海、南京、广州、福州、厦门和宁波），在 1890—1930 年期间，建筑形式与城市面貌，表现出从“口岸城市”到“民族复兴”重要转型。正是民国时期以首都南京为核心，以上海、广州为代表的东南沿海重要转型时期。如今这些昨日的现代建筑已经转型成为我国重要的文化遗产。以厦门、上海、广州为代表的东南沿海城市，也正经历着再次的重要转型时期——如何保护好这些珍贵的建筑文化遗产。开埠代表性案例，分别简述广州十三行和上海外滩如下。

1. 广州：广州十三行

明末清初，西洋人曾经到过漳州、泉州、福州、厦门、宁波等地，在清朝的历史中，我们多闻海外船舶如何进出中国。康熙允许国内外的通商活动，因此广州沿海的商业活动繁荣了起来，后来清廷法令禁止通商，就只限于广州的一口通商制度。乾隆指定广州一口。通商，对海外船舶到广州贸易有诸多规定：

①外商不能在广州过冬，不能回国的到澳门去过冬；

②外商在广州只能住“夷馆”，由行商负责照管其生活；

③外商不许雇用中国仆妇，雇用看门、挑水、挑货等民夫多有限制；

④外国妇女只能停留船上或居住澳门；

⑤禁止偷运枪炮到商馆；

⑥立时驱逐在中国海域走私漏税、贩卖鸦片的外商船舶；

⑦军方管制海外商船停泊区域；

⑧洋人住在广州城外的十三行，春秋两季买卖，回到澳门过冬季。

有许多外国商人开始在广州的十三行附近经商。

关于十三行名称，说法不一：一说“十三行”是沿袭明朝的习惯称呼。明朝晚期，海禁开放，市舶司不再参与外贸的具体运作，而是各市舶司联合在众多牙行中选拔出十三家比较有实力的，称“十三行”。

二说“十三行”是清朝广州海关成立时的洋行数量。包括怡和行、广利行、同文行、同兴行、天宝行、兴泰行、中和行、顺泰行、仁和行、同顺行、义成行、东昌行、安昌行。

三说“十三行”是十三行街道上的商行，第一、第二家是美国的花旗行，第三、第四、第五家是英国的保和行、丰太行、隆顺行，第六、第七家是中和行，第十一家是法国的高公行，第十二家是西班牙的吕宋行，第十三家是丹麦的黄旗行。

四说“十三行”是1686年粤海关官府招募了十三家较有实力的商行，代理海外贸易业务，俗称“十三行”，是一个拥有商业特权的官商群体，是清朝的“外贸特区”。其中产生出驰名海外的四大巨富，包括同文行的潘氏三代。但是当时的商业设施不完备，许多商人都是住在居民自发运营的类似于客栈的地方。投资建造了一批用于经商及居住的商馆。它的功能是楼下办公，楼上居住，功能分区类似于后来的骑楼建筑。在建筑形式上，采用了殖民地形式，即拱廊式，类似于骑楼建筑中的灰空间。十三行夷馆毁于大火。外商于1859年建立沙面为新租界，他们在沙面建造了一大批殖民地风格的拱廊式建筑，引入了外国的装饰风格以及建造技术，使得临近地区西化。当时的欧洲人知晓康乾盛世并认为皇帝是开明君主。英国人以为在华唯一通商口岸广州所遇到的困境都只是来自广州地方官吏所为。1792年，英国派遣马嘎尔尼（Lord Macartney）作为全权特使来华。英国希望中国给出一个小岛，可供英国商人居住及储货，就像葡萄牙人在澳门一样。

2. 上海：上海外滩

上海被认为是现代中国经济中心和国际化程度最高的城市，上海的重要性在于它的战略地位：一方面，它位于长江口，以东海沿岸为中心，是连接中国与西方之间海路的理想位置。另一方面，不同的河流、渠道、溪流和湖泊促进了连接上海和中国内陆的河流运输。上海现代化进程后，从一个中西结合、传统与现代结合的小城市，逐渐成为一个世界性的城市，后来成为一个经济文化发展很好的全球性大都市。上海近代建筑的特点可以概括为以下几点：最先进的技术和最时尚的风格、商业功能、风格多样。近代上海西式建筑的发展经历了三个阶段：第一阶段 19 世纪 40—90 年代，由刚到上海的西方商人设计和建造的殖民建筑脱颖而出，标志着中国现代建筑开始的建筑。第二阶段 19 世纪 90 年代到 20 世纪 20 年代。特许权的大发展增加了建筑的数量，提高了建筑的质量。许多专业建筑师来到上海，他们的建筑风格千差万别，出现西方风格建筑的繁荣。第三阶段 20 世纪 20—40 年代，在西方文化的深刻影响下，上海出现了装饰艺术建筑的“繁荣”，这是当时流行的艺术潮流。

著名街道：上海外滩位于黄浦江畔，清道光二十四年（1844 年）起这一带被划为英租界，是上海历史上最著名的街道之一，以及整个上海近代城市开始的起点，上海的商业和金融中心。外滩上留存至今的近现代建筑，如图 1-10 所示，包括：

（1）外滩 1 号亚细亚大楼（Asia Building）：原址是英商兆丰洋行（George McCain Company）的产业。大楼由马海洋行设计，裕昌泰营造厂施工，钢筋混凝土框架结构，高 7 层，竣工于 1916 年。1917 年，大楼被英商亚细亚石油公司收购，遂名亚细亚大楼。建筑外观为折中主义风格，正面为巴洛克式，第六、七层有爱奥尼双柱，整幢建筑平面呈回字形。1939 年，大楼又加高一层。大楼现为中国太平洋保险公司的办公楼（图 1-11）。

（2）外滩 2 号上海总会大楼（Shanghai Club）：原址是 1 幢 3 层砖木结构英国式的改进建筑，兴建于 1864 年。早期的上海总会建筑，除了保存英国传统建筑风格外，在第二、三层，还增加了宽敞的长廊式内阳台。1905 年，总会大楼筹备重建，由英国皇家建筑师学会会员塔朗特（T.Tarrant）设计，

(a)

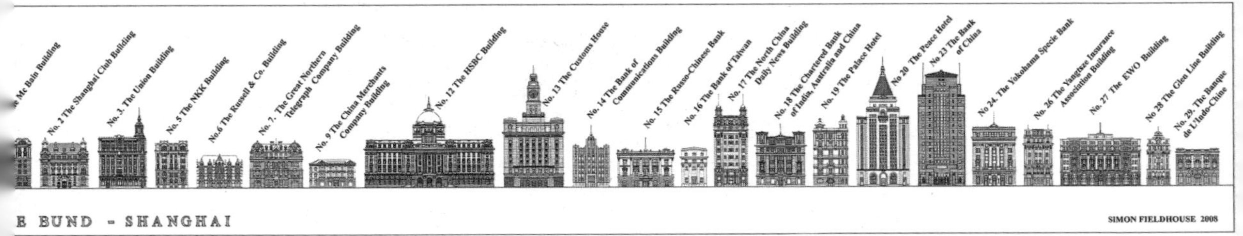

(b)

图1–10　上海外滩

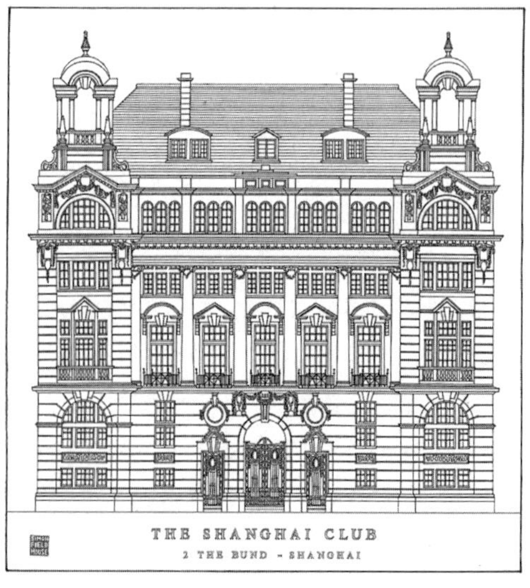

图 1–11 外滩 1 号亚细亚大楼（Asia Building）（左）

图 1–12 外滩 2 号上海总会大楼（Shanghai Club）（右）

1909 年奠基，由英商聚兴营造厂施工，1910 年竣工启用。新楼采用钢筋混凝土结构，共 6 层，底楼高 26.9 米，十分引人注目。外观是英国古典主义风格，第三、四层中间有爱奥尼式列柱，顶层南北两端有塔楼。墙面装饰和塔楼式样具有巴洛克特征，内装潢由日本设计师参照日本帝国饭店的装饰风格完成，有“东洋的伦敦”之称。走进上海总会，就能看到一条长达 34m 的酒吧吧台，这条大理石吧台，黑白相间，豪华壮丽，令人叹为观止的是二层 300 多平方米的餐厅中竟无一根柱子。1956 年，大楼曾交由国际海员俱乐部使用，1971 年改为东风饭店（图 1-12）。

（3）外滩 3 号有利大楼（Union Building，图 1-13）：1860 年，大楼原址是 1 幢 3 层砖木结构的房屋，原属于天祥洋行。1922 年，大楼被拆除。重建由公和洋行设计，裕昌泰营建厂承建。公和洋行（Palmer & Turner）是一个成立于 1868 年的英国建筑工程事务所，在香港又称为巴马丹拿，后来成为远东地区历史悠久的英资建筑与工程事务所，服务范围包括规划设计、建筑结构以及机电工程。自成立以来，在许多亚洲城市，特别是上海和香港，留下了大批风格多样的优秀作品，对于这两个城市的中心区（外滩和中环）风貌的形成起到重要作用。

大楼设计采用新文艺复兴时期特征，以正门为轴线，两侧建筑对称，外墙装饰吸收了巴洛克的艺术风格。大楼高 6 层，转角处有一小塔楼，使用变形的古典柱式，整个建筑布有丰富的雕刻装饰图案，是上海最早采用框架结构的大楼。1937 年抗日战争，华商保险业纷纷内迁重庆，有利银行购得了大楼的产权，由此该大楼被称为“有利大楼”。现为新加坡佳通私人投资有限公司的办公楼。

（4）外滩 5 号日清大楼（Nissin Building，图 1-14）：日清大楼是 1 幢 6 层钢筋水泥结构的日本近代西洋式建筑。大楼 1925 年建成，由德和洋行设计，外貌简洁，整幢大楼分为三段。第一、二层为第一段，第三至五层为

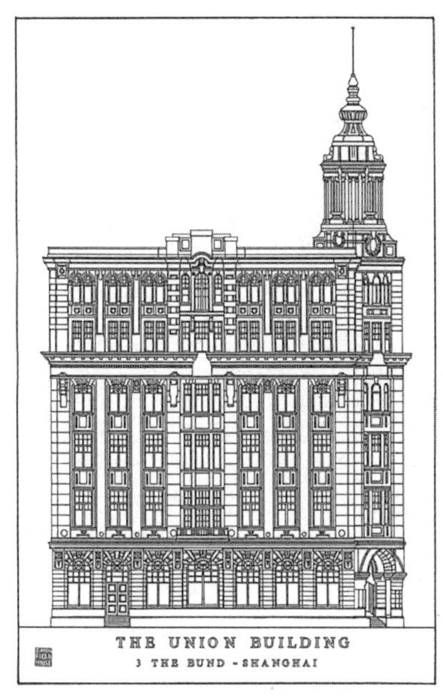

图 1-13　外滩 3 号有利大楼（Union Building）（左）

图 1-14　外滩 5 号日清大楼（Nissin Building）（右）

第二段，顶层为第三段。第五、六层之间有较深的挑檐，窗框周围饰有浮雕，属欧洲复古主义风格。因大楼原属日清汽船会社所有，故称为"日清大楼"。1945 年日本战败，日清汽船公司由中国政府接管。日清大楼也改为招商局办公大楼。1949 年后，大楼归海运局使用。

（5）外滩 6 号中国通商银行大楼（Russell & Co.Building-The "Red Brick House"，图 1-15）：中国通商银行是中国开办的第一家银行。光绪二十三年四月二十六日（1897 年 5 月 27 日）成立，行址为外滩 6 号。该楼是 1 幢 3 层砖木结构的"东印度式"建筑，原是一家拍卖行。因银行建筑对安全性能有一定的要求，1906 年在原址基础上对旧楼进行了翻造。初期为早期殖民地风格建筑，与开埠初期外滩建筑相近；新建筑由玛丽逊洋行的格兰顿设计，翻修后仿照欧洲文艺复兴末期市政厅式样建造，有哥特式风格的尖券早期为 3 层砖木结构，翻修后主体部分 3 层，改建后的大楼为假 4 层，砖木结构，大楼占地面积 1 698m^2，建筑面积 4 541m^2，外形是具有维多利亚哥特式风格的市政厅式建筑，外装饰带有浓厚的欧洲宗教色彩，底楼和二楼的窗户都是并列的落地长窗，窗框上端有扇形，顶楼正面对称并列的 5 个尖顶上原来都有十字架（现已拆除）。20 世纪 20 年代，通商银行为扩充业务还购入隔壁外滩 7 号原大北电报公司大楼，因大楼西侧有元芳弄，故名元芳大楼。顶部两侧有方窟窿，外观为三段式，系法国文艺复兴时期风格。现房产归长江轮船公司使用。

（6）外滩 7 号电报大楼（The Great Northern Telegraph Company Bd.，图 1-16）：是中国电信业的肇始之地。大北电报公司亦称"丹国大北电报公司"。1869 年由丹（麦）挪（威）英（国）电报公司，丹俄（罗斯）电报公司和挪英电报公司组成。总公司设在丹麦首都哥本哈根。大北电报公

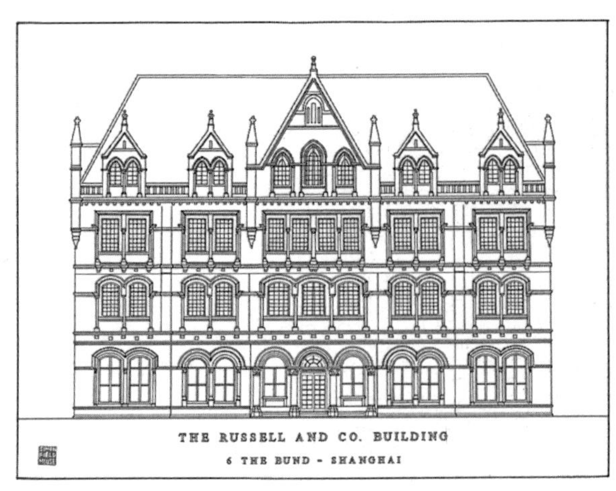

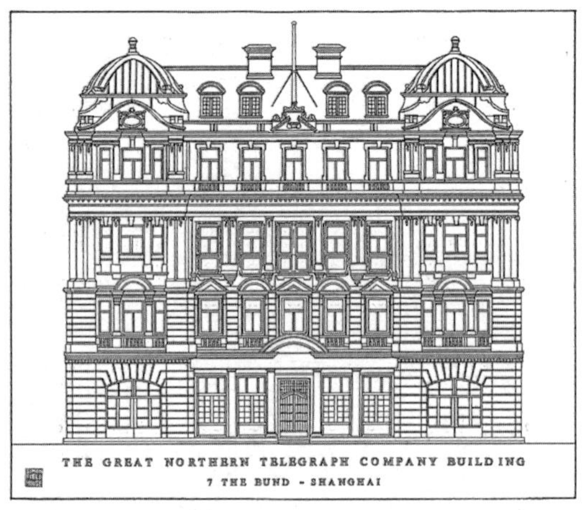

图 1-15 外滩 6 号中国通商银行大楼（Russell & Co.Building）（左）

图 1-16 外滩 7 号电报大楼（The Great Northern Telegraph Company Bd.）（右）

司于 1870 年在沪开业，当时选址南京路 5 号。现址最初为美商旗昌洋行所有。1882 年迁入外滩 7 号。1918 年在延安东路建新楼。1870—1871 年间，铺设上海—香港，上海—长崎，长崎—海参崴海底电线。该公司以丹麦出面，屡同清政府签订合同，取得水线登陆。借用路线和收发报专利等特权，经营收发报业务。1881 年 8 月 15 日，大北电报公司与美商旗昌洋行订立租约，1882 年迁入外滩 7 号。租入产权属于旗昌洋行的外滩 7 号房屋。翌年，大北电报迁入该址办公。1891 年，旗昌洋行宣布停业，土地所有权由中国政府官督商办的轮船招商局购入。原来的大北电报公司大楼，是一座文艺复兴式风格的大楼。该建筑注重统一、对称、稳重，外立面装饰甚为讲究。每层都采用了古典风格的柱子，或用来承重，或只作为装饰。窗户四周图形多样，立体感强，近似巴洛克式。它的黑顶白窗形成了鲜明的对比。同时也不失一种优雅的感觉。这楼是盘古银行上海分行，1906 年，为满足上海电报业务的发展需要，在原址建造了新楼。大楼由英商通和洋行设计，同年动工兴建，1907 年竣工并交付使用。原业主是轮船招商局，大北电报公司租用，英商大东电报公司也设在此楼内。自 1908 年建成以来，它已四度易主，最早称为大北电报公司大楼。后为中国通商银行及长江航运公司所用。1918 年在延安东路建新楼。现还保留完整为 1918 年新建的大楼，大楼由英商通和洋行设计，大楼高 4 层，主立面完全是欧洲文艺复兴建筑的风格，横向和竖向均呈现典型的三段式结构。建筑整体端庄大气。二层的窗户上方均有三角形、弧形山花，正门及窗框周围均有巴洛克式立柱。顶部遭火灾后改为方形黑色金属穹顶，装饰成巴洛克风格。大楼入口有 5 座长方形的正门，建筑整体显得端庄。1993 年，通过房屋产权置换，大楼由泰国盘谷银行购入使用权，并设立上海分行。同时，泰国驻上海总领事馆也搬入该楼第三层进行办公（2008 年搬出）。

（7）外滩 9 号旗昌洋行大楼（China Merchants Steam Navigation Company Bd.，图 1-17）：轮船招商总局，原名旗昌洋行，大楼建于 1901 年，系英商马礼逊洋行设计（Atkinson & Dallas），是一幢高 3 层砖木结构的建筑。外貌为新文艺复兴式，各层间都有明显的药线。底层是石砌的外墙，门窗为拱形木结构，第二、三层正面原有古典柱式外廊，后被改为房间。外墙采用红色花岗石，门斗上设凸出的阳台，内部楼梯曲折，木扶手和栏杆雕花显得十分精致。

（8）外滩 10—12 号汇丰银行总部大厦（The HSBC Building，图 1-18）：1921—1923 年，公和洋行（Palmer & Turner）设计，这座大楼原为英商汇丰银行的办公楼。在外滩西洋建筑群中是一幢较为突出的作品。

上海开埠后，外滩的土地变得寸土寸金。1874 年，汇丰以六万两银元的价格购买了位于海关南侧原西人俱乐部的草坪和空地，建造了一座 3 层的楼房。建筑高 2 层，第一层的入口建有半圆弧形门廊，有 4 根爱奥尼柱支撑，第二层有宽大的阳台，可供休憩和商谈。19 世纪末，为了扩大使用面积，汇丰银行对入口处做了一些改动，将圆形的门面改成了矩形，上方的阳台面积也进一步扩大。直到 1921 年，汇丰银行买下了南边的外滩 10 号美丰银行，外滩 11 号别发洋行的地皮，拆除原来的建筑，在原址上兴建了 1 座高 7 层，雄踞上海滩的新古典主义风格的大楼。汇丰银行大楼 1921 年 5 月 5 日奠基，1923 年 6 月 13 日竣工。

大楼由公和洋行（Palmer & Turner Architects and Surveyors）的设计师凯德纳设计，英国德罗洋行施工承建。为求吉利，奠基时传说请风水先生择日，并埋下了大量各国金币。它是上海滩第一座由正统欧洲设计师设计的建筑，占地 9 438m²，建筑面积 23 415m²，平面呈方形，楼高 5 层，二至四层有 6 根罗马科林斯柱，第五层中间有半圆形希腊式穹顶，高 2 层，整幢大楼显得古朴典雅。大门内有高近 20m 的穹顶大厅，上层四周呈八角形，每个方向的壁面及穹顶均有彩色马赛克镶嵌组成的大型壁画。画面的内容分别是汇丰银行设在上海、香港、伦敦、巴黎、纽约、东京、曼谷、加尔各答 8 个城市分行的建筑。主画面是象征该城市的女神。外圈的 12 个星座分别对准穹顶下的 8 幅壁画。仰头看去，壁画五彩缤纷，雄伟亮丽，令人叹为观止，展示汇丰银行在全球的业务发展与资本扩张，上海的画面背景

图 1–17　外滩 9 号旗昌洋行大楼（China Merchants Steam Navigation Company Bd.）（左）

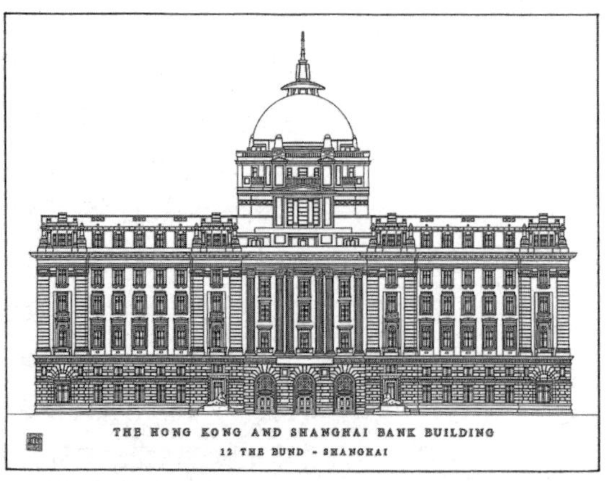

图 1–18　外滩 10—12 号汇丰银行大楼（The HSBC Building）（右）

是汇丰和海关大楼，主体是航海女神，还有象征长江和海洋女神的上海商旗。大楼建筑比例严整，中轴对称，纵横三段式。上下两层的钢结构穹顶，四面为柱式和山墙装饰的券门，横向三段中间虚两端实，6 根柯林斯巨柱贯通 3 层，中间为双柱。纵向三段下面入口由 3 座石砌拱门组成，八角形门厅，中间有 3 个铜铸转门。门口两只铜狮分别叫“史蒂芬”和“施迪”，现收藏于上海历史博物馆。楼内底层中央和西南角分别为接待外国人和专为华人使用的营业厅，内部装潢极尽奢华，采用古典主义风格，藻井式天花板，大理石贴面的柱子、护壁、地坪与台阶。目前世界上仅有的 6 根直径 1m 的大理石柱，2 根在卢浮宫，其余 4 根支撑着汇丰银行底层顶棚。穹顶之下和立柱之间的 3 组壁画由穹顶中心往下分别是希腊神话中巨大的太阳和月亮，并有太阳神、谷物神、月神相伴左右。1923 年落成时，当时的英国人曾称之为“从苏伊士运河到远东白令海峡间最华贵的建筑”。1949 年后，大楼被上海市人民政府收买，并作为市政府办公楼。1995 年市政府迁往新址。现大楼使用单位为上海浦东发展银行。

（9）外滩 13 号海关大楼（The Customs House，图 1-19）：上海海关大楼自建成以来，一直是代表象征上海的主标志性建筑之一。早期的外滩海关是一座典型的中国传统官衙式建筑，建于 1857 年，三进楼房，中间有天井厅堂，两边是厢房，牌楼式的大门。1891 年，上海道台对旧海关建筑进行重建，由英国人设计（P&T Arcitects Limited（Palmer & Turner 公和洋行），国人杨斯盛的营造厂施工。1893 年底，1 幢中间 5 层高的哥特式方形钟楼，两边为对称的 3 层尖顶副楼的江海北关建筑落成。到 1923 年，原江海北关已不敷使用，相邻的汇丰银行大楼重建完工，外滩的其他大楼也多次重建。于是决定再次拆除重建新楼。新楼由公和洋行设计，于 1927 年 12 月 19 日建成。大楼的主建筑面对黄浦江，高 8 层，上面还有 3 层楼高的钟楼，共 11 层。外观设计采用希腊新古典风格，框架式钢筋结构，东面底部的 2 层基座使用大量花岗石砌成。正门入口有 4 根希腊多立克柱子，形成门廊，进入大门是海关大厅，巨大的天然大理石柱上布有贴金花纹，近大厅中央有一个正八角形穹顶，顶部 8 个侧面各有一幅不同的帆影海事彩图，精美无比。最著名的是那四方形的钟楼，大钟有 4 个钟面，直径各为 5.3m，当时为亚太地区之冠。紫铜的时针长 2.5m，重 36kg，分针长 3.16m，重 60kg。钟楼内有 3 个钟锤，最大的重 2t，另 2 个各重 1t。钟发条用 0.01m 粗的钢丝组绞，长达 156m。每次上发条需要 4 人操作，花 1h 才能完成。大钟用两种钟声报时，每 15min，由 4 口小钟敲出有节奏的音乐声。每逢准点，十几吨的大钟被准时敲响，声音浑厚雄壮，回音可达 10s 以上。

（10）外滩 14 号交通银行大楼（China Bank of Communications Bd.，图 1-20）：清光绪三十二年（1907 年）2 月成立交通银行，当年在上海设立分行。1880 年，德国多家银行联合从颠地洋行买下了外滩 14 号的房产——1 幢 4 层楼德国文艺复兴式建筑，设立了德华银行。1902 年德国倍高洋行建

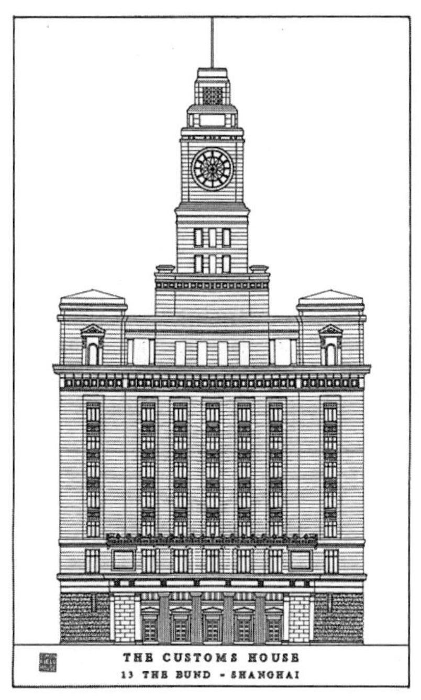

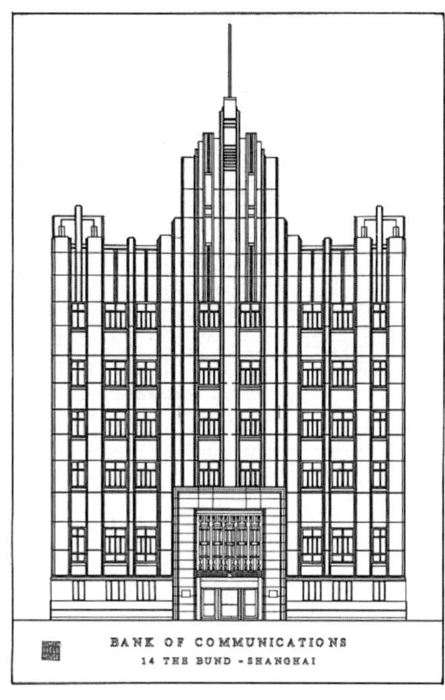

图 1–19　外滩 13 号海关大楼（The Customs House）（左）

图 1–20　外滩 14 号交通银行大楼（China Bank of Communications Bd.）（右）

筑师海因里希·贝克改建德华银行初设行址位于上海外滩 14 号的大楼，第一次世界大战爆发，1919 年 10 月，作为敌产，交通银行接管了德华银行，并迁入外滩 14 号。1937 年，银行决定重建大楼并开始设计，不久因抗日战争一直拖到 1946 年才正式开工，1948 年 10 月竣工，立面采用意大利文艺复兴手法，在沿街转角处新建了塔楼；复业后整体为典型的古典主义风格，该楼是中华人民共和国成立前外滩建造的最后一幢大楼。重建的交通银行由鸿达洋行设计，陶馥记营造厂施工。大楼共 6 层，钢筋混凝土框架结构，立面对称造型，底层和大门门框采用黑色大理石贴面，中间顶部局部高 2 层，装饰采用艺术派风格，设有库房、空调等当时最先进的设备。大楼现由上海市总工会使用。

（11）外滩 15 号华俄道胜银行大楼（Russo-Chinese Bank Building，图 1-21）：又名中央银行大楼，是创建于清朝的中国第一家中外合资银行，合资股东为中、俄、法三国。1896 年，道胜银行在上海设立分行，1910 年收购了颠地洋行位于外滩 15 号的房产，并开始拆除重建。大楼由德商培高洋行的海因里希·贝克设计，项茂记营造厂施工，占地面积 1 460m^2，建筑面积 5 643m^2，1903 年正式落成使用。楼高虽仅 3 层，却是国内最早安装电梯的房屋。钢筋混凝土结构，外观对称，大门两边各有一对圈窗，具有法国古典主义建筑特色。第二、三层正面，使用 6 根爱奥尼柱，柱顶均饰有欧洲神话人物头像雕塑。大门两侧柱顶原有一对精美的人物雕像（现已毁），底层的中央大厅贯通三层屋顶，并以彩绘玻璃顶棚覆盖。厅内有对称布置通往二层的白色大理石扶梯，二层内壁也有精美的人物浮雕。外墙的底部用花岗石筑成，显得坚固无比。

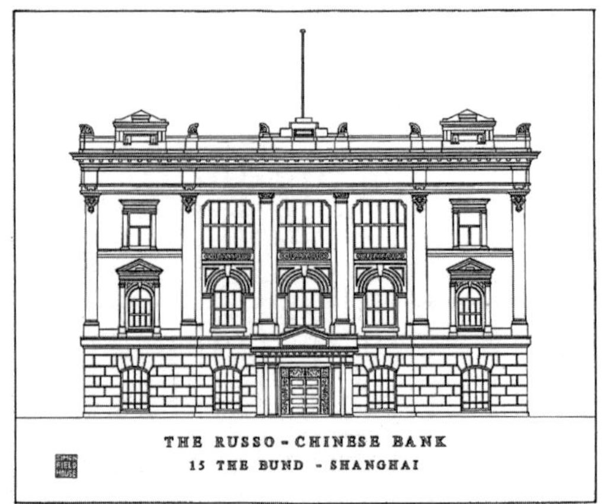

图 1–21　外滩 15 号华俄道胜银行大楼（Russo–Chinese Bank Building）（左）

图 1–22　外滩 16 号台湾银行大楼（Bank of Taiwan Building）（右）

（12）外滩 16 号台湾银行大楼（Bank of Taiwan Building，图 1-22）：原来是日商开设的台湾银行大楼。1911 年，台湾银行在上海设立分支机构，早期的台湾银行大楼是一幢建于 20 世纪的东印度式建筑，共 3 层，1924 年被拆除在原址重建了新的办公大楼。重建的大楼由德和洋行设计，玛丽逊洋行兴建，占地 904m²，建筑面积 4 008m²，采用日本近代西洋建筑折中主义风格，其特征是广泛吸收各国建筑的长处，集多种建筑风格为一体，假 4 层砖木结构，新楼为 3 层钢混结构建筑，后加建了第三层。与日本大阪和横滨的近代建筑比较相似。1949 年后，改名为工艺大楼。

（13）外滩 17 号字林西报大楼（North China Daily News Building，图 1-23）《字林西报》创刊于 1850 年 8 月，是上海最早的英文报纸，1901 年迁往外滩 17 号。1921 年建造大楼，由德和洋行设计，茂生洋行承建，1924 年 2 月竣工。大楼占地面积 1 043m²，高 8 层。以大门为轴线，两面对称，顶部两边有巴洛克式塔楼，钢筋混凝土结构。正立面为花岗石墙面，底部两层墙面使用大石块给人粗犷质朴的感觉。第三至七层是排列整齐的窗格，中间有古典柱式和文艺复兴时期的浮雕。第八层两边为穹形券窗，中间双柱，有内阳台。大门口有多立克式柱和大理石门额，进门处原有两座女神石雕像（毁于“文革”时期）。《字林西报》于 1951 年 3 月停刊，之后该楼曾被内河航运局、中国丝绸公司上海分公司等单位使用。1996 年房屋置换，大楼由美国友邦保险有限公司上海分公司使用，并易名友邦大楼。

（14）外滩 18 号麦加利银行大楼（Chartered Bank Building，图 1-24）：该址也是上海第一家外资银行丽如银行的行址。麦加利银行总行在伦敦，1857 年 11 月在上海设分行。1892 年丽如银行停业，麦加利银行购入其房产并迁入外滩 18 号——1 幢 3 层砖木结构的英国式建筑上海分行丽如银行。1922 年在原有建筑前扩建新楼，由公和洋行设计，德罗·考尔洋行承建施工，楼高 4 层，占地面积 1 755m²，建筑面积 10 065m²，钢筋混凝土结构，文艺复兴时期建筑风格。新楼外形立面设计横、竖向均为典型三段式构图的古

图 1–23　外滩 17 号字林西报大楼（North China Daily News Building）（左）

图 1–24　外滩 18 号麦加利银行大楼（Chartered Bank Building）（右）

典主义风格木结构，带有塔楼，新楼是 5 层钢筋混凝土结构，第二至四层中段贯以两根爱奥尼式石柱。底层为粗石基座层，以花岗石贴面，显得粗犷坚固。麦加利银行，也译为渣打银行，第一任总经理为麦加利，故称之为麦加利银行。早期的外滩银行林立，被誉为“东方金融中心”，而历史最久并且一直延续至今的只有麦加利银行。1949 年后，麦加利银行迁至圆明园路。1955 年改名春江大楼。

（15）外滩 19 号汇中饭店大楼（Palace Hotel，图 1-25）：汇中饭店原名中央饭店（Central Hotel），原建筑是 1 座英国式 3 层楼房。1903 年，中央饭店改为汇中饭店。1906 年，原 3 层楼房被拆除。重建的汇中饭店由玛礼逊洋行设计，王发记营造厂承建，1908 年竣工，占地面积 2 125m^2，高 6 层，砖木混合结构。建筑造型采用巴洛克风格，外观为文艺复兴式，白砖墙面，镶红砖腰线，顶部东西两端，各有一座巴洛克塔式凉亭，还有屋顶花园。1914 年因第六层火灾，修复为平顶。当年它是上海最豪华的旅店。1909 年 2 月，国际第一次禁毒大会，又称为“万国禁烟会”就在汇中饭店举行。参加会议的中国首席代表是两江总督端方。1911 年 12 月，辛亥革命成功，上海各界人士假座汇中饭店大厅，欢迎孙中山先生就任临时大总统。欢迎会上，孙中山发表演说，要党员致力于民生主义。1965 年，汇中饭店改为和平饭店南楼，它那富有欧洲情调的内装饰，深受世界各国游客欢迎。

（16）外滩 20 号沙逊大厦（Sassoon House，图 1-26）：旧名华懋饭店，今和平饭店（Peace Hotel），一直是代表上海外滩的主要标志性建筑之一。建造沙逊大厦的沙逊洋行，留有太多的故事。沙逊洋行由犹太人大卫・沙逊 1832 年创办于印度孟买。早期的沙逊洋行是将英国的纺织品和印度的

图 1-25 外滩 19 号汇中饭店大楼（Palace Hotel）（左）

图 1-26 外滩 20 号沙逊大厦（Sassoon House）（右）

鸦片销往中国，因而发家成为巨富。新沙逊洋行仍继续经营鸦片、纺织品，民国期间又涉足军火、五金，并发展到房地产业。新沙逊经营房地产，都是乘人之危。沙逊大厦的地皮，就因美商琼记洋行 1875 年抵押给巴林公司，到期无法偿还而被沙逊以每亩六千五百两白银购进。到 1933 年，每亩地价高达三十六万两。沙逊大厦由公和洋行设计（Palmer & Tumer），华商新仁记营造厂承建。钢筋混凝土框架结构，主建筑高 13 层，占地面积 4 617m^2。1926 年开工，1929 年竣工。大厦雄伟壮丽，属早期现代派风格。外观以垂直线条处理，简洁明朗。外墙均以花岗石贴面，第九层和顶部砌以泰山面砖，东立面屋顶为四方金字塔形，用紫铜皮饰面，高约 10m。内装饰精致豪华，第五至七层为华懋饭店。1949 年后沙逊大厦由政府赎买，并改作和平饭店北楼。1992 年，和平饭店被列为国内唯一的世界著名饭店之一。

（17）外滩 23 号中国银行大楼（Bank of China Building，图 1-27）：中国银行是旧中国四大官办银行之一，其前身是清政府 1905 年创办的“户部银行”，公和洋行外国设计师设计建造户部银行，户部银行为三段式古典主义风格的 4 层砖混结构；1908 年建成户部银行改称为“大清银行”，民国元年（1912 年）改组建立中国银行，总行设北京，上海设分行。1928 年，中国银行迁入外滩 23 号的原德国总会内。那是一座典型的意大利巴洛克风格的建筑，共 3 层，建于 1908 年，每个楼面设有廊式阳台，楼顶四端建有造形各异的巴洛克塔楼。第一次世界大战后，德国总会被中国银行购下。1934 年，中国银行拆除德国总会，新建了一座大楼，同年 10 月竣工。由中国银行建

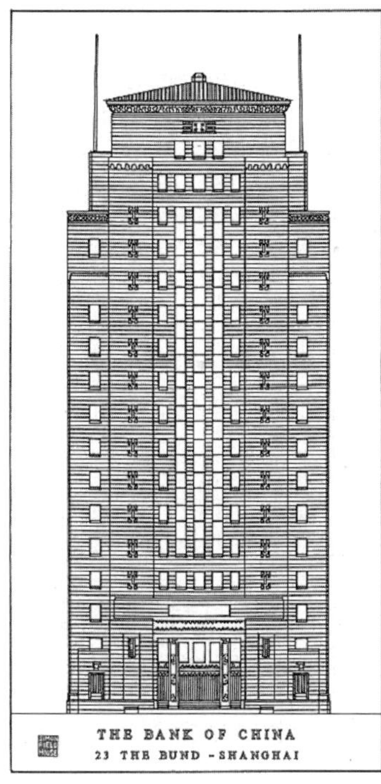

(a)

(b)

图 1–27　外滩 23 号中国银行大楼（Bank of China Building）

筑部的毕业于英国建筑学院的设计师陆谦受主持，原设计 34 层，将是当年上海最高的大楼。陶馥记营造厂负责施工，南北地基的水泥桩深达 50m。地基完工时，南面沙逊大厦的业主维克多・沙逊得知中国银行将建远远高于沙逊大厦的大楼，百般干涉，提出新楼的高度不能超出沙逊大厦的尖顶。最后迫于租界的压力，大楼只能建到 17 层，高 70m，楼顶比沙逊大厦低 0.3m。中国银行大楼占地 5 075.2m^2，建筑面积 32 548m^2，钢框架结构。外形属装饰艺术派，外墙青石贴面，立面强调垂直线条，每层两侧有镂空“寿”字图案。屋顶采用石斗栱作装饰，正面两侧配以镂空花格窗。内部装潢精致，地下室设有当时最先进的保险库。外形带有中国传统风格，是 20 世纪 30 年代外滩唯一的由中国设计师设计的大型高层建筑。

（18）外滩 24 号横滨正金银行大楼（Yokohama Specie Bank Building，图 1-28）：曾是日本横滨正金银行的行址，旧名正金银行大楼。1845 年，大卫・沙逊在此设立沙逊洋行上海分行。1920 年，大卫・沙逊洋行出售地产，洋行的房产被正金银行收买。1923 年，正金银行翻建新楼，1924 年 8 月竣工。第二次世界大战后，正金银行的产业由中国政府接管，成为中央银行的行址。大楼由英国公和洋行设计，德罗考尔洋行承建，占地 7 535m^2，建筑面积 18 932m^2，高 6 层，钢筋混凝土结构。古典主义风格建筑，外观为横向三段式中轴对称，第二至五层设 2 根爱奥尼克柱。大楼外墙以花岗石贴面，底层粗缝石砌，具有新古典主义建筑风格。1949 年后，中央银行由中国人民银行接管，大楼改名为纺织大楼。

图 1–28　外滩 24 号横滨正金银行大楼（Yokohama Specie Bank Building）(左)

图 1–29　外滩 26 号　扬子保险公司大楼（Yangze Building）（右）

（19）外滩 26 号扬子保险公司大楼（Yangze Building，图 1-29）：扬子大楼原是美商旗昌洋行 1863 年创办的扬子水火保险公司的办公楼。1917 年，由公和洋行设计，1920 年竣工。占地面积 620m^2，高 7 层，钢筋混凝土结构。地面第一、二层墙面使用岩石，处理粗犷。第三至五层为磨石对缝墙面。第六层中间有爱奥尼克双柱廊，顶部为孟沙式屋顶形式，外貌设计采用折中主义风格。扬子水火保险公司，主营水上船运保险，当时就采用自保和互保分摊风险。1891 年，旗昌洋行倒闭，扬子保险公司成为独立的公司。1937 年抗日战争，唯有扬子保险公司继续开业。1941 年扬子保险公司被日军接管，抗战胜利后复业。1949 年后，大楼改由上海食品进出口公司使用。

（20）外滩 27 号怡和洋行大楼又名渣打洋行（Jardine Matheson Building，图 1-30），1832 年由英商创办于广州。主要以贩鸦片为主。1840 年，林则徐在广州缴获非法入境的两万多箱鸦片中，怡和洋行就占七千多箱。鸦片战争后，怡和洋行卷土重来，1843 年在上海设分行，在外滩 27 号建造楼房经营航运公司，建造公和码头，开办纱厂、打包场、啤酒厂、制材厂等。1874 年还做军火生意。享有“洋行之王”美称。1920 年，怡和洋行开始重建大楼，由马海洋行设计（Moorhead and Halse），华商裕昌泰洋行承建，高 5 层，占地 2 100m^2，1922 年 11 月竣工。大楼外观具有新古典主义建筑风格，钢筋混凝土框架结构。外墙用花岗石垒砌，第一、二层墙面材料使用粗凿花岗岩石，视觉粗犷，坚固无比。第三至五层中间，贯以 4 根科林斯式石柱，内部四壁和地面均用大理石铺砌。太平洋战争之后，怡和

(a)

(b)

图 1–30　外滩 27 号怡和洋行大楼又名渣打洋行（Jardine Matheson Building）（左）

图 1–31　外滩 28 号格林邮船大楼（Glen Line Building）（右）

洋行被日本三井洋行接管，1946 年复业。1955 年，大楼交市房地局管理。1983 年，在顶部又加了 2 层，使原来顶部平台、栏杆、石屏和圆顶被覆盖。现名外贸大楼。

（21）外滩 28 号格林邮船大楼（Glen Line Building，图 1-31）：北京路 2 号。1922 年公和洋行设计，业主为英商格林游船公司，1867 年在格拉斯哥成立，总部之后迁到伦敦，后又迁至利物浦。成立后从与中国的茶叶贸易中获利甚丰。英文《字林西报》常年刊登公司船只抵沪的消息。大楼从第一层到五层为办公室，第六层设有贵宾室，大楼呈现文艺复兴风格，立面线条干净利落，室内设计的突破在于间接采光，华丽的六层贵宾房间使用原始的柚木墙裙，尤其在 601 室墙裙上雕刻 4 枚符号——六角星、十字架、葡萄和新月，壁炉上方还有一个好似欧洲名门的族徽图案。同一层设有内天井。电灯隐藏于青铜碗状的灯罩之内，经过顶棚反射后的光线非常柔和。1922 年设计时候的大楼，也是设备一流的办公楼，根据英文远东时报报道，游船公司在一楼营业，其余楼层用于租赁。大楼配备防火和通风设施，冬季用低压热水供暖，每间办公室至少有一个盥洗室。与许多外滩建筑一样，以水刷石（Shanghai Plaster）饰面，这种传统工艺用石屑和水等建材塑造出天然质感的墙面，既美观坚固，又耐用经济，20 世纪初一度风行沪上。20 世纪 50 年代，大楼的水刷石曾被部分更换。在 1951 年后用为上海人民广播电台，市文广局曾经先后在此办公。如今央行上海清算所成新主人。

（22）外滩 29 号东方汇理银行大楼（Banque de l' Indochine Bd.，图 1-32）：大楼仅有 3 层而高达 21.6m，平均每层的高度大大超过周边的建筑，在外滩的建筑群中，错落有致显得非常和谐。大楼 1910—1911 年在原址上翻建，1914 年正式建成，占地面积 1 236m^2，建筑面积 2 772m^2，立面三段式构图，具有典型的文艺复兴风格 3 层钢筋混凝土结构，装饰华丽的古典主义风格。

图 1–32　外滩 29 号东方汇理银行大楼（Banque de I' Indochine Bd.）

由英国通和洋行设计，协盛营造厂承建施工。外观采用古典主义建筑风格，以正门为轴线，两边对称。底层中间为 3 个高大的拱门，具有巴洛克风格。外墙用长方形石块叠砌，视觉上感到相当厚实匀称。大楼在整体上显示出法国文艺复兴时期的建筑特征。1949 年后，东方汇理银行停业，改名东方大楼，现由中国光大银行上海分行使用。

以上，对外滩建筑的历史、设计者、地址、建造时间、风格、材料结构和功能类型进行了汇总与分析。

第2章 中国近现代建筑的兴起及其建筑师们

2.1 建筑教育

2.1.1 布扎构图系统对中国近代建筑的影响

本节通过布扎教育对现代中国建筑的影响需要，从布扎体系移植到中国的过程，以及在中国的发展进行分析布扎教育的真正核心。迪朗的教学方法是通常意义上所谓的建筑学院派教育的基础。迪朗的教学方法很简单，主要包括建筑元素和建筑构图。布扎构图的第一次本土化来自20世纪初，通过美国引入中国，成为建筑教育的主流。随着第一代中国建筑师的回归，以构图为核心的西方艺术风格建筑也被带到了中国。对于布扎体系下建筑构图理论的研究，绘画技法和风格形式相比，构图系统的研究和教育方法的分析，讨论第一代建筑师是如何将布扎体系下的构图系统移植到中国并继续发展的，以此来看中国的近现代建筑两种应用构图系统的模式和在中国的发展。

杨廷宝和梁思成等建筑师的设计，能够分析和设计构图系统，他们使用的最直接的方法是统一的比例，在不同功能，不同风格的建筑设计中，巧妙地使用黄金分割和其他经典比例。布扎系统的构图原则在中国经历了漫长的文化适应过程，从最初的美国布扎，到中国的转化和装饰，以及颠覆布扎的空间构成。这不仅反映了中国建筑现代化的过程，也反映了世界与中国的差异。

2.1.2 布扎的另一种表达：民国时期城市规划中的政府及公民中心

“既然市政府是整个城市的管理及机关，它值得中外人士同样的尊重。鉴于建筑反映了一个民族的文化精神，市政府建筑应该以一种民族风格来赢得市民的尊重”。①

以上这段来自1929年上海市政府设计中心委员会的号令反映了民国政府官员和城市规划师、建筑师们的最重要的、高于一切的考虑。即城市

---

① 傅朝卿．中国古典式样新建筑[M].台北：南天出版社，1993.

公共建筑，作为民族的体现，应普遍尊重民族大众。这些抱负驱动着那些受到布扎启发的设计理念的中国建筑师们去全盘采纳布扎古典主义。当他们这样做的时候，他们也采用了典型的布扎手法，如设计几何中心、使用中轴线，以及像公园一般的环境文脉，来为中国城市设计新的纪念性中心。后面一节会探讨个人建筑师和特殊建筑，这里将讨论转向检视布扎设计原理的另一种中国式表达，即从1927到1937年"南京十年"所设计和建造的新市政府与市民中心和城市规划中，作为主要构成坐标元素的意义。在这一阶段，国民党为巩固政权，驱使各级官员制造一系列大都市城市规划。例如广州、上海、南京、天津和北京（在"南京十年"，这5个城市是民族特区）并为较小的省级经济和政治中心，诸如苏州和杭州提出了现代日程。在所有这些努力之中，国家的官员、建筑师和规划师希望在意识形态及美学层面施加对中国城市再生的影响，以作为国家主导的经济和社会现代化样板。这里以颇具影响的广州、上海和南京城市规划中新颖的政府中心以及不具影响但更具代表性的苏州，来代表所受到布扎影响的城市规划。这种横向交叉的城市再造建设项目在民族与城市方面强调密切的识别与身份认同。

在一种层面上，对于民国时期布扎规划的热情，反映了现代性传统上的主导，这在20世纪初期，现代主义的建筑实践和教育成为一种全球化倾向。同时，它反映了中国建筑师的战略分析，即许多布扎设计中源自法国式的集权和欧洲中心主义，从而产生一种有益于现代性的中国建筑和城市的形成。在中国，正如在别处一样，布扎对于秩序的优先考虑，对于恒久纪念性和古典的传统主义的考虑，与政府当时以建筑师来重新为社会规划秩序这样的强烈愿望是相互共鸣的。这是通过一种意识形态和美学训练而培养的一种民族骄傲和民族主义发展来实现的。这种方法极力主张在个人渲染建筑立面上的技能达到一个很高的水准。画图作为一种分析的手段，以及依赖于"古典的"结构作为当时的设计源泉。那时的中国设计师、建筑人因此受到古典的鼓励。这些禀赋使得布扎看起来客观，具备科学本质，正如古典主义的可塑性一样。像其同类异地授粉一样，在土耳其、伊朗、印尼以及其他地方，这引发了这样的问题，即什么样式或何人的"古典"传统应该形成民族设计的基础？中国建筑师们聪明地吸取布扎构图方面卓越不凡的成就，并使其适应并发展为自己的"古典主义"，以此作为在全国范围内生共振的现代建筑。的确，布扎的特性，例如：中心对称以及与帝国式建筑长景式的呼应。更进一步启示了布扎方法对于中国民族建筑的发展是可用某种方式处理来应用与实践的。

御用的设计师们，因其所受外国城市主义理论教育背景而实践并行动起来。这些人在城市美化运动觉醒之时，提出了城市美作为影响大规模社会改革的手段。这种改革因当时在南京的政府不断对于文化民族主义作为其政治堡垒的日益依赖而吸取力量。的确，在南京的十年里，一些文化和政治批评家坚持认为一味地追求经济目标而进行规划是对于民族主义目标不足甚至有害的。正如 1931 年，某社会学家所言，"在过去的几十年里，中国已经在各个方面远远落后于世界其他国家——建筑，特别是在设计领域，毫不足奇，自然落后很多"。结果，不仅是在美学上的缺乏。材料建造亦缺乏艺术表现力，特别是在城市中——即现代社会所在地，若无美感可言，必然是不完备的，因此，阻碍文明的发展。因此，城市设计必须旨在发展和再现当时民族文化特殊的精神。"不是那种模仿传统中国艺术，而是适应革命时期生活需要的艺术建造"。

当时所谓的"革命时代"是一个培养公民民族主义以及大众参与政治生活的时代。孙中山以民族、民主、民生而求得民族自治、政治改革和经济发展。新的政治和公民中心是主要的表现场所。在其中，国家和改革后的公民权可以实行本地的自治并产生城市现代化。这些领域因此是民国时期城市规划的美学与最为核心的部分。正如梁思成和张锐在其 20 世纪 30 年代为天津所做的宏伟规划那样，公共建筑应聚集并坐落在中心位置，利于便捷的交通。此外，建筑本身的问题在于新近设计的市政中心其宏伟与美观，应该在城市市民中产生对于市政的尊重与热爱之心。因此，市政建筑的设计与总体的美感，应该成为国家意识形态最基本方面的表达形式。

在民族本质和物质环境之间的联系反映出当时的理想，梁思成和张锐认为，自从 1911 年辛亥革命以来的西方思想体制以及建筑，在中国城市中已经产生了西风压倒东风的势头。现代建筑，常以廉价的材料迅速地建成而成为中国城市的特征。他们这种敏感得到了广泛的共识。例如，在 1930 年，当时的上海建筑月刊《中国科学艺术杂志（月刊）》，西方批评家们曾经反对上海那到处充满了"copybook architecture"，并主张寻找其原初，建筑师、设计师走得太快了，生产了那么多丑陋不堪的建筑。总之，梁思成认为，上海的现代建筑，都十分遗憾，不能视为成功之作。根据一些批评家们的意见，这些败笔，并不仅仅是技能的缺乏造成的，梁思成和张锐认为主要是因为民族美感与意识形态的原因。两位敏锐地观察到，在过去的几十年里，因为对于西方建筑的狂热而导致了雇佣欧洲和北美建筑师的盲目性，无论是谁，只要是高鼻子蓝眼睛的设计师均可以，而他们所建的建筑，自然地反映出了他们各自本国的文化需求和功能需求。不仅仅是大众渴望的原因，异花授粉的结果是中国城市中到处出现那种不和谐建筑物。公共建筑在公民生活中的形式作用姑且不论，国家建筑最基本的应该是具有中国古典宫殿建筑的美感和功能作用——这是梁思成和张锐以及同时代大师判断当时建筑师的结论。

建筑物和城市规划具有蕴藏城市变化的景观文化完整性的能力。并展示社会作为一个整体具有将过去的辉煌与民族传统有机联系的能力。这些关注特别是在将南京作为国民首都进行修复之中而增强。1929 年，国民党委员会对于南京的规划建设提出的建议，即是"以中国传统建筑风格来体现一种建筑的辉煌"，但并不是要人们去怀念刚被推翻的清帝国，而是运用古建筑的那种系统性表达新的秩序。建筑与城市规划是通过传统获得明晰的公共与现代发展的途径。建筑和城市规划不仅是传统所涉及的领域，而且也是现代发展的实质。同样对于民族主义的敏感决定了国民党的政治主张，并且与“蒋、宋”所主张的新生活运动并行不悖地发展，主张更新孔夫子的礼义廉耻作为民国时期现代市民的案例（陈嘉庚正好应和了这一于1934年所提出的主张的集美学村规划与建筑。

1. 上海和广州市政规划

在中华民国时期的城市规划中，细微的关注主要侧重在国家建筑的设计中，反映了当时市政管理作为一种新奇的进步统治形式的意义，有助于民主理想及城市公民权中的市政责任。这些灵感，影响了中国最初努力规划的意义，即是在1927年为广州和上海所发布的市政规划。第一批国家层面的两项特殊的规划。北洋时期（1912—1928年）广州作为革命大本营，在1918年实现了第一个现代中国自治的市政管理，而此时上海在外国各租界地是由不同的市政机构所辖，国民党当局旨在建立一个务实的城市管理以去除特殊的地域主义倾向，而实现中国管理下的城市统一局面。

广州和上海希望民族复兴与进步得到认同，大多清晰地表现在布扎主导的为每座城市市政中心所进行的大规模市政建设中。正如Daniel Burnham在其1909年所做的芝加哥规划那样，以及如其他城市规划师受他影响的结果；中国的建筑师将所有国家功能结合进一个硕大的结构中，既反映了国家的威严，而且也使国家管理设施被广为接受。这两座建筑物的布局和设计，展示了与以前模式和统治理念重大的裂变。

与从前县地衙门那种封建王朝时期将城市控制和分划不同，这种大一统的国家行政建筑，以民国创新性的市政管辖之新颖形式自居。中国城市，在历史上首次以特殊奉献于公共民主并聚焦于国家管理模式促进现代重建呈现出来。由于国家全力支持，这些市政项目与县地不同，由于国家的资金扶持，可以承担雇用专业的建筑师、规划师以及其他人力资源来监管整个城市发展。两个城市规划，都试图通过给予城市以新的方向，为城市未来发展提供服务中心。

这一视野的新颖，以国家建筑的宏伟规划布局彰显出来，使其与周边区域规划不同。启用了几种典型的布扎特征，市政建筑的美和意识形态之优先性。由于将建筑物坐落于园林环境文脉中，建筑坐落在又长又宽广的道路交叉点并环绕着绿化，如风景园林般的规划。大上海市政规划由董大酉主持（1933年），而广州市政大规划由林克明主持（1933年），反映了一种通过采用北平皇家建筑与城市环境融为一体的手法，借以弘扬民族统一。建筑风格都采用了外国风格的建筑主体结构之上的大屋顶形式——中国建筑的第五立面。中国建筑的典型特征，例如朱红色的柱子及多彩的斗栱，并非如木质宫殿建筑那样的结构元素，而在此转化成为一种钢筋混凝土结构的装饰性元素，一种外国建造技术与本国建筑形式的融合而产生的一种现代民族形式的建筑风格。巨大的尺度与结构的民族联想元素，为城市和国家创造了一种功能性的纪念性建筑丰碑。这是南京十年间（1927—1937 年）现代国家建筑（民族式样建筑）的一种主导模式。两座建筑建造，然而因其大规划的延伸而未能全部完成宏愿。两个城市的重构项目均因财政短缺和公众的反对而被预先阻止告一段落，然而两地市政中心，却证明是大规划中最伟大持久的成就之物。

2. 南京首都规划（1929 年）

广州和上海的城市规划项目，启发了以城市重建作为其经济、政治和文化项目的焦点这样一个目标。然而，最为野心勃勃，影响深远的城市规划已于 1928 年开始。当时国民党宣称新国都南京将以国家和民族的功能性和象征性中心而重建。官员们、城市学家们以及其他民众在各种媒体中声称南京作为国民的首都，应该强调并突出中国城市规划的成就，应该与巴黎、华盛顿以及其他文明都城一样，具有先进的市政设施、优美的建筑、宜人的园林以及风貌景点一样的历史建筑坐标。的确，官员们的抱负反映在即将于围墙之内新的市政中心的兴建并靠近原来的明故宫遗址。这一国家级市政中心曾选址于紫金山南麓，明陵以及新建的孙中山陵一带。因为这种历史联想以及那一带地址上有山坡高地，可助国家建筑之宏伟庄严。然而，一些批评家们认为那一带相对来说可达性差，是违背民主意识的，而且，在那种地形地势建造也过于昂贵。

1929 年，首都计划（规划）旨在创造一处绿意盎然的购物中心，由格状和两条交叉的街道划分，这为国家行政管理提供了三个不同的区域：国民政府、立法院、执法院、行政院等以及各个部委。总体规划取自外国模式，1901 年美国政府成立了一个参议院公园委员会（Senate Park Commission），其景观格局规划为华盛顿而做成布扎形式。同时，规划人企图哺育出一种别致的〝民族精髓〞，通过将中国装饰方法置于外国建筑之上的中国人惯用的本土形式来展现一种文化氛围。由杨廷宝 1934 年设计，1935—1936 年建造的中国第二历史博物馆和由华盖建筑设计（赵琛、童寯、陈植）1931 年设计，1933—1934 年建造的外交部大楼。前者是一座升起于地基之上的皇家风格建筑，传统外观以高台彰显。并非如皇家建筑那种踏步居中的布局，将踏步置于左右两侧，而在一层可以开启中央大门。这明显是一种公民姿态的建筑。这里不再有皇帝了，而外交部大楼，却以一种西方古典主义手法设计，以与之形成对比。这显示了一种作为与其他国家交往交流中心的一种功能表达。显然，这座建筑缺乏坡屋顶，然而，它从传统建筑中吸取了许多细部元素，例如：在屋檐下出挑的斗栱以表达对于过去建筑的一种现代的修正。

南京首都规划的规划者，正如其广州和上海的同行一样，并不是没有考虑当时的商业、居住以及其他方面的需求。规划目标延伸到建成环境的所有方面。然而，在实施中，新的行政和市政城市中心却常常是在设计中得以完全实现的实际操作。那些居住的、商业的、工业的以及娱乐的区域，局部以一种新奇方法而加以处理。南京首都规划比上海和广州的大规划更进了一步，表现在其商业和居住的用途方面。尽管首都南京独尊的地位，规划项目也未能幸免于国家的财政限制以及土地和其他城市再建种种的限制要求。结果，国家行政中心区域成为南京首都规划的产物。

3. 苏州，创造一个新的市政中心

在民国时期，苏州既非如南京、广州一样的首都或大都市，也非如上海一样的主要商业大都市。政府官员和城市精英却具有一种视野，即实施一个全面的城市规划，虽然没能实施，但却渐渐被和平演进般的典型中国城市的再发展项目所代替。正如在全国各地那些既非首都也非大都市一样，苏州现代规划所追求的是一种市政管理（1927—1930 年）的介入，省一级的财政支持允许地方政府首次进行专业规划。根据当时的市长陆权和其他官员的建议，这种生机勃勃的、全新的城市规划的动机，因其帝国晚期的潜在结构而得到增强“苏州的城市文明，包括商业的、道路的、建筑的……所有都是封建时代的遗留……因此不适宜产生（其时代）的城市文化和城市生命”。为了克服传统建筑和价值的潜在影响，在 1929 年，城市首位市政工程师，柳士英勾画了一个规划草图，将苏州城市中的玄妙观道教庙宇以及城市周围，作为民国政治和经济生活的再生中心。这座道观可溯源于公元 3 世纪晚期。这座庙以及周边地区一直是作为城市祭祀、商业和娱乐的中心，并且为国家和公民社会初始之地。柳士英的设计是将庙宇建筑的周围环绕草地和树木，并配备喷泉、绿化和池塘，辅以花房、音乐厅，以及商店。因此，这些设施将产生一种世俗的公民之地，集娱乐、公民教育、政治参与于一身，国民党当时正是希望借此创造一种功能主义的现代社会和现代国家。

在此一项目过程中，柳士英的市政中心项目，由于缺乏财政资源而搁置，其中关于拓宽一条主要商业大街而引发争论。这条商业大街原来打算布置在规划中心的公园南侧。柳士英的规划在第二年以修改稿形式再次呈送给市府官员。然而他们正全力草拟孙中山纪念会堂的项目，拟建在这一项目区域的中心，并为了强调国民党对于孙中山革命之父的敬仰。需要一座能容纳 2 000 人的会堂来召集大型的政治会议以及教育聚会。就像在上海、广州、南京的政府新建筑一样，这座纪念会堂企图融合成一种现代的民族形式，这种形式通过在外国建筑结构体之上冠以传统宫殿形式。这种混合的 2 层建筑，将传统木柱之柱子与柱头斗栱转化成为装饰性特征，并且加盖了一个大屋顶。政治家们和当地舆论盛赞纪念会堂的设计、视野、领域以及其坐落选址之妙。因为处在庙宇区域的中心，这不可避免地产生出一种敬畏以及民族的自豪感。也许这也可以与贝聿铭 2006 年的苏州新博物馆的设计进行一番比较。这座博物馆结合了江南院落式花园建筑的典型特征和现代钢结构建筑设计的结构可能性。这是一种当代的对于混合美学意识指向以及媒介评价的当代相似范例。当时对于纪念会堂的评价也有另一种声音，例如建筑师刘敦桢，认为纪念会堂笨重的形状和比例，既无法提升人们的精神，也没能表达对于中国传统建筑的理解，就像他的同代人梁思成所表达出的那些对于会堂和其他既有尝试一样，认为是明显的现代中国民族建筑的赝品，以及是规划模式的总体失败。他们金玉良言般的批评并未反映对于布扎或对于国家风格的建筑物在教化功能的信仰缺失。而刘、梁二人和其他反对者只是反对建筑师或规划师对于民族建筑的无知，而未能将布扎古典主义的完整性很好融合，而使得中国城市丧失民族文化或表象化的民族文化。

4. 布扎规划回顾以及布扎规划的当下

在中国，也像在其他地方一样，以布扎原则来弘扬国家建筑，在建筑和意识形态的影响力，却显示出在城市居住、工业或商业需求等方面的不足。的确，在很多规划中，对这类非国家形象的布局关注不够，正如南京招致资金不足和公众反对，不切实际的后续局面使其被丢弃。的确，城市规划和建筑的拿来主义倾向，意味着每个案例中，布扎设计用于政府中心都是强加于既有城市规划上。在既有不同的功能路网格式以及意识形态和设计之间产生不和谐。未能由于布扎城市规划系统而带来城市美学上的融合，失败原因根源于一些市政官员与市政规划师们迎合国家需求而强调国家机器一样的建筑以达到他们其他方面的需要。经济和政治的动乱，让位于日本对华的侵略和殖民，以及全面战争于 1937 年的爆发，这又导致了一场持续恒久的时代缺失。

即使是对于 21 世纪初期中国城市兴趣或好奇驱使下的一窥，也表现出了尽管民国时期规划之有限的成功，许多布扎影响的规划理念和惯性依然继续吸引着当今规划师的注意力。今日在北京、上海和其他城市的设计师们保持着对于纪念性、中心性设计、轴线对称性等设计原则的惯性依赖，这表现在大规模的国家建筑和市政用途的建筑规划之中，例如在新的国家大剧院（2007 年）、国家奥林匹克体育中心（2007 年）、国家体育场（鸟巢，2007 年），这三座建筑都坐落在北京。这些特征也可在商业办公类建筑和其他当代公共空间中发现，说明当代对于国家、权利和公共兴趣定义的转变。这种继续部分地反映了布扎传统对于设计实践和对于城市宏伟的基本概念的全球烙印。它也反映了一种更新的兴趣，这表现在政府官员、建筑师和其他的创造新奇公共空间的人群之中，这反映了中国的城市以及民族在全球层面上的国家导向。这些成就植根于过去 20 年的经济改革，然而也可以看成是南京十年那尘封已久的迟到愿望的实现。当代的城市规划，尽管在设计方法和设计美学上存在主要的区别与不同，还是与民国城市规划保持着对话。

今日，古典的模式也许不再是高超设计或文化价值的无可非议的实验模式，而是具有重要意义的城市项目。例如，上海新天地（2001 年）和上海博物馆（1996年）或贝聿铭的苏州新博物馆，表明了在当代建筑中将民族和文化精神融入的全新兴趣。的确，对于个体建筑的民族性表述如果不考虑设计者的国籍问题的话，成为特别是像北京这样的首都的建筑争论的主要焦点，如2008年夏季奥林匹克运动会所显示的那样。

这不像我们已经探讨的中华民国时的例子，大多数这些后来的项目，并未清晰地引用借助国家辉煌的过去，借助那些中国宫殿式建筑作为设计的基础。而一些人争论说，这些新建筑反映了中国的现代性，而以抽象的形式再现了主要的传统元素。其他人则声称建筑物作为文化的符号而彰显出了北京的历史和当代的民族共鸣。尤其是不考虑那些持续不断地大规模地对于城市胡同传统街区的拆毁而复建。在过去的20年里，城市转型的巨变能够产生一种无地感，特别是对那些对自己的环境曾经十分熟悉的人们的无归属感。

北京和其他城市的新纪念建筑是否在将来会同样被评判是另一个议题。正如梁思成和张锐在中华民国时期，指出上海现代建筑的不伦不类，与民族文化毫不相干一样，在21世纪的初期，自我认同的结构或建筑已经在现代化中国建筑与民国文化为一体的建筑表象中取得了地位。这种实体变换，并未否认梁思成和张锐对于民族主义与建筑理念的完整性的洞见，但是，它的确证明这种戒律的可塑性。因此，民国时期的布扎设计和规划并未起到引领当代潮流的作用，反而引起了关于当代美学、政治观念、民族与市民权等方面的争论。无论是何种鸿沟横亘于20世纪早期与当代规划之间，南京首都城市规划十年的抱负，既颂扬又影响了中国民族和中国人民的民族文化复兴——这依然是当代的焦点。民国时期的布扎规划本身，通过其形式方法和规划，建筑以及所遭遇的城市生活，已经转化为一种现代中国传统以及其持续转化的基本。

2.2 建筑师们

中国传统建筑自发源以来经历了各种流变，尤其是发展到近现代，由于西方建筑文化的渗透以及交融，中国本土建筑受到了巨大的冲击，而外国建筑师在中国大兴土木之时，中国本土也涌现了一批极其优秀的建筑师，在留学国外学习后，结合自身的经历以及对建筑的理解创作了一批经典的案例。中国第一代建筑师专业实践所体现的核心价值，应该是技术方法与专业理想之间的互动与调整。布扎的培训提供技术方法，最终由专业理想驱动。从继承，发展到变革的过程，我们可以认为，固有的统一性和表面的妥协是宾夕法尼亚建筑教育的综合表现和现代中国特定环境下现代建筑的探索。

2.2.1 梁思成与其设计生涯

在设计上，梁思成终其一生致力于探索如何发展中国传统建筑（尤其官式建筑），以适应新的生活方式、功能需求，以及新的材料。其设计观并非一成不变，而是动态发展，虽然期间也有一些矛盾和反复，但他从未停止过对创造中国新建筑的思考。他由简单的中国建筑装饰元素，到更为本质的结构的思考，再到对现代主义形式追随功能的辩证的吸收，将功能分为满足物质生活和精神生活需求，强调精神功能的重要性，强调在物质上、精神上对居住者表达最大限度的关怀。梁思成将西方建筑的建造手法融入中国近代建筑的实践，进行现代化的探索，其设计体现中国文化的民族风格，而非国际风格，表现民族主义、反帝国主义和非殖民化，如使用体现新古典主义的中国屋顶及装饰图案。例如，哈蒙德哈伍德（Hammond-Harwood House）石楼，由梁思成设计，是他从美国回来后的第一件作品，为中西结合的风格，三段式构图，中央垂直向主导，两边水平向主导，有基座和大台阶，基座使用源自意大利的石面砖技术"Bugnato"，装饰源于中国传统木结构寺庙，使用石材而非木材。立面的石料就地取材。在这座建筑中，你可以辨认出西方和中国的元素。楼梯是古典建筑的典型，如希腊雅典卫城，几乎所有的建筑都有纪念性的楼梯。建筑本身可分为两部分，中间部分以垂直为主，两侧以水平为主。对于古老的古典建筑来说，使用柱基、中间部分和檐口也是很典型的。在建筑的底部，建筑师使用大的粗糙面砖，这种技术起源于意大利，它被称为"布格诺"。这项技术常用于宫殿。装饰的飞檐也是非常典型的西方风格，但这里的飞檐不包含任何古典装饰，但装饰物类似于中国传统寺庙的木结构。因为当时梁思成刚从美国宾夕法尼亚大学学成回来，这座建筑受西方的影响多于中国。其陕西师范大学图书馆作品，中央大台阶和基座体现西方风格，柱子"粘结"在立面，并非结构构件。图书馆的中国元素在中国式屋顶、窗框和栏杆装饰构件上有突出的体现。这座建筑多为中国风格。如上所述，中国元素返回檐口，但不使用木材，而是石头。正面的中部有两个头部，形状像传说中的动物，这些头部被称为"鸱吻"。用于立面的石头是当地材料。立面上有非独立的"粘"在立面上的壁柱，以便在立面中放置更多的结构。基座发现典型的西方元素。最引人注目的是中国屋顶。第二个非常中国化的元素是窗框。中国元素使建筑具有中国风格。因梁思成刚从宾夕法尼亚大学回来，这座建筑也颇有西方影响。

梁思成（1901—1972 年）1924 年至 1927 年在美国宾夕法尼亚大学学习。1928 年，他在沈阳建立了中国最早的建筑院校，1931 年至 1940 年代中期，他与妻子和营造学社的其他同事开始了中国古代建筑的第一次科学调查和文献工作。他当时是这个行业是最杰出的人物。与其他在宾夕法尼亚大学的学生相比，梁思成更注重中国传统建筑。这可能来自他的家庭教育。由于父亲是一位梦想重振中国的著名政治家，梁思成有着强烈的民族荣誉感。他在宾夕法尼亚大学学习期间发现，西方已经把他们的建筑风格总结成一个体系，而中国没有类似的工作。而且，外国人对中国建筑的研究是片面的，甚至带有偏见。这些都启发和引导他转向中国传统建筑的学术方向。另一个有趣的事实是，其他学生的荣誉作品大多是西方风格，而梁思成的作品则是典型的中国风格。作为活跃于中国现代建筑时代初期的建筑师，梁思成关注历史建筑，对后世产生了重要影响。一是在学术研究上，他在完成《清式营造则例》和《中国建筑史》的基础上，成功地收集整理了中国历史建筑的造型规约，并详细介绍了清建筑的背景、基本方法和建筑元素。艺术特色。在《中国建筑史》中，他介绍了各个朝代的重要建筑，并对它们的特点作了准确的评论。他所做的工作填补了中国传统建筑体系建设的空白，对其他研究者具有重要的参考价值。除了对学术研究的影响外，梁思成对中国现代建筑也产生了影响。关于如何平衡中国的历史风格与西方或国际的现代风格，一直存在着争论。尽管梁思成先生的实践作品很少，但每一部作品都表现出了充分利用历史的强烈倾向。此外，他还通过教学和写作来传播他的思想。第一，是他在 1953 年美国建筑学会开幕式上发表的演讲《论建筑艺术中的社会主义现实主义和对国家遗产的研究与利用》。梁思成引用了毛泽东、列宁和斯大林的思想。有人认为，在中国这样的国家，与资产阶级资本主义的政治和意识形态对抗也涉及民族主义、反殖民主义和反帝主义因素。因此，中国的文化艺术表现也需要民族主义、反殖民主义和反帝主义的元素。因此，中国和其他类似国家的文化艺术表现形式必须采用反资本主义、反殖民主义和反帝国主义西方的"民族风格"，而不是国际风格。第二，是《中国建筑特色》一文，梁思成概述了中国建筑传统的九个特点，即屋顶和相关元素的特权。梁思成说这些特征形成了一种"语法"。他接着指出，这些形式可以"超越材料的局限性"，其中有一个"可翻译性"，允许它们与不同的材料、结构和类型一起使用。第三，是 1954 年出版的名为《中国建筑》的小册子，梁思成问如何不模仿地采用传统形式。他引用了毛泽东的"选择性继承"思想，即"抛弃封建垃圾，吸收民主精华"，然后给出了两条原则和两幅草图，以说明他在设计过程中对这一思想的诠释。一幅素描描绘了街道交叉口 3 到 5 层楼高的一组建筑，另一幅描绘了中央塔楼 35 层高的一组建筑。在这两种建筑中，都使用了中国的屋顶，伴随着一些装饰图案和新古典主义的体量设计。第一个原则规定，无论设计的建筑大小和高度如何，都可以使用具有相关语法的传统形式，即"可翻译性"。对于第二个原则，梁说，在形成一个民族的形式时，"整体轮廓"是最重要的，而"比例"和"装饰"是第二和第三个重要的顺序。现在来看看他设计的建筑：

梁思成后期的设计思考与其建筑实践相结合，作者将其建筑设计实践分为三个阶段：

第一阶段是 1930—1934 年间，"西而中"的中西合璧探索期，即具有中西合璧的特征，这一阶段，梁思成有三个建筑作品：1930 年建成的吉林省立大学礼堂图书馆及教学楼，以及 1932 年设计的北京仁立地毯公司铺面改造。这一时期的作品明显带有西方古典主义风格，整个建筑有着非常严格的古典主义比例构图，只在局部尝试融入一些中国传统建筑元素，使两者很好地结合在一起，使得建筑既满足新的功能需求，又具有中国民族特色。

第二阶段是 1934—1950 年之间，“西而新”的现代主义建筑时期；这一时期的建筑设计总共有三个：1934 年建成的北京大学地质馆，1935 年建成的北京大学女生宿舍，以及梁思成、林徽因于 1947 年合作设计的国立北京大学人民纪念堂·总办事处·大学博物馆方案，2019 年 5 月南京故宫博物院有关部门在对其院史资料整理过程中发现了梁思成和林徽因设计而未建成的建筑方案。梁思成先生这一时期的建筑已完全跟上了现代主义建筑的步伐。虽是砖混结构，但平面布局自由，摆脱了其早期建筑的对称性。

第三阶段是 1950—1955 年之间，“中而新”的中国固有式时期；以下三幢教育建筑（建筑群）：陕西师范大学图书馆、哈尔滨工程大学教学楼，以及山东师范大学文化楼及一二号教学楼，即以中国古代官式建筑为基本范式，在新的功能、技术和建筑材料的条件下，探索民族形式的创作模式。从这些建筑中，我们可以看到：建筑体量因为新的功能需要相比于传统建筑体量较大，层数也较高，平面布局也适用了新的功能需求，但在屋顶样式，以及栏杆扶手纹饰等一些细部上采用了中国传统样式，使其充满中国韵味；进入现代时期的 1955—1972 年，复古主义时期也是他设计的晚期，在这期间只有一座扬州鉴真大和尚纪念堂，是参照日本招提寺建造的。而招提寺又是受唐代建筑风格影响，这间接模仿了中国唐代建筑，呈现出“中而古”的纪念堂设计特征。

2.2.2　董大酉与其设计生涯

1. 出身背景

在人类历史即将进入 20 世纪的 1899 年，一位日后成为中国建筑历史脊背的建筑师诞在浙江杭州的西子湖畔，他就是董大酉。跟随着时任大清政府驻荷兰哈姆斯特丹和罗马使馆使节的父亲董鸿伊（音译），董大酉在欧洲完成了小学和中学学业。当父亲回国任职教育部后，董大酉又跟随父亲来到北平（今北京），在具有四年学制的北平清华学校（即清华大学的前身）攻读预科，并于 1922 年考入美国明尼苏达大学就读建筑学专业。

2. 留学生涯

在介绍董大酉求学过程的同时，我们有必要对照性地介绍中国建筑史上另一位皓月当空的人物——梁思成。作为董大酉的学弟，梁思成 1924 年毕业于北平清华学校，并于 1924 年考取美国费城宾夕法尼亚大学的建筑系专业。两位中国近代建筑界的泰斗就这样出师同一所学校——北平清华学校，一先一后就读美国高校的建筑系，并于 1928 年同一年回国。董大酉以建筑学学士学位（1924 年获得）、建筑与城市设计硕士（1925 年获得）和哥伦比亚大学研究院美术考古学博士（1926—1927 年）的学历来到了上海，开始踏上了职业建筑师之路；而梁思成则以哈佛大学建筑史系中国古代建筑的研究背景来到了沈阳东北大学，创立了中国现代教育史上第一个建筑学系，走上了建筑教育之路。无论是建筑实践还是建筑教育，无论是对现代建筑艺术的追索还是对中国传统建筑的觅踪，董大酉和梁思成都高屋建瓴地撑起了时代的大旗，引领着中国建筑艺术的复兴和前行。

3. 归国伊始

回沪后的董大酉先后在庄俊的建筑设计事务所和墨菲开办的建筑设计事务所短暂工作后，1929 年同菲利普合伙创立了苏生洋行，或称建筑设计事务所，开始走上了职业建筑师之路，并于同年获得获首都中央政治区图案佳作奖。1929 年上海中心区域建设委员会成立，聘请董大酉任顾问兼建筑师办事处主任。1930 年董大酉在上海创办了董大酉建筑师事务所，董大酉的上海时代就此拉开序幕。

4. 上海计划

董大酉回国的 1927 年，南京国民政府成立，同年 7 月 7 日成立了上海特别市。上海特别市成立之际，市政会议即提出了“大上海计划”（The Great Shanghai Plan），计划以江湾为市中心建造市政府大楼和各类公共建筑，打破上海既有的公共租界和法租界控制城市中心的格局，这为董大酉日后被委以重任留下了历史的伏笔。“大上海计划”的内容涵盖对虬江码头、机场、水厂、道路、铁路枢纽等设施进行规划，其中包括的建筑项目有市政府大楼、图书馆、运动场、博物馆、市立医院、市立公园、各局办公楼、音乐学院、上海铁路局管理大楼以及附属的工业区和住宅区的建设。

5. 委以重任

哪一位建筑师能担任起如此规模宏大的“大上海计划”的规划者和设计师，历史的重任别无选择地落到了出身世家、留学归国、崭露头角且才华横溢的董大酉身上。在董大酉担任上海中心区域建设委员会类似于今天的总建筑师职位期间，他成功地主持完成了上海行政中心的一系列规划设计，以公共建筑的中国风格，彰显着民族复兴的时代形象，并通过公共空间的布局设计体现着民族的现代性。

6. 代表作品

董大酉最值得称道的建筑设计作品当属市政府大楼（今上海体育学院办公楼）。位于上海市杨浦区长海路 345 号的该建筑，开工时间为 1931 年 6 月，竣工时间为 1933 年 10 月 10 日，建筑面积为 8 982m^2，施工方是朱森记营造厂，按当时的货币计算总造价为 78 万元。整座建筑坐北朝南，东西对称，东西长为 76m，总高度为 93m，在 8 900m^2 的建筑上采用了斗栱、雀替、藻井、彩画和琉璃等中国元素。作为一座建筑艺术丰碑，它向全世界宣告了中国建筑师在现代建筑的设计和工程上的自我创新力和项目管理力。

到抗日战争爆发前，“大上海计划”在董大酉的统领下完成的实施项目有市政府大楼、原五局办公楼、京沪京杭两路管理局大楼、市立图书馆（今杨浦图书馆）、市立医院、市运动场（今江湾体育馆）、市博物馆、市卫生试验所、原中国航空协会大楼和董大酉私宅等项目。这些倾注了董大酉满腔心血和聪慧才智的城市规划和建筑艺术，至今大多数仍然在熠熠生辉地闪耀着时代的光芒。

7. 后期生涯

1949 年后，董大酉带头响应国家支援大西北的号召，放弃在上海的优裕生活，奔赴陕西工作。他先后担任西北公营永茂建筑公司、西北建筑工程公司总工程师，主持了西安新城广场的规划以及军医大学等项目。1955 年，董大酉担任建设部民用建筑设计院总工程师。1957 年，随中国建筑师代表团出访苏联和罗马尼亚。回国后不久，董大酉调任天津民用建筑设计院担任总工程师，主持了天津车场道干部俱乐部等的规划设计。

1963 年，时已 65 岁的董大酉调回到杭州工作，担任浙江省建筑设计院顾问工程师。1964 年董大酉主持设计了两个涉外宾馆以及黄龙体育中心的规划设计。1973 年董大酉罹患肺癌去世。

8. 西北作品

1949 年后在西北工作的时间里，董大酉先后主持了一系列重大的建设项目，为新中国的建设和发展贡献了他的设计天资和技术禀赋。由他设计和主持完成的规划设计和建筑设计项目有西北大学师范学院（今陕西师范大学）、西北人民革命大学（今西北政法大学）、西北工学院（今西藏民族学院）、西北工学院教学楼和体育场、西安市新城广场、西安市委礼堂和陕西建工总局。

9. 建筑思想

董大酉在美国接受过西方建筑学的系统教育，熟知世界建筑艺术的演绎历史，对现代建筑的发展进程更是耳濡目染，他是一位融汇东西和贯通古今的建筑学家。在他的建筑设计中，即汇聚了传统的中国建筑制式，同时也展现着现代主义建筑的设计手法，在东西方建筑语言的切换中，表达着他既尊重中国传统建筑形制也崇尚现代建筑美学的哲学思想。最为可贵的是董大酉在设计中始终寻找着中西建筑文化结合的创新点，他既不固守中式建筑范式，也不彻底追随西方建筑文明，而是在实用与美观以及功能与形式上积极探索着民族现代主义，并通过一个个建筑作品展现着自己的建筑思想。

“大上海计划”的项目上，他以中国营造法式为本底，采用了钢筋混凝土的结构体系，无论是庑殿顶的市政府大楼，还是重檐歇山顶的市立图书馆，都传承着中华民族建筑艺术的基因。而在原旧中国航空协会大楼设计中，董大酉尝试着现代形式和传统元素的融会贯通和交相辉映。到了董大酉私宅设计上，他完全走进了现代建筑艺术的殿堂，随求着简约明朗的国际主义思潮。不知董大酉是否在 1935 年建于政旦东路上的董大酉私宅上，吸收了第一代现代主义建筑大师勒柯布西耶于 1927 年完成的斯图加特魏森霍夫居住区别墅的现代思想，但可以肯定的是伟大建筑师们的目光永远在洞察着社会的进步和变革，总是以自己的思考和设计解读着时代的脉动和延绵。

第3章　近现代技术对中国近现代建筑风貌的影响

3.1　建筑技术对近现代建筑风貌演变影响的分析

新建筑技术对推动建筑发展起到决定性作用，从沿海开埠城市建筑较内陆城市建筑在近现代时期更为繁荣这一层面上，可明显反映出来。而当时新技术的应用，同时又刺激了建筑科学技术的革新。例如，砖墙承重、钢木组合的桁架屋架，取代了传统的梁柱结构体系；结构技术的进一步发展，改变了建筑面貌。因建筑技术而带来的各种类型、各种空间组合以及各色风貌的建筑，丰富了近现代城市风貌。建筑追求新奇与时髦时尚风潮，如果没有建筑技术的支撑，显然是难以实现的。工业革命带来了技术的革新，促进了近现代城市中建筑业的蓬勃兴起与不断发展，而新的城市建筑类型的出现与新建筑风格的流行，也对建筑技术提出了更多与更高的要求。研究基于技术决定论的假设，在近现代城市建筑演变模式中，将建筑结构体系类型，以及由此而来的建筑风貌类型，进行模式分析与鉴别比较。

19世纪末到20世纪初，欧美国家钢筋混凝土技术发展迅速，产生了多种技术体系。早期钢筋混凝土技术主要通过外国建筑商转入中国。这些建筑商不仅向中国出口钢筋、水泥等建材，同时会指派工程师对建造进行指导，同时提供图纸绘制，结构计算等服务。第一次世界大战开始后，由于英法德等欧洲国家陷于战争泥潭，在上海的影响力有所减弱，美国的外商数量快速增加，后来居上。面对发展迅速并开始广泛传播的钢筋混凝土技术，中国工程师们除了积极学习，吸收西方的技术体系外，也试图梳理总结出一套属于自己的知识系统。以美国康氏公司在上海的大世界、新世界和瑞记洋行大楼等建筑为例，上海第一座真正意义上的钢筋混凝土框架建筑来自美国康氏公司。钢筋混凝土技术中，高质量的钢筋和钢筋的绑扎方法是技术的核心。钢筋在当时又称为竹节钢条，和现在的螺纹钢类似。在当时，钢筋尚需从国外进口。

美国建筑商在上海销售的钢筋产品最为流行，其中康氏公司销售的产品有钢筋、钢窗、钢板、防水涂料等，并安排有相应的工程师提供咨询与绘图服务。而另外一个重要的建筑商美商慎昌洋行，也销售钢筋，以及三角形钢筋网等。第一次世界大战之前，德商瑞记洋行是康氏钢筋混凝土公司在中国的唯一代理商。1907 年，康氏帮助瑞记洋行在上海设计建造了 7 层钢筋混凝土办公楼，结构工程师为 Phillips George。1912 年时，康氏派驻工程师 N.K. Fougner 到上海，组建其在远东的总部，并任命 Fougner 作为康氏在远东的工程师代表。第一次世界大战开始后，随着德商撤离上海，康氏公司的代理商也从德商瑞记洋行变成了美商茂生洋行。同样，康氏在委托茂生洋行销售建材的同时，也指派驻场工程师进行技术指导。1919 年时，其在茂生洋行的驻场工程师为 Oesterblom Isaak。1928 年之后，康氏在上海的代理商又换成了泰康洋行，在扩大其建材商品经营范围同时，也参与了更多建筑的结构设计。

特殊造船术，对钢筋混凝土技术的促进，起到了积极的作用。钢筋混凝土技术的发展日新月异。一些在战场上使用的特殊技术促进了建筑中钢筋混凝土结构的改进。其中尤其特别的就是钢筋混凝土造船技术。用钢筋混凝土造船本不是一种合理的做法，但由于战争中的不时之需，需要在短时间内快速制造低成本的军用船只，因此许多国家开始争相使用钢筋混凝土结构造船。最初，它们只是作为小型运输船使用，仅能在风平浪静的小型流域中航行。由于战争对技术的催化，1917 年时欧洲已经造出了第一艘能够跨海航行的钢筋混凝土船 Namsenfjord 号。随后在 1918 年，美国制造了其第一艘标准的钢筋混凝土船 Faith 号，宽度达到 44 英尺（约 13.41m）。这种钢筋混凝土船成为当时各界工程师们讨论的焦点。1918 年的中华工程师学会报刊载了这种船的构造。在 1919 年美国混凝土协会年报中，对这种造船术进行了大篇幅的讨论。巧合的是，第一艘钢筋混凝土船 Namsenfjord 号的设计者，工程师 N.K.Fougner，正是大世界中钢筋混凝土结构的设计方——美国康氏公司——当时派驻远东的工程师代表。Fougner 于 1912 年抵达上海，组建康氏公司在远东的总部，办公室正是设在瑞记洋行大楼之内。这位工程师来自有着悠久造船传统的北欧挪威，其本人在整个职业生涯中都热衷于发展钢筋混凝土造船术。尽管 Fougner 就职的康氏公司主营建筑领域，但他本人在工作期间一直努力克服种种条件限制与人们的猜疑，试图制造大型钢筋混凝土船，并最终实现了他的想法。1917 年后 Fougner 离开远东回到欧洲，并于 1922 年出版了一本书总结其这些年来建造钢筋混凝土船的经验。正是由于 Founer 这位传奇工程师的存在，给大世界中的钢筋混凝土大剧场增添了特殊色彩。大剧场中那种通常在船舱上才会使用的圆形窗，在当时建筑中罕见的钢筋混凝土大跨梁，以及梁柱交接部位的特征，似乎都是当时钢筋混凝土造船技术的见证。虽然没有直接资料表明，大世界的大剧场就一定是模仿船只的建造方法，但可以肯定的是，钢筋混凝土造船技术确实大大促进了这种技术在建筑中的进步。钢筋混凝土造船技术对建筑的最直接贡献就是催生了美国 Bureau of Standards 技术标准的产生。这种技术标准源于对钢筋混凝土船的各项结构和材料性能的实验，因为相比于建筑，船在海中所受到的外力要更加剧烈且复杂，因此需要更严格更完善的技术标准。这次试验进行了横梁剪力，混凝土抗渗性和耐腐蚀性，钢筋连接部位的加固以及混凝土凝结收缩等方面的研究。当时国内也有工程杂志也对此次试验的详细内容进行了转载，这次测试对钢筋混凝土技术在建筑中的运用意义重大。

3.2 技术体系的转入：营造厂与工程师

由于本国的劳动力价格较低，作为建筑施工方的营造厂，是近代最早接触到钢筋混凝土技术并参与其中的群体。姚新记营造厂承建了最早的钢筋混凝土大楼——华洋德律风——大楼。营造厂的负责人姚长安接到此任务时，刻苦钻研钢筋混凝土技术，精心组织施工，终于出色完成任务。而来自香港的联益营造厂，早在 1906 年，承建了中国最早的钢筋混凝土建筑——广州瑞记洋行大楼，而该楼也是美国康氏公司在中国的第一个建筑。1925 年联益营造厂又在上海承建了另一座重要的钢筋混凝土建筑——新新百货公司大楼。馥记营造厂的创始人陶桂林，早在创厂之前就在 1919 年主持了字林西报大楼的建造。此楼为钢筋混凝土结构，而当时的建材供应商则是美国茂生洋行。馥记营造厂经营有方成为近代最大的营造厂之一，陶桂林后来也主持了著名的中山陵和中山纪念堂的建造。钢筋混凝土技术最初由法国园艺师 Monier 在 1867 年用于制作花盆，随后逐渐用于楼梯，桥梁等构筑物中，并慢慢普及到建筑中。随后此技术发展迅速，法、德、美等各国均发展出了多种用于建筑的钢筋混凝土技术体系，百花齐放。到了 1909 年，世界上已经有超过 50 种钢筋混凝土技术体系。随着留学的中国工程师归来，这些技术体系以知识的形式被带到了中国。在一些早期的工程类刊物中，本土工程师们不但对世界钢筋混凝土历史甚至是天然混凝土历史有了系统全面的梳理，还对当时较流行的几种技术体系进行了详细的图解，并分析比较各自优缺点。虽然在 1930 年代前，工程师们的实践主要集中在桥梁、铁路等领域，在建筑领域尚无太多建树，但他们对钢筋混凝土技术已经有了很深入的了解和丰富的理论知识。

中国工程师对钢筋混凝土技术，起到传承与发展的积极作用。早在 1921 年，桥梁大师茅以升便以"钢骨凝土营造法式"为题，在杂志上连载文章，试图从钢筋混凝土各种材料组成的角度，对这种新技术建立一个知识框架。彼时正值建筑界《营造法式》刚发现不久，茅以升以此为题的用意，或许就是想借用古人关于木材使用的系统方法去为钢筋混凝土这种新"材料"建立属于自己的使用规范。

除此之外，也有工程师试图将钢筋混凝土技术纳入到现有的建材体系与工种之中。例如华南圭先生在 1920 年开始连载的著作《建筑材料撮要》，系统梳理了时下不同工程用的材料，以及相应的运用方法。其中，钢筋混凝土被归类到“圬工”类别中，“圬工”为跟砖、石有关的建造工作。钢筋混凝土在当时并没有被归类到跟钢、铁相关的“金工”之中，可见在这种技术出现之初，更多的是被以“混凝土”部分的属性而被认知。钢筋混凝土技术的实现有三个关键要素：钢筋、水泥和结构计算。在 20 世纪 30 年代之前，国内所使用的钢筋尚需从国外进口。同时，虽然中国已经能自己生产水泥，但年产量很小，尚且不能满足一座大型钢筋混凝土建筑的用量。唯有计算方法，不受物质条件限制，所以很早就已经被本土工程师们所掌握。20 世纪 30 年代之后，本土工程与建筑师的影响力迅速上升。对于钢筋混凝土建筑技术已经能系统熟练地掌握，并有相应的著作出版。

第4章　上海摩登：邬达克的贡献

"上海的优秀近代建筑是由中国近代第一代建筑师以及众多的外国建筑师所共同创造的。斯裔匈籍建筑师邬达克是上海新建筑的一位先锋。他善于学习世界各国的建筑式样，孜孜以求建筑的时代精神。他的建筑风格历经新古典主义、表现主义、装饰艺术派以及现代建筑风格，仿佛建筑风格的大全，既有当时欧美建筑的直接影响，也有建筑师个人的创造。邬达克留下的大量建筑作品，书写了上海近代建筑史辉煌的一页篇章。上海培育了邬达克，而作为现代建筑的倡导者，他也创造了上海建筑的摩登风格。"② 无论是20世纪30年代还是今天，说起现代建筑在中国，尤其在上海的发展，邬达克都是绕不开的主角之一。

拉迪斯劳斯·爱德华·邬达克（Ladislaus Eduard Hudec，1893—1958年，图4-1）1893年1月8日出生于当时属于奥匈帝国的拜斯泰采巴尼亚（Besztecebánya，今斯洛伐克的班斯卡——比斯特里察 Banská Bystrica）。1910—1914年，在家乡上完中小学后，邬达克来到布达佩斯，在匈牙利皇家约瑟夫理工大学（Hungarian Royal Joseph Technical University），今布达佩斯理工大学（Budapest University of Technology and Economics）接受建筑专业训练。第一次世界大战的爆发彻底改变了这位踌躇满志的年轻建筑师的命运。荣誉毕业的邬达克作为炮兵部成员参军入伍，被送上了奥匈帝国对抗俄罗斯的前线，结果在1916年初夏的一次撤退中遭伏击被俘，因此经历了两年多集中营和逃亡的生涯。在战争结束时，邬达克没能回家，而是非常坎坷地带着伪造的身份证件流落到了中国的哈尔滨。此时，除了在西伯利亚集中营留下的左腿终生残疾和作为建筑师的技能外，他一无所有，也失去了跟家人的联系。③

图4-1　邬达克①
（图片来源：Nellist, George Ferguson Mitchell, Men of Shanghai and North China, A Standard Biographical Reference Work[M]. Shanghai: The Oriental Press, 1933.）

1918年11月底，邬达克在命运的驱使下来到上海，并在这个东方大城市度过了他人生最为辉煌的时光。在旅居异国他

① 除注明外，其余图片均来源于：加拿大维多利亚大学图书馆特别收藏和档案（Special Collections and University Archives, University of Victoria Libraries）。

② 郑时龄．序言[M]// 华霞虹，乔争月，（匈）齐斐然，（匈）卢恺琦．上海邬达克建筑地图．上海：同济大学出版社，2013：8.

③ 关于这一段曲折经历，邬达克在1941年为申请匈牙利护照而撰写的一份自述（An Autobiography by L. E. Hudec from 1941）中作了详细的记载，该自述原稿保存于匈牙利邬达克文化基金会（Hudec Cultural Foundation）档案中：http://www.hudecproject.com/en/archives。关于邬达克早期生活、学习，以及从军、被俘、逃亡的故事，也可参见本页注②书第一章的介绍。

乡的上海的 29 年（1918—1947 年）间，建成项目不下 50 个（单体超过 110 幢），其中 32 个项目（单体超过 50 幢）已先后被列入上海市各级优秀历史建筑保护名录，国际饭店更成为全国文物保护单位。[①] 这些工程涉及办公、旅馆、医院、教堂、影院、学校、工厂、公寓、会所、私宅等众多类型，外观包括古典主义、折中主义、装饰艺术、表现主义、现代主义和地域主义等不同风格，区位从外滩源附近蔓延到西郊乃至杨树浦。邬达克在上海的作品数量之多、种类之全、分布之广、质量之高在世界建筑史上也不算多见。某种程度上可以说，是上海造就了邬达克，因为正是个人命运不可思议地契合了城市发展的命运，才使其从一位名不见经传的战争难民变成了近代上海摩登建筑师的代表。另一方面，邬达克也以个人出色的才华书写了上海近代建筑史的多彩篇章。

① 截至 2014 年 12 月 31 日，已经确认的作品为 54 个项目，包含 111 幢单体建筑，其中有 10 幢已被拆除。参见第 44 页注②书：169-175（上海邬达克建筑不完全名录）。列入上海市优秀历史建筑保护名录（包括区级和全国重点文物保护单位）的统计截止至 2017 年底，参见第 44 页注②书：21-24。

4.1 现代生活、新建筑类型、新颖风格、新技术与新工艺

"20 世纪 20、30 年代是近代上海经济最为繁荣的阶段。1915—1934 年的 20 年间，上海的贸易量增加为 7 倍。金融业、工业、零售商业发展迅猛。当时的上海已是名副其实的远东最大都市，也是远东最大的贸易、金融、工业中心。城市社会与经济的迅速发展为上海的建筑繁荣打下了坚实的基础"。[②]

② 伍江. 上海百年建筑史 1840—1949（第二版）[M]. 上海：同济大学出版社，2010：94.

来得早不如来得巧，邬达克正是在这一上海近代房地产业和建筑业的鼎盛时期来到上海从事建筑设计，因此获得了足以让当时他的欧洲同行艳羡的实践机会。邬达克的设计类型非常广泛，无论是面对西方的业主还是中国的业主，所涉及的类型均为上海作为一个新兴国际大城市所需要的建筑类型，主要适应的是现代化生活方式而不是中国传统的生活模式。同时，邬达克实践的主要区域是在外国租界内，这使得邬达克可以很方便地直接运用自己在欧洲所学的专业知识，移植和转化西方同类的建筑功能和样式。

这一时期在上海大量兴建的新的建筑类型既有西方城市中已经比较成熟的独立式住宅、教堂、学校、办公等类型，也有在西方也出现不久的工业厂房、高层公寓、电影院等。如果说在美国事务所克利洋行（R.A.Curry）[③] 时期（1918—1924 年），邬达克设计的主要是银行办公、豪华别墅的话，到了 1925 年他自行开业以后，他设计的类型则变得更为广泛和多样，也越来越多地接手大型的公共项目。总体而言，虽然邬达克在居住建筑方面也有不俗的表现，曾为万国储蓄会（International Saving Society）、普益地产公司（Asia Reality Company）等设计了不少成功的房地产项目，为何东（Robert Hotung）、盘滕（Jean Beudin）、刘吉生、吴同文等中外富商设计过恢宏的别墅，还建造过三次自宅，但是邬达克有三分之二的成就是在大型公共建筑方面。他在上海共设计建成了 8 栋学校建筑、7 座电影院（俱

③ 罗兰•克利出生于美国俄亥俄州，1914 年毕业于康奈尔大学，是首个在华开办事务所的美国建筑师。

图 4-2　医院（一）（左）

图 4-3　医院（二）（右）

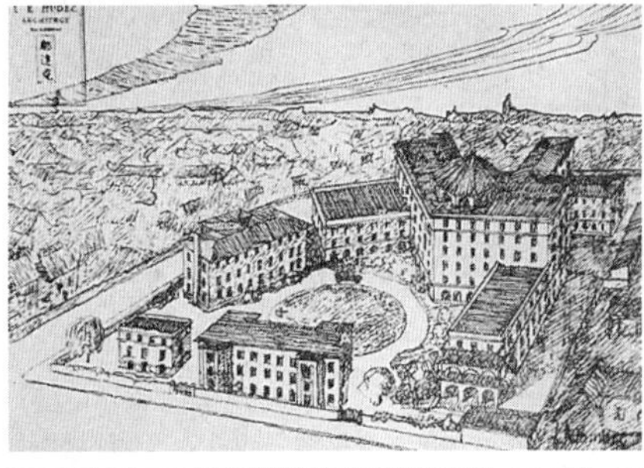

图 4-4　医院（三）（左）

图 4-5　现代工厂（一）（右）

图 4-6　现代工厂（二）（左）

图 4-7　机动车库（右）

乐部）、6 座办公楼、5 幢高层公寓或旅馆、3 座教堂、3 家医院（图 4-2~图 4-4）、2 座现代工厂（图 4-5、图 4-6）和 1 个机动车库（图 4-7）。也正是在这些公共项目和新的城市建筑类型中，邬达克不断地探索着现代建筑的空间和结构。从现代生活方式的角度来看，最能体现上海大都市特性的两种建筑类型当属多（高）层公寓和娱乐建筑，前者提供了高密度的居住形式，而后者则是城市公共社交活动的主要载体。邬达克在这两类建筑上均成就突出。

4.1.1　现代化城市居住模式：多（高）层公寓

早在克利洋行时期，邬达克就为万国储蓄会设计了上海第一座外廊式公寓——诺曼底公寓（Normandie Apartments，1923—1926 年，图 4-8），虽然外观仍是古典复兴风格，但其户型设计灵活，采光通风良好，还配备了 2 部指针式电梯，并配备了充足的消防楼梯。其后一年在霞飞路（Avenue Joffre，今淮海中路）建成的爱司公寓（Estrella Apartments，1926—1927 年，

图 4–8　诺曼底公寓（左）

图 4–9　爱司公寓（右）

图 4–10　爱文义公寓（左）

图 4–11　达华公寓（右）

图 4-9）则被媒体称为沪上最早拥有如此现代化设施的公寓，是该地区名副其实的“明星”公寓。[①] 由联合房地产公司（Union Real Estate）投资兴建的爱文义公寓（Avenue Apartments，1931—1932 年，图 4-10）在项目尚未立项时，96% 的公寓就已被抢租一空，且预订者大部分是熟悉该工程设计，参与建设和审批的技术专家和公务员。达华公寓（Hubertus Court，1935—1937 年，图 4-11）则是邬达克自己注册的房地产公司——邬达德房产联合公司（Hubertus Properties Fed）在大西路（Great Western Road，今延安西路）开发的 10 层公寓，是当时该地区最高的建筑，因设计现代而有“小国际饭店”之称。邬达克及其妻女 1937—1947 年在此公寓底层度过了在上海的最后 10 年光阴。

① 公寓名“Estrella”是西班牙语，意为明星。

邬达克设计的城市公寓抓住了这种新建筑类型的两大关键点：高效性和标识性。前者主要通过平面的精打细算来完成，后者则依靠塑造有力度的外观体量来实现。

相对于低密度的别墅和里弄住宅，为应对城市人口剧增和地价飞涨而产生的多（高）层公寓，必须用紧凑便捷的功能布局和先进的设备设施来弥补面积、环境和私密性等方面的先天劣势。虽然大部分时候并不能在体量上将服务空间（包括公共的楼梯、电梯、设备用房和户内的厨房、卫生间等）和被服务空间（主要生活起居房间）区分开来，但是在邬达克设计的公寓平面中，从面积、朝向、形状、开窗等各种方面，这两类空间的等级地位区分都是非常明显的。辅助空间的面积常常被尽可能地压缩，并且通过加入各种功能区域不断地提高使用效率。比如，在爱司公寓建成装修好后，一篇描述详尽地报道仿佛绘制了一幅生动的公寓室内空间图，同时也展示了生活其中的富裕西人的生活方式："我们相信这是上海第一座装配有那么多现代化设施的公寓，包括垃圾焚化炉（厨房外生活阳台区）、机械式冰箱、空间充足的衣橱甚至包括专门放亚麻衣物的橱子，内置式烫衣板，夏季使用的樟木壁橱和放箱子的房间。壁橱按照夏季和冬季使用而区分，安装有所需的架子、钩子、拉杆等。这一切让家务活变成了愉悦的事情。就连出门前照镜子检视自己的细节也被悉心考虑过了，门厅内有放置衣帽、雨伞的柜子，附有柜门和大镜子。厨房更配备有煤气或电炉、现代化的大水槽。白色搪瓷碗柜附有不同的分隔用于放置面粉、糖和盘子等。此外，还有一间餐具室放置着凯文奈特公司（Kelvinator Manufacture）制造的机械式冰箱。背面的小阳台面向垃圾焚烧炉。卫生间也是一件现代技术的美丽杰作，有嵌入式的弓形浴缸、带帘子的淋浴房、内置式的肥皂和牙刷架、毛巾杆、杯架等。此外还有药箱和两侧带照明方便剃须的镜子。这幢公寓电线设施与现代美式标准接轨，有充足的灯光、电源开关和双向转换器等等。"[①]

① The Estrella Apartments Building[Z]. Israel's Messenger, 1929-01-04：4.

紧凑的用地和庞大的体量也使多（高）层公寓先天具有了令人震撼的尺度。除当时地处低密度越界筑路区域的达华公寓以外，其他 3 座公寓均处于城市中心转角基地上。无论采用何种风格的立面，邬达克设计的 4 座公寓在顶部几乎都没有明显退界，这不仅保证了建筑容量的最大化，而且构成了更加强烈的体积感。在道路转角的处理上，不是采用弧形就是采用切线转折，这使建筑体量得以延续，看上去更为整体，也更为有力。在细节处理上，体量感依旧是设计的重点，比如，在现代风格的达华公寓中，背面所有房间，甚至包括两个很小的圆形辅助消防楼梯都被处理成上下贯通的独立高耸塔楼，所采用的弧形或转角窗同样弱化立面强调体量的效果；而在爱司公寓的立面上，第三至六层每个单元起居室的凸窗被连成一体，增加了立面的体量变化同时保持了足够的力量感。邬达克利用公寓建筑的大容量和大体积来营造的城市建筑雕塑感让人印象深刻，这正好实现了这种商业性居住建筑所必要的广告效果和城市纪念碑式的符号象征作用。

4.1.2 都市夜生活空间：电影院

如果要选一类建筑最能体现上海城市对现代性的追求的话无疑就是从内而外都是由"声、光、电"的刺激构成的电影院建筑了。"20 世纪 30 年代上海的夜生活，对于那些能消费得起的人来说，世界上没有哪里可与之相媲美……在上海，本地人、外国居民和游客天黑后都迷失于这座城市之中。在整个 20 世纪 20 年代和 30 年代，数以百计的歌舞厅和夜总会如雨后春笋般出现，供他们娱乐。”“上海是一个电影天堂——好莱坞影片在当地大电影院几乎和纽约同步上演，当地观看电影的场景很活跃……在 20 世纪 30 年代后期，平均每年放映 350 部外国电影和 100 部中国制作的电影。随着电影由西方引进，新的不可抗拒的社会和文化模式迅速淹没了这个国家，并迅速为广大中国观众所同化”。[①]

据统计，[②] 从 1908 年西班牙人雷玛斯（Antonio Ramos Espejo）在上海建立第一座电影院——虹口活动影戏院（Hong Kew Cinema）开始，到 1942 年的短短 34 年时间里，上海共建成了 72 座电影院，其中在 1930 年代建成的有超过一半——32 座，最高峰在 1930 年，开幕的新影院达 11 家。

在这一近代上海电影院建设热潮中也有邬达克的贡献。在克利洋行时期，邬达克设计的卡尔登影戏院（Carlton Theater，1923 年，图 4-12）是 1920 年代上海最重要的电影院之一。在邬达克洋行时期设计的浙江大戏院（Chekiang Cinema，1929—1930 年，图 4-13）和辣斐大戏院（Lafayette Cinema，1932—1933，图 4-14）虽然规模不是最大，但也颇具特色。当然，奠定邬达克沪上最先锋建筑师身份的则是被誉为“远东最大电影院”的大光明大戏院（Grand Theater，1931—1933 年，图 4-15）。面对在极不规则、门面狭窄、寸土寸金的繁华商业街上设计一座超过 2 000 座的现代化影院的艰巨任务，邬达克出神入化的设计早已被载入史册。这座巨大的“灯箱广告牌”建筑和咫尺之遥的“远东第一高楼”国际饭店不仅是邬达克成就的最好象征，也是上海作为国际现代大都市曾经达到的繁华程度的最好象征。

图 4-12　卡尔登影戏院（图片来源：胡晋康．上海的影戏院 [J]. 良友，1931 (62)：32.）

图 4-13　浙江大戏院

① Morand D. Gran Teatro de Shanghai[J]. Obras，1935，44（5）：315-324.

② 王骁，张晓春．近代上海影院建筑的源起与发展（1896—1949）[D]. 上海：同济大学，2014：12-14.

图 4-14　辣斐大戏院（左）

图 4-15　大光明大戏院（右）

虽然邬达克设计的电影院在容量和档次上差距不小，但尽量利用基地面积塞下最大容积的放映大厅显然是设计的第一原则，其他的休息空间和必要的辅助系疏散空间则多为螺蛳壳里做道场的结果，相对于堂皇的主要大厅来说总是曲折又复杂的，主要通过水平和垂直交通的巧妙处理将小空间连成系列，既满足大量人流集散的需要，在作为公共社交的主要空间时也不嫌局促，反而因空间特色而给人深刻的印象。

相对于更需要招揽性的夜间建筑——电影院来说，邬达克设计的几个项目，其基地均处于连续街道的中段而不是转角位置，换言之，临街的展示面非常有限，这对设计构成了不小的挑战。邬达克的解决方式几无例外地都设计了相对于建筑本身体量，尤其是高度而言尺度相当夸张的高耸的灯塔，结合入口，通过与其他部位相对敦实的体量，通常也会处理成水平线条的立面形成强烈对比，并通过灯光设计，在夜晚形成璀璨的广告灯箱效果。无论从浙江大戏院的早期草图，还是从大光明大戏院建成后的广告宣传画，以及刊登于杂志中的封面照片来看，如光剑般刺入夜空的灯箱都是最夺人眼球的重点，它们跟同样雪亮的入口上方的玻璃体雨棚纵横呼应，水平和竖向排列的电影院英文名称就像悬浮在半空中的魔咒，吸引路人走入这声光电的迷宫。就像德克斯特·莫兰德（Dexter Morand）在西班牙杂志《作品》（Obras）中对大光明大戏院的描写："这个新电影院既不在欧洲，也不在美国，而是在亚洲，在中国。它证明在这个国家建造的高水准电影院，可以与欧洲电影院相媲美。上海大光明大戏院的布局和装饰是如此现代，跟所有欧美的设计并无二致。其外观具有在欧洲随处可见的现代主义痕迹。巨大的水平和垂直元素创造了令人惊讶的几何效果。在那里，建筑师还可能使用了镜面板作为面层。这座电影院是目前常用方法的一个优秀案例，其中电影院被作为'夜间建筑'来进行设计。像美国人一样，美国人总是在他们的建筑上做一些突出的元素，邬达克设计了一个用玻璃覆盖的高塔，当晚上高塔点亮的时候，电影院的名字就突显出来。当我回想我曾经有机会看到的类似的塔时，我不得不承认，从广告的效果来说，我从来没有见过任何一个令人印象如此深刻的点亮的塔。在我看来，大光明大戏院的外表并不是一种特殊的品味，它在许多国际展览中也时常看到，但是如果我们把它看作一幢通过宣传其功能来提高自身公共性的建筑的话——尤其是因为它是一个休闲娱乐场所——它是我所见过的最优秀的案例。"[①]

① Morand D. Gran Teatro de Shanghai[J]. Obras, 1935, 44 (5): 315-324.

4.1.3 新颖风格

"上海的近代建筑有着十分丰富的内涵，在近百年的建筑中，几乎囊括了世界建筑各个时期的各种风格，简直就是一部活生生的世界建筑史"。[②]从古典复兴到折中主义到装饰艺术风格直至现代主义，邬达克在上海近30年的实践成果也可以看作上海这部微缩世界建筑史的又一个浓缩版本。

② 郑时龄. 上海近代建筑风格[M]. 上海：上海教育出版社，1999：3-4.

图 4–16　美国总会（左）

图 4–17　四行储蓄会联合大楼（右）

在与美国建筑师克利合作的 6 年间，邬达克的作品不是古典复兴风格，就是地方风格。一方面可能来源于其西方业主的偏好，另一方面也可能来源于克利从经营角度出发，"为不同业主的品味与追求量身定做"[①] 的市场策略。虽然邬达克对此驾轻就熟，设计得非常精美，尤其是美国总会（American Club，1922—1924 年，图 4-16）、诺曼底公寓等作品为他赢得了很好的声誉，然而在与父亲的通信中，建筑师对此却怨声载道。他迫切需要新鲜的养分，希望父亲能寄来最新的欧美期刊杂志。在邬达克看来建筑师需要原创，需要新颖，他"可以广泛借鉴，但结果必须完全是自己独有的，他应已将所有组成要素融合成和谐的整体，其最大的特征是新鲜（Freshness），跟所有做作的、俗套的旧形式分道扬镳"。[②]

1924 年底，邬达克登报宣布成立自己的事务所，邬达克洋行在外滩的横滨正金银行大楼（Building of Yokohama Specie Bank）开业。虽然在最初的 4~5 年，邬达克的作品，尤其是外观主要延续着古典复兴的传统，但是无论是空间、形体还是材料技术上更加现代和简化，呈现出折中主义的特征。这一时期的代表作包括宏恩医院（Country Hospital，1923—1926 年）、宝隆医院（Paulun Hospital，1925—1926 年）、爱司公寓、四行储蓄会联合大楼（Union Building for Joint Savings Society，1926—1928 年，图 4-17）等。而正是联合大楼的成功开启了邬达克进入中国政治经济精英视野的大门，更奠定了其最高成就国际饭店的基础。

"如果说在为西方业主服务时，邬达克往往受限于古典复兴或地方风格的话，那么在为中国业主服务时，邬达克反而更加具有选择现代风格的主

① 这也是邬达克自行开业后针对外国业主的策略。参见（意）卢卡·庞切里尼，(匈) 尤利娅·切伊迪．邬达克 [M]. 华霞虹，乔争月，译．上海：同济大学出版社，2013：37-78.

② Shanghai Times（1928-05-07），译文转引自 Hietkamp L. The Park Hotel, Shanghai（1931—1934）and Its Architect, Laszlo Hudec（1893—1958）[D]. Canada: University of Victoria, 1998：67. 该论文第 64 页还提到，邬达克学生时代笔记中记录了 Bruno Taut，Karl Scheffler，Frietz Erlen 等德国表现主义建筑师名字。

动性。一方面因为邬达克始终处于尴尬的边缘，他的国籍长期不确定，也不像英、美、法、日等国人那样有‘治外法权’的庇护，邬达克洋行的法律纠纷须在中国法庭仲裁，但这反而使他赢得了中国业主的信任。另一方面，中国业主在租界居于弱势，邬达克作为西方建筑师也处于边缘，这种压力也很容易转化为‘别苗头’的动力，比如像国际饭店这样创纪录的摩天楼对业主和设计师同样具有广告效应。这种与中国业主的合作也使邬达克的作品在后续的历史中得以超越时代和政治的局限成为长盛不衰的传奇”。

到了 1930 年，邬达克的设计风格突然出现了转变，不再采用明显的古典柱式和符号，开始倾心于由哥特复兴（Gothic Revival）风格演变而来的强调垂直线条的立面设计，从圆明园路虎丘路的姊妹楼广学会大楼和浸信会大楼（Christian Literature Society Building & China's Baptist Publication Building，1930—1932 年，图 4-18、图 4-19）开始，一直延续到交通大学工程馆（1931 年，图 4-20）、德国新福音教堂（1930—1932 年，图 4-21）乃至国际饭店（Park Hotel，1931—1934 年，图 4-22）。从美国总会开始的对深褐色面砖的偏好同样得以延续，只是因为这一时期的作品建筑形式更为简洁，面砖的肌理就更为讲究地加以设计，以增强垂直向上的效果，使这些作品具有德国表现主义建筑的感染力。事实上，研究者发现，邬达克在学生时代的笔记中就记录了陶特（Bruno Taut）、谢弗勒（Karl Scheffler）

图 4-18 广学会大楼（左）

图 4-19 浸信会大楼（右）

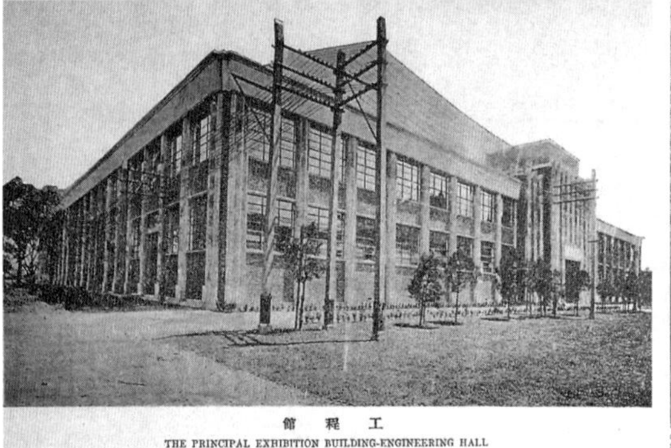

图 4-20 上海交通大学工程馆（左）

图 4-21 德国新福音教堂（右）

图 4–22　国际饭店（左）

图 4–23　弗里茨·霍格作品（右）

等德国表现主义建筑师的名字，甚至认为，邬达克设计砖砌建筑时最重要的参考来自弗里茨·霍格 [Johann Friedrich（或 Fritz）Höger，1877—1949 年，德国建筑师，以表现主义砖砌建筑闻名，图 4-23]，邬达克应该在杂志上了解了这位设计师的作品，并且在 1927—1928 年的欧洲之旅中实地考察过，并指出邬达克这一时期的一些作品就是赫格作品的直接翻版，而国际饭店则跟芝加哥及纽约摩天楼，尤其是雷蒙德·胡德（Raymond Hood，1881—1934 年）的作品（图 4-24）有着密切的渊源关系，不过国际饭店是"表现主义其外，装饰艺术风格其内"。

依靠大光明大戏院、国际饭店等重量级作品，邬达克已经成为 1930 年代上海最先锋的建筑师，而在 1935 年以后，邬达克的设计更趋国际式，材料也不再局限于深色面砖，而是更加放开手脚地使用浅色面砖甚至粉刷。如吴同文住宅（1935—1938 年）、达华公寓（1935—1937 年）、震旦女子文理学院（Aurora Women's College，1935—1937 年）等，还有一些未建成的高层建筑方案，如肇泰水火保险有限公司（Chao Tai Fire and Marine Insurance Company，1936 年，图 4-25）、外滩附近的日本邮船公司大楼（N.Y.K Shipping Company，1938 年，图 4-26）和 40 层的轮船招商局巨厦（China Merchant Bund Property，1938 年）等，流畅的水平线条取代了具有哥特风格联想的垂直线，立面的虚实对比也更加强烈，开始使用大面积的玻璃钢窗甚至是弧形玻璃。

然而，"上海对新颖建筑风格的追求主要反映了当时建筑师、业主及整个上海社会追求时尚的一种趋向……与欧洲新建筑的先锋们把建筑看作是解决社会问题的药方，把现代建筑看成是现代工业社会发展的必然，有着天壤之别。上海建筑的'现代主义'化，在很大程度上仅仅是风格的'现代主义'化"。[①] 这一判断同样适用于邬达克的作品。邬达克追求世界最新建筑风格并快速引进上海最主要来自商业竞争的要求，反映了当时上海社会，尤其是

① 伍江. 上海百年建筑史 1840—1949（第二版）[M]. 上海：同济大学出版社，2010：182-186.

图 4–24　雷蒙德·胡德作品（左）

图 4–25　肇泰水火保险有限公司（中）

图 4–26　日本邮船公司大楼（右）

中国经济精英阶层的需求，完全不是在意识形态上要造福普罗大众，追求用新建筑进行革命。从思想上来说，邬达克更加接受传统的建筑师作为服务者的观念，他认为建筑师的职责是更好地服务于业主，而不是把自己的趣味强加于人。虽然主张建筑师应该与俗套的旧形式分道扬镳，但是只要业主需要，他可以毫无障碍地同时提供古典复兴、地域风格和现代风格的设计，尤其是在住宅方面。比如在其事业鼎盛的 1930—1934 年，他不仅设计了现代的大光明大戏院和国际饭店，也建成了拥有希腊风格柱廊的刘吉生住宅（1926—1931 年）和西班牙风格的斜桥弄巨厦（1931—1932 年）。

4.1.4　新技术与新工艺

对最新技术的关注和对建造工艺的重视是邬达克在上海作品另一个显著的特征，并且随着时间的流逝，其意义比风格的新颖性起到了更大的作用，比如，邬达克不少作品在建成 80 余年以后依然保持了良好的状态，很大程度上就是技术先进和施工精湛的结果。

这种对技术和工艺的关注，一方面是邬达克本人个性和专业经历影响的结果，用他自己的话来说："比起建筑师，我觉得自己更像是一名工程师。"作为奥匈帝国所辖拜斯泰采巴尼亚当时著名的营造商捷尔吉·胡杰茨的长子，邬达克从 9 岁开始就在建筑工地上摸爬滚打；13 岁就替父亲去采石场谈判，砍价签约；17 岁进大学前，他已获得砖匠、石匠和木匠的资质；在大学期间，他还参与了家乡附近两个小教堂的设计和施工。毕业后，因为第一次世界大战爆发，邬达克没有如愿开始正式实践，而是在战场、被俘以及逃亡中度过了 4 年，在此期间，虽然没有机会做传统范畴的建筑，却不乏工事、桥梁、铁路之类的实践，技术工艺的技能应当比形式风格更有用武之地。这些个人经历无疑都为邬达克后期对技术和工艺的重视奠定了基础。

另一方面，对最新技术和工艺的追求也是当时上海城市建设竞争白热化和对现代生活要求不断提高的结果，也就是说，它跟快速引进世界最新潮设计风格一样，是邬达克洋行作为一个商业事务所的生存必需。同时，这种追求的普遍化也使上海得以快速跻身世界级大都市的行列。

1. 宏恩医院：古典外衣遮蔽的现代化疗养院[①]

邬达克作品中对新技术新工艺的追求很大程度上是超越风格限制的，更确切地说是，常常为古典复兴风格的立面所掩盖。这种外观形式和内在技术的不一致性应该是现代建筑转型期的普遍特征，而对于近代上海而言，还跟租界特殊的华洋混居状态以及上海处于现代化城市化发展初期，观念处于变迁过程中等诸多因素有关。这也是中国建筑现代化过程的复杂性和矛盾性。对于邬达克而言，自行开业以后承接的第一个大项目，宏恩医院就是这样一座典型的为古典外衣所遮蔽的现代建筑。

宏恩医院的定位更接近一家疗养院。选址在公共租界与法租界交界线的延伸段，到外滩开车仅需 10min，交通便利，往西是大片农田，环境幽静。1923 年末，宏恩医院的神秘捐赠者，一对美国富商夫妇，因为在上海致富又无子嗣继承，希望回馈上海，造福国际社区。[②] 他们委托邬达克设计一座医院，造价没有限制，但若泄露其身份，合约无条件终止。

因其南立面对称布局，横三段竖三段的分割和柱式山墙的运用，这一作品一直被鉴定为意大利文艺复兴风格的古典主义建筑，但研究更多历史文献可以发现，这种判断属于“以貌取人”的误读。无论从设计的出发点还是结果来看，宏恩医院更大程度上是以功能为导向的现代建筑，而非以美学原则为基础的古典主义作品。

两次世界大战期间，作为远离欧洲政治和种族问题的避难所，上海外侨人口激增数倍，达到近 6 万，女侨人数也接近三分之一，心态上开始从冒险转向定居。然而，由于气候、卫生、传染病等原因，旅沪外侨的年平均死亡率高达 16‰。[③] 正是在这样的背景下，宏恩医院的捐赠者斥巨资兴建医院，以造福国际社区。投资者的要求是：“设计必须适应亚热带气候……虽然（医院）容量有限，但将配备最新设施……其建筑、技术、机械及医疗设备不必仅限一国生产，而应广泛考察多国产品并善加利用。”[④]

宏恩医院在总体布局、细节设计和设备选用上都是围绕建造一座适合上海地区地理气候的高标准综合疗养院的功能需求展开的，南立面和空调设备的设计尤其可圈可点。

基于上海的气候，5 层病房楼朝南一字排开，面向花园，医务楼临街布置在北侧，大楼的平面整体呈“工”字形（图 4-27、图 4-28）。病房楼南立面的柱廊和大山花一直被当作复古风格的标志，然而从邬达克自己撰写的设计说明来看，那 3 组顶部饰有山墙的巨大凉廊并非纯粹造型，而是用来遮挡夏季毒辣阳光的，到了冬天，太阳高度角减小时，又不会妨碍日照。另据统计数字，当时上海夏季病房的入住率约为 60%，这又决定了凉廊在

① 参见：华霞虹．古典外衣遮蔽的功能主义实践——重读邬达克设计的宏恩医院 [J]. 时代建筑．2012（1）：162-167.

② 为尊重捐赠者，当时所有媒体都未曝光其姓名。捐赠者也要求建筑师，工程造价没有太多限制，但不许透露其身份，否则立刻解约。不过，邬达克似乎不希望历史遗忘这位好人，在刊登宏恩医院的一篇文章（Angwin W. A，L. E. Hudec. Developing a Cosmopolitan Memorial in Shanghai[J]. Architectural Forum，1927，28（4））的复印件中，特意划出“匿名捐赠者”，手书注明为 Charles Rayner。

③（美）罗兹·墨菲．上海——现代中国的钥匙 [M]. 上海社会科学院历史研究所，编译．上海：上海人民出版社，1986：26-51.

④ 邬达克关于宏恩医院的英文设计说明，加拿大维多利亚大学图书馆特别收藏：邬达克档案（Laszlo Hudec Fonds from University of Victoria Libraries Special Collections）。

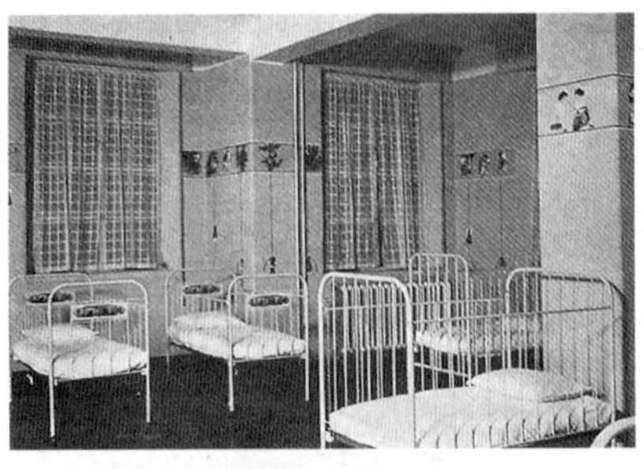

图 4–27 宏恩医院病房（一）（左）

图 4–28 宏恩医院病房（二）（中）

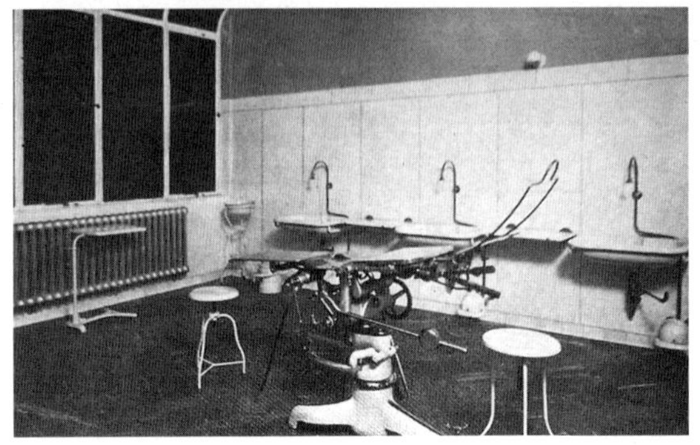

图 4–29 宏恩医院（三）（左）（图 4–27 ~ 图 4–29 来源："*The Modern Hospital*"，1927 年）

立面上所占的比例。① 事实上，在今天的华东医院，还能真切感受到这些凉廊的效果：室内冬暖夏凉。看似从古典构图原则出发的立面，实际上却是应对特殊气候的形式策略，这一点出乎笔者的预料，也颠覆了对这一作品的原有认识。与南立面相比，其他三个方向的立面简朴而敦实，没有凉廊、山花和柱式，开窗面积也相应减小了，为避免西晒，西立面实墙面最多。这同内部功能和采光通风要求也是一致的。

当然，对气候因素的考虑还体现在遮阳、通风、门窗构造等诸多细部上，如选用密闭性、耐久性更好的钢窗而非木窗；每个病房都引入东南风并形成循环气流；纱窗、百叶窗、玻璃窗的材料和开启方式等。

为了达到世界一流的标准，宏恩医院的设备投入可谓不惜代价。首先，每间病房都配备了美国进口三件套的独立卫生间，多人间尽量多配卫生设备，以便在炎热的夏天，病人可以天天洗澡，跟家里一样舒服，这在当时算得上是奢侈（图 4-29、图 4-30）。其次，整座大楼全部配备了瑞士苏尔寿品牌（Sulzer）的冷气系统，机房设置在北楼首层。病房内，冷气通过顶棚下的浅槽均匀喷出，新风则直接引向吊顶。全空调的医院在上海当时是首例，在全世界也是屈指可数。最后，医疗设施包括 X 光、机械诊疗、水疗、理疗等都是全上海最大最好的，甚至洗衣房都采用了美国进口的最新设备，这在人工极其便宜的中国实属罕见（图 4-31）。

难怪宏恩医院刚建成就被誉为"远东最好的医院"，国内外专业和大众媒体进行了大量专门报道。② 宏恩医院也是美国知名建筑期刊《建筑论坛》（*Architectural Forum*，1928 年）"现代医院"专辑中详细介绍的唯一的非北美案例。③

① 邬达克关于宏恩医院的英文设计说明，加拿大维多利亚大学图书馆特别收藏：邬达克档案（Laszlo Hudec Fonds from University of Victoria Libraries Special Collections）。

② 根据邬达克收藏的剪报，报道宏恩医院的包括《建筑论坛》（*Architectural Forum*，1928 年）、工部局出版的《中国建筑业概要》（*China Architects and Builders Compendium*，1925 年）、《苏尔寿技术回顾》（*Shulzer Technical Review*，1927 年）、《大陆报》（*China Press*，1926-01-31）、《字林西报》（*North China Daily News*，1926-01-30）等。

③ L. Poncellini, J. Csejdy. *László Hudec*[M]. Budapest: Holnap Kiadó, 2010: 56.

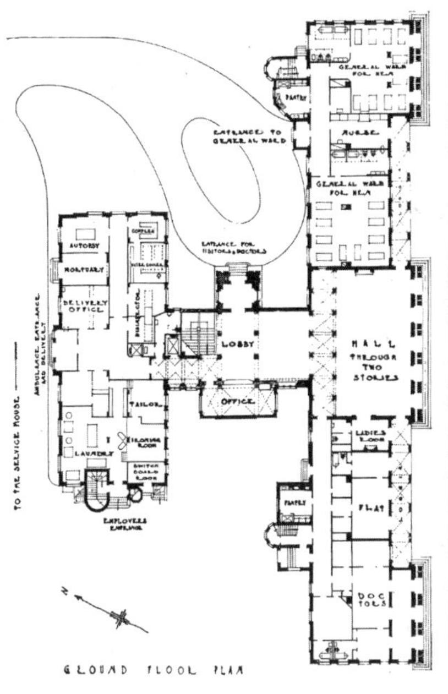

图 4–30　宏恩医院一层平面图（左）

图 4–31　宏恩医院大厅手绘草图（右）（图 4–30、图 4–31 来源：“*China Architects and Builders Compendium*”，1925 年）

2. 国际饭店：漂浮在砂土上的摩天大楼

当然，最能彰显邬达克追求现代技术和工艺所达到的高度的作品，也是邬达克被载入中国现代建筑史册，乃至世界建筑史的作品无疑是国际饭店（亦称四行储蓄会二十二层大厦），它以 83.8m 的高度曾被誉为“远东第一高楼”，① 并引领上海城市天际线的制高点长达半个世纪。

1930 年，由金城、盐业、大陆和中南四家银行联合组成的“四行储蓄会”已通过“储蓄分红”快速积累了大量资金，看到地价飞涨，房地产业利润丰厚时，决定投资高层现代旅馆，选址在面对跑马厅的静安寺路（今南京西路）派克路（今黄河路）转角，建筑英文名“派克饭店”正由此而来。

大楼底层主要是四行储蓄会的营业大厅，金库设在地下室，转角才是旅馆门厅，这跟今天的状况正好相反。二层餐厅朝南是大面积出挑的落地玻璃窗，可以一览无遗地俯瞰跑马厅。建筑立面强调垂直线条，层层收进直达顶端，表现出美国现代派艺术装饰风格的典型特征。高耸且稳定的外部轮廓，尤其是 15 层以上呈阶梯状的塔楼，在四周早已高楼林立的今天仍显得雅致动人（图 4-32、图 4-33）。

国际饭店综合了世界各国的先进技术，更见证了中国近代施工行业的奇迹。当时刚完成南京中山陵的馥记营造厂主导了施工。建筑外墙基座采用山东产黑色抛光花岗石，上部则是深褐色的泰山面砖。

邬达克能最终赢得设计竞赛，不仅因为两年前四行储蓄会汉口路联合大楼的成功在业主那里积攒了人气，或是一年前在纽约、芝加哥等地观摩美国摩天楼带来了设计灵感，更是因为在高层建筑结构和技术上大胆突破，最主要是解决了上海软土地基处理的致命问题。

① 国际饭店地上 22 层，地下 2 层，地上总高 83.8m，从地面到屋顶旗杆顶的高度达 91.4m。

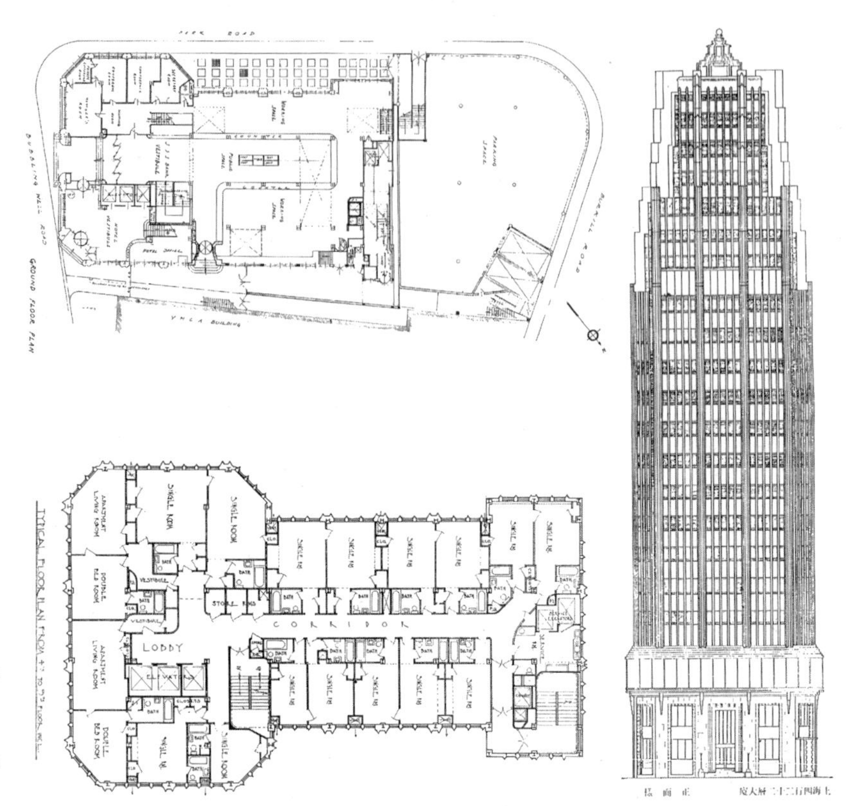

图 4–32　国际饭店平面图（左）

图 4–33　国际饭店正立面图（右）

（图 4–32、图 4–33 来源：《建筑月刊》，1933，2（3））

由于上海的地质主要是由江河淤积的泥沙构成的，长期以来，上海被认为无法建造 6 层以上的高楼。虽然在 20 世纪 20 年代，由于地价飞涨，上海建筑的高度已经超过了 10 层，但是控制沉降量依旧是个无法妥善解决的难题，而地基沉降不仅对自身建筑，而且对周围房屋和市政设施都会造成很大的危害。"根据上海工部局技术专家的观察统计，20 世纪 20 年代上海的建筑年均沉降量达到 2.5cm。建筑物的沉降主要由于承受荷载的土层不断塌陷和土层侧向运动导致，这两个因素都与土层的渗水量有关。土层上的荷载逐渐将地下水推至建筑旁侧，从而改变了地基的承受力"。[①] 因此对国际饭店而言，首要解决的问题是增加地基承载力和防止地下水渗透。

承担国际饭店地基项目的是熟稔上海地理特质与问题的康益洋行，具体负责的是工程师奥耶・科里特（Aage Corrit）和林斯科格（B.J.Lindskog）。地基勘探的结果是：地下 33m 及以上为泥土和泥沙混合物，33~55m 是细砂和粗砂，而 55m 以下则为极软的土质（图 4-34）。为增加地基承载力，他们选择采用桩基系统，公和洋行在建造外滩扬子保险公司大楼（1920 年）和汇丰银行大楼（1923 年）时曾经使用过类似的技术，但这种已经引进数年的新技术尚不能保证防止沉降，因此国际饭店在审批时遇到了很大的阻力。时任公共租界工部局工务处的负责人哈尔普（Mr. M. C. Harpur）看上去十分担心，他指出："虽然在正常荷载的情况下，这种地基设计是令人满意

① CORRIT A. Shanghai Soil Is Obstacle to Tall Buildings[Z]. The Shanghai Sunday Times Industrial Section - Supplement to Special Xmas Issue, 1929：6. // LHSC.MD30.11.

的，而且可能最后会获得批准。但工务处对在此地基上建造如此沉重建筑可能导致的任何问题都不负有责任。”[①]1931 年 8 月 21 日在工务处专家的见证下，当时的国立同济大学（现为同济大学）被委托对打桩结果进行了测试，结果非常好。尽管如此，一开始邬达克的建造许可还是被否决了。到 12 月时，地基工程被认为并非令人满意。直到 1932 年 3 月，工部局才给工程师们开了绿灯。

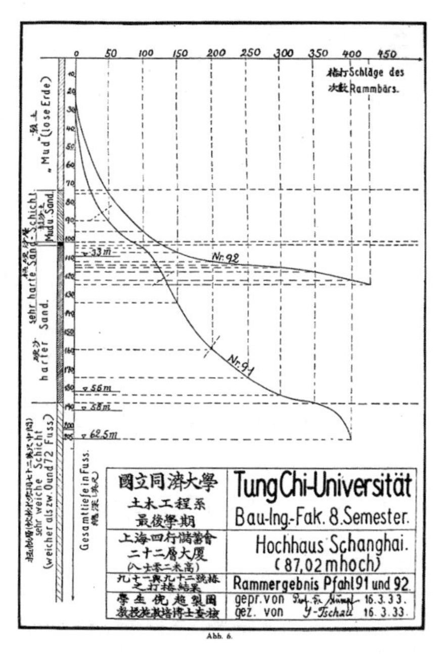

图 4–34　国际饭店桩基础图纸

① Correspondence from P.W.D. to A.Corritt, 1930. // UCAS.B1958, 1-0021/22.

阻止地下水渗透的是一种从德国进口的新技术——地下钢板桩系统，即通过深埋于整个工地地下的防水金属隔墙来阻挡地下水的水平移动。这种技术于 20 世纪 20 年代在德国不来梅的使用获得了巨大成功，这让邬达克对于这种方法非常信赖。国际饭店的隔墙零部件是由德国最大的钢铁生产企业——联合钢铁公司（Vereinigte Stahlwerke AG.）提供的。在酒店朝向静安寺路和大光明电影院的两面，这些材料被嵌入地下 9 米深，而在酒店与其他建筑毗邻的另外两面，嵌入的深度达到了 12 米。这使得“四行储蓄会大楼的挖掘工作就像工厂那样干燥而洁净。铺在底部的一层煤渣形成一个极佳的工作平面……下了一个晚上的雨水也只需一两个小时就能排干净”。[②]

② LINDSKOG B. J. Old ‘Bogey’ In Local Skyscraper Construction Disproved[Z]. 1933 // LHSC.NCOB2.3.

具体而言，国际饭店的基础施工计划包括三种新技术：第一种，密集的地下桩基系统。400 根 33 米长的美国松木桩被打入地下，间距很小，这样木桩和土壤间的摩擦力就可以支撑建筑的重量；第二种，钢筋混凝土筏式基础，厚 180cm，覆盖在木桩之上；第三种，一个 6 米深的基坑，由不可渗透的金属隔墙围合而成。对于这不同寻常的深基坑，解释非常简单，引用林斯科格的话来说：“大楼包括基部的荷载为两万吨，为建造地基而挖去的土壤重量为一万吨。这样就将心土的额外荷载从两万吨减至一万吨。”这对诠释上海建高层建筑而深挖地基的好处，很有说服力。只是因为施工费用昂贵，这样简单有效的办法在上海以前并未被广泛使用。

除了增强基础承载力以外，减少上部建筑的自重也是避免沉降的有效方式。为此，邬达克及其团队选择了德国多特蒙德（Dortmund）联合钢铁公司制造的一种含铜铬的高强度合金钢。这种 1928 年申请专利名为“52 型合金钢”（Union Baustahl 52）的全新合金代表了德国冶金业最尖端的研发成果，其独特的化学结构也体现了极佳的抗腐蚀与抗拉力效果，比常用的美国低碳钢的表现要好 50%。这是 52 型合金钢在东方国家的首次使用，它使整个国际饭店的重量减轻了 33%，从而使总造价节省了 20%。"一个英国大公司建议用 2 200 吨普通钢（用于建造国际饭店的结构），一家美国公司认为要用 2 800 吨同种类型的钢，而一家德国公司只需要用 1 200 吨 52 型合金钢，这就显著地降低了总造价"。[①]

① 转引自：（意）卢卡·庞切里尼，（匈）尤利娅·切伊迪．邬达克 [M]．华霞虹，乔争月，译．上海：同济大学出版社，2013：128-138.

历史证明，联合欧美多国技术团队和材料供给而建成的国际饭店是非常成功的，在几十年后，同时期建造的部分房屋原来的首层已经变成地下室时，国际饭店的沉降量尚不足一英寸，相对于其自身的体量和重量，可以说是微不足道的。

除了结构以外，国际饭店中使用的新技术还包括上海首次引进的与纽约帝国大厦同款的奥蒂斯（Otis）高速电梯，运行速度达到每分钟 180 米。德国西门子公司负责引进电气电话通信设施，还有先进的消防系统，如自动喷淋设施等。

国际饭店打破了"上海砂土地基不适合建造高层建筑"的预言，使摩天楼的规划和开发在 20 世纪 30 年代的上海成为趋之若鹜的潮流。凭着国际饭店这座新鲜的广告丰碑，邬达克本人当然也接到了大量高层建筑的委托，并且大部分业主都是中国的民族资本家或企业，如轮船招商局 40 层巨厦，肇泰水火保险有限公司等。就像今天一样，建筑的规模，尤其是高度成为企业实力和身份的重要象征，也是上海竞争国际大都市的重要筹码。如果不是因为 1933 年世界经济危机和 1935 年的国际银价大跌拖垮上海的房地产业，上海的城市尺度和面貌将与今天无法同日而语。

3. 上海啤酒厂：上海当时荷载最大的建筑

邬达克在上海建成了两座有影响的工业建筑。一座是华商投资，建在黄浦江畔从苏州河到吴淞口中间的闸北发电厂（1930 年），另一座就是坐落在苏州河西段的上海啤酒厂。

该工厂于 1913 年由挪威商人创建在江宁路，1931 年在香港注册为友啤公司。因为华洋混居时间一长，上海的啤酒消费市场不断扩大，连本地人上餐馆也喜欢点啤酒而不是传统的茶水。在此背景下，友啤公司在公共租界西北角购地筹建大型现代化加工厂（图 4-35）。

图 4–35　上海啤酒厂

1931 年邬达克在欧洲探亲、旅行，还在德国动了心脏手术，后赴慕尼黑待了很久，仔细研究了啤酒生产工艺。返沪后，设计很快就完成了。

新厂区的总平面依据基地边界布置成马蹄形，主要建筑有：酿造楼（Brew House）、灌装楼（Bottle Filling Section）、仓库、办公楼和发电间（Power House）等，建筑面积 2.88 万平方米。工艺流程全部机械化，所有设备从国外进口，产能为 500 万瓶啤酒，一度是中国最大的啤酒生产企业。新厂 1934 年竣工，1936 年正式投产。

该建筑群整体都是从功能出发的现代主义方盒子，全部采用钢筋混凝土结构，但每栋楼体量不一，在细部上也有各自不同的处理。其中灌装楼

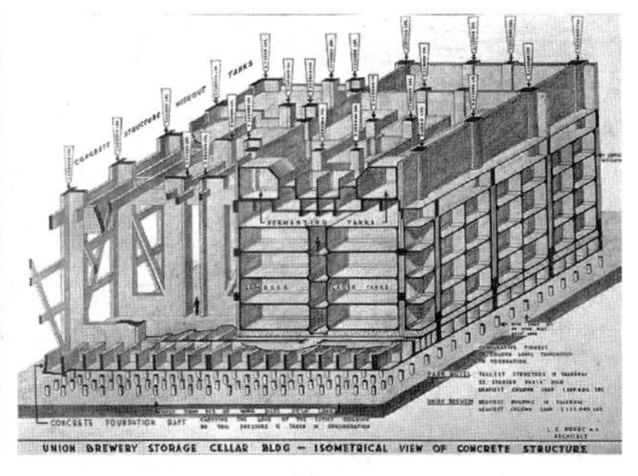

图 4-36　上海啤酒厂桩基础实景图（左）

图 4-37　上海啤酒厂桩基础轴测图（右）

沿道路呈曲面布置，每层设水平长窗，转角倒圆，底层还采用了无梁楼盖。9 层酿造楼体量层层缩进，高度可匹敌当时上海最高的沙逊大厦的屋顶，其东立面和锅炉房的南立面同样采用装饰艺术风格的竖向线条。办公楼的阳台等处也有装饰要素。

因为苏州河畔土质疏松，同时又要承受巨大的荷载，比如存放贮藏和发酵罐、啤酒桶等的库房地面荷载为每平方米 25 吨，柱子所受荷载甚至是国际饭店的 2.7 倍，这给基础带来了很大困难。最后使用超过 2 000 根木桩来加固地基，深度达到 33 米，该楼因此成为上海当时最重的建筑（图 4-36、图 4-37）。[①]

① 引自：日本期刊《国际建筑》(Kokusai Kentiku[J]. 1938, 14 (12): 404-418.)。

4.2　都市文脉主义与上海摩登的时代精神

就像很多专家所指出的，邬达克还算不上是一位拥有独立建筑立场和系统设计理念的顶尖建筑师，大部分时候比较商业，很多作品并非完全原创，而是受国外原型的影响。然而，难能可贵的是，无论风格怎样多变，邬达克总能将它们设计得与上海的城市总体环境非常融合，而不像今天很多外国建筑师的作品那样好似“天外来客”，与环境格格不入。也正因为如此，邬达克可以被称为一位地道的“上海建筑师”。究其原因，除了风格上的协调外，从复杂的城市基地条件入手，巧妙地创造空间和结构，使其成为从场地中生长出来的独特建筑，这恐怕就是邬达克那些代表作品最有魅力之处。

这种因地制宜的设计策略也可被称为“都市文脉主义”（Urban Contexturalism）或“城市建筑的地域性”（The Contextualization of Urban Architecture），它既是设计的出发点也是其结果。建筑师不是将城市环境视为“白纸状态”（Tabula Rasa），而是将复杂的既有文脉作为构思的起点，将基地的局限视为创新的契机。如果说先入为主的设计理念容易带来标准化的生硬形象和各自为政的城市空间的话，那么尊重历史和环境差异性就是创造独特而又与街区相得益彰的作品的必要基础。当然，城市建筑的条件限制并不仅限于物质空间层面，经济、社会和文化要素往往也会影响最终的设计结果。下面将以慕尔堂（Moore Memorial Church，1926—1931 年，今沐恩堂，图 4-38）、

图 4–38 慕尔堂

大光明大戏院和吴同文住宅 3 个项目为例来分析在邬达克作品中所体现的这种"都市文脉主义"。对基地的充分利用，对城市空间的关注，对独特城市生活方式需求的满足。

4.2.1 慕尔堂：昼夜开放的城市宗教综合体

位于西藏路汉口路转角的慕尔堂建成时系中国最大的社交会堂，教友逾千，不仅负责传教，还具有救济、教育等功能。教堂当时每天昼夜开放，从婴儿到成人都有活动，还主办女校和夜校。因此，逾 3 000 平方米的教堂实际上是一座城市宗教综合体。

邬达克设计的平面呈四瓣花型，中间是可容纳 1 200 人的大礼堂，其余四角分别是社会、教育、管理和娱乐部门。这样的布局既突出了礼拜堂在功能及精神上的中心地位，又自然地围合成 4 个半封闭的院落，分别作为主入口（沿西藏中路，朝向原跑马厅）、运动场（北院，可容千人）、女教友入口和室外庭园（南院）以及必备的后勤服务大院（东院）。

除中间礼拜堂是方整的体量外，其余四角都是根据基地边界或功能需要塑造的。其中东北角原来中西女塾（Mc Tyeire School）的 3 层旧楼保持着原来的方向，与主体轴线呈 13° 夹角。西侧两翼也随道路的线形自然形成大小不等的体量，其西立面和围墙连成一体，并都平行道路形成斜面。西、南两个出入口连接处设一座宽敞的楼梯，其顶部形成一个高度当时居上海之首的钟塔（42.1 米）。后来，塔上还安装了一座信徒捐赠的 5 米高，底座配有马达的霓虹灯十字架。这座高耸的标志物在道路转角显得格外突出，帮助慕尔堂在战争期间的社会救济工作中发挥了很大的作用。

作为一座城市公共建筑，邬达克设计的慕尔堂并不像很多纪念碑式的宗教建筑那样以自我为中心，有一个完整的对称外观，或是呈现一种与周边环境具有明显区别的形象来让人膜拜，而是自然地与既有建筑和周边街区相协调，这样既满足了容纳复杂人群和多样功能的需要，也呈现出亲切又不失庄重的氛围。

4.2.2　大光明大戏院：螺蛳壳里做道场的城市娱乐综合体

位于南京西路 216 号的大光明大戏院曾有“远东第一影院”之称，这是最体现邬达克设计功力，也是专业评价最高的一个作品，图纸为英国皇家建筑师学会所收藏，还入选了《弗莱彻建筑史》(*Sir Benister Fletcher's a History of Architecture*)、《20 世纪世界建筑史》(*20–Century World Architecture*)等建筑史册（图 4-39~ 图 4-41）。

大光明大戏院实际上是一座集影院、舞厅、咖啡馆、弹子房等于一身的娱乐综合体，地处跑马厅对面的黄金地段，生长在错综复杂的旧建筑夹缝里。基地沿静安寺路（今南京西路）门面不宽，大部分是需要保留的店面，凤阳路更是只有一条狭长的逃生通道。西面紧贴里弄，东侧与派克路（今黄河路）之间夹着卡尔登大戏院（Calton Theater，原长江剧院，今已拆除）。

因为基地狭长且不规则，设计几易其稿才最终确定，真正体现了“螺蛳壳里做道场”的功力。观众厅平行基地长边布置成钟形，与门厅轴线有 30° 扭转。大厅上下两层近 2 000 个软座，容量当时居全国之首。两层休息

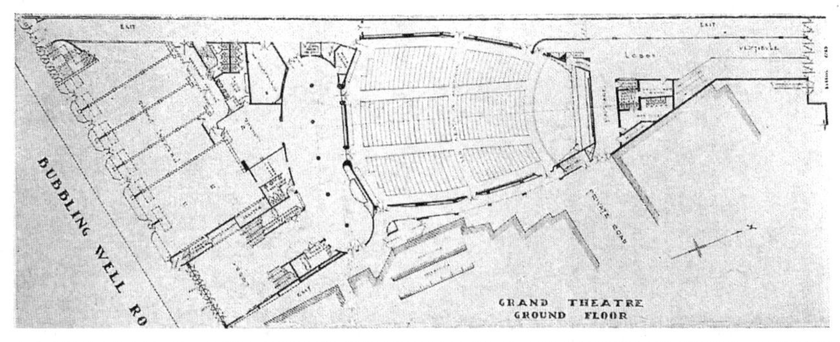

图 4–39　大光明戏院一层平面图

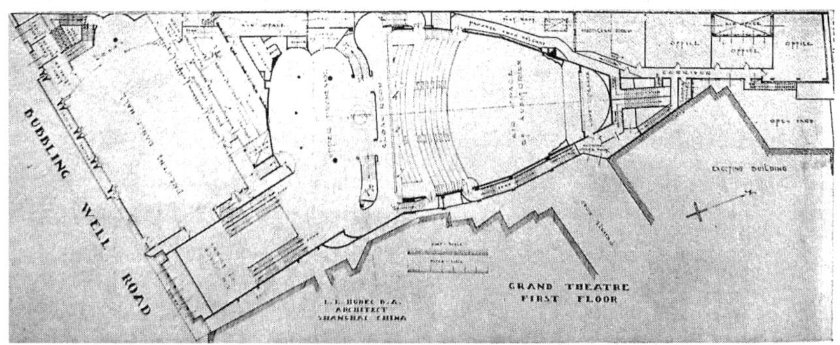

图 4–40　大光明戏院二层平面图

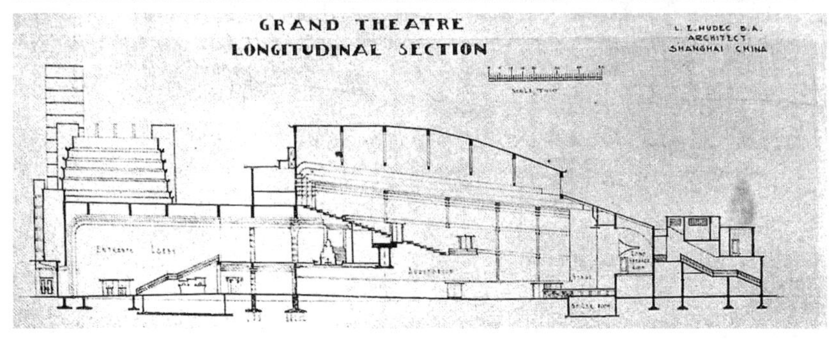

图 4–41　大光明戏院剖面图

厅设计成腰果形，与流线形的门厅浑然一体。2 部大楼梯从门厅直通二层，休息厅中央还布置着灯光喷水池，噱头十足。建筑外观是典型的现代装饰艺术风格，立面上横竖线条与体块交错。入口乳白色玻璃雨篷上方是大片金色玻璃，还有一个高达 30.5m 的方形半透明玻璃灯柱，夜晚尤为光彩夺目。

值得一提的是，整个设计的紧凑布局，尤其是平面中的腰果形门厅和立面上高耸的灯塔，均非一蹴而就的事。由当年的设计资料可以看出，老大光明大戏院的门厅和观众厅均垂直南京西路布置，观众厅为容量有限的椭圆形。邬达克从第一轮方案开始就将观众厅改成声光效果最好、容积最大的钟形，起先仍与门厅一起放在与南京西路垂直的轴线上。在随后的修改中，观众厅被转向沿基地长边布置，以充分利用基地，并与后台联系更方便。两座大楼梯移至入口门厅中，但进入观众厅前仍需经过三个不同形状的空间，门厅与观众厅之间的轴线变化通过一个六边形的大堂过渡，转折比较生硬，形式也不够统一。此时的立面以横线条为主，主入口上部有一较高的竖板，似乎想做个视觉制高点，然而整个立面比较单薄零乱。又经过一年多的反复修改权衡后，我们才看到今天这样布局紧凑、优美流畅的平面。沿南京路的立面也变得有机、有力，入口左上方标志性灯塔在最后阶段才出现在图纸上。

大光明大戏院是邬达克设计生涯中一个重要里程碑，不仅表明建筑师设计风格彻底转向现代，也体现了其对城市商业建筑设计的深刻理解和准确定位。

4.2.3 吴同文住宅：精密的城市居住机器

铜仁路 333 号吴同文住宅曾被誉为“远东最大最豪华的住宅之一”，也是近代上海第一座安装电梯的私宅，设计师还为“绿房子”的主人许下了 50 年不落后的诺言。

事实上，占地 3.33 亩的 P 形基地对一座近 2 000m^2 的豪宅来说并不算富裕，因此该宅充分体现了有机建筑的设计原则：布局精密紧凑，与基地完美契合（图 4-42）。建筑主体紧贴北侧道路布置，并与顺应马路转弯半径的弧形实体围墙连成一个整体，以在南向留出尽可能宽敞的花园，西南角窄长的区域正好用作网球场。最为独特的是，建筑首层中间架空形成汽车道，由铜仁路主入口进入的车辆可穿过整个建筑，再从基地西北角边门到达北京西路，这样基地内就无需另设回车场地了。这样的处理方法是罕见的，不仅压缩了交通面积，同时把功能自然地分成两部分：南向西式的社交空间，包括酒吧、弹子房、餐厅等，和第二至四层的主人用房全部设置大面积落地玻璃门窗，并向花园开敞；北面的中式客堂、祖屋和佣人房则较封闭集中。半圆形楼梯外通高的玻璃正对道路转角（图 4-43）。

南立面的设计相当精湛：圆柱形的阳光房通高 4 层，与层层退进，曲线流畅的大露台形成纵横对比，顺餐厅外墙盘旋而上的弧形大楼梯将露台与花园连为一体。楼梯与阳台的铸铁花饰为艺术装饰风格，阳光房外均采用进口的圆弧玻璃，甚至连玻璃移门也是弧形的（图 4-44）。

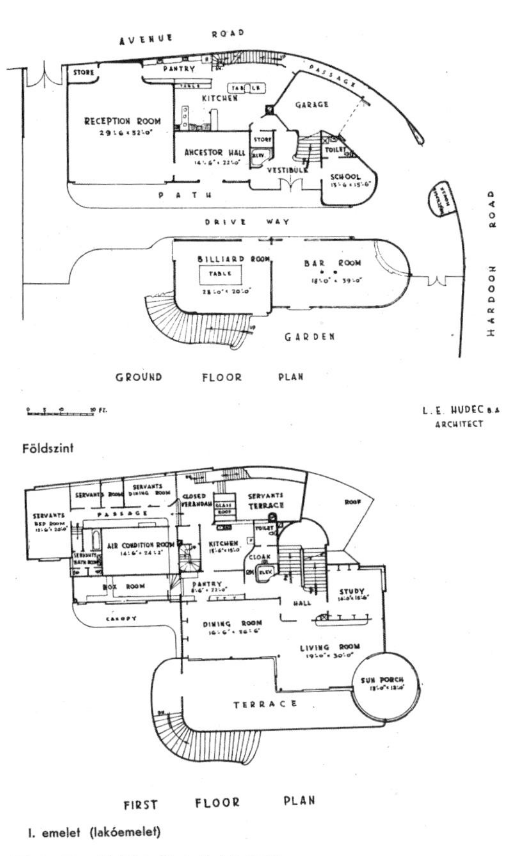

SECOND FLOOR PLAN

I. emelet (hálószobák)

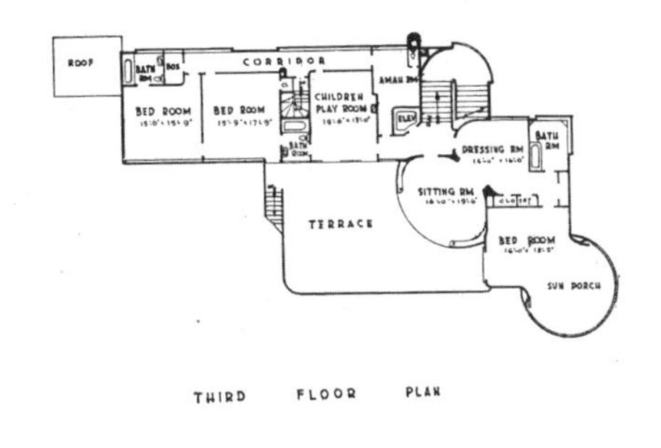

图 4–42　吴同文住宅各层平面

图 4–43　吴同文住宅北立面（左）

图 4–44　弧形大楼梯（右）

1935 年，因为国际银价危机拖累上海经济，房地产项目大多停滞。邬达克洋行从巅峰坠入谷底，生存堪忧，此时得到的吴宅委托几乎成为事务所的救命稻草。或许也因为巨大的压力和相对充裕的时间和精力，设计几易其稿，不断精进。车库、地下室、门卫，南向的平台、楼梯等的位置和尺度都经过了反复的调整，甚至在施工阶段修改都没有停止，这才成就了最终这座精密的城市居住机器。

相对于自然环境中的建筑而言，处于高密度人居环境中的建筑往往受到更为逼仄和复杂的基地条件的限制，同时在寸土寸金的城市中，建筑也更需要满足实用和高效的要求，要实现利润的最大化，具有足够的招揽性和吸引力等。然而，这是否意味着城市建筑必将走向各自为政，唯我独尊呢？对邬达克三个代表作品的分析或许能为我们揭示实现“富有地域特色的城市建筑”的另一种可能。

4.2.4 另一种“适应性建筑”

美国学者郭伟杰（Jeffrey Cody）曾将亨利·墨菲（Henry Murphy）的中国实践称为“适应性建筑”（Adaptable Architecture），[①] 跟墨菲这样有着明显的中国形式追求，曾参与过中国政府主持的城市规划，还有不少中国学生后续者（如吕彦直、李锦沛、庄俊、范文照、赵深等）的西方建筑师做比较，像邬达克这样完全传输西方建筑样式，没有知名中国建筑师同盟或学徒的西方建筑师，[②] 他们对中国的影响究竟在哪里？他们对中国建筑的现代性追求又起到了怎样的作用呢？

邬达克的设计中几乎从未考虑过采用中国传统建筑形式，那是因为他并不了解或者完全不认可这些形式或技术吗？答案是否定的。从邬达克来到中国以后，曾多次到各地去旅游、避暑，在早期的家书中，他对中国（庙宇）建筑的整体布局颇为赞赏，“概念绝美，规模浩大”，但在工艺细节上却不像日本那样精美。[③] 但是在后来一篇发表在意大利杂志《马可·波罗》上关于中国拱桥的研究文章（图 4-45、图 4-46）中，“通过叙述石拱桥的过去和演变，邬达克明确展示了他对中国建筑文化的感激、热爱和尊重。这也显示，他间接地表达了对那些为其作品工作并对其建筑职业的成功做出了贡献的人们的感激之情”。[④] 在文中，他不仅明确指出中国石拱桥“根本不需要通过外国案例来发展。它是在中国土壤中进化出来的，是完全由中国工匠实现的”，甚至还将之与现代建筑原则相提并论：“中国桥梁不仅为旅游者和画家所敬仰，无论从工程学还是建筑学的角度来看，它也是桥梁建造者感兴趣的研究课题。它们最后一个阶段的发展达到了真正理性的建造和功能化的设计。从字面真实含义来看，它们是真正现代的：用最少的材料、人工和努力实现其目标……今天的很多建筑师可以从中学习到：如何尊重建造，如何在真正意义上实现现代。”[⑤]

当有人批评邬达克的作品没有考虑用“中国传统样式”来建造时，他反驳道：“这样的批评只不过反映了欧洲人无

① “Adaptive Architecture”这一定义事实上基于墨菲自己的建筑立场，他对以故宫为代表的中国传统建筑所达到的高度颇感震撼，认为中国建筑传统必须传承。既然西方的古典主义和哥特风格可以适应科学规划和建造的需要，中国的传统建筑应该同样可以适应和转化。“In the architecture of old China we have one of the greatest styles of the world. In the face of proven adaptability of Classical and Gothic architecture to meet the needs of modern scientific planning and construction, I felt it was not logical to deny Chinese architecture a similar adaptablitily.” Henry K. Murphy, “The Adaptation of Chinese Architecture for Modern Use：An Outline”, an undated China Institute in American Bulletin”, ca. 1931, in the Yale Divinity School Library, Archives of the United Board for Christian Higher Education in Asia, Record Group 1.1, Box 345, Folder 5296. 转引自：Cody J.W. Building in China：Henry K. Murphy's “adaptive architecture”(1914—1935) [M]. Hongkong：The Chinese University Press, 2001：3.

② 虽然邬达克洋行在鼎盛时期拥有 60 位员工，其中有一半是中国人，但是从了解的名字来看，这些人主要是绘图员而非受过高等教育的职业建筑师。比如邬达克的主要合作者——洽兴营造厂（亦称洽兴建筑公司）的老板王才宏就曾把一个儿子送到邬达克洋行担任绘图员。虽然邬达克从 1927 年就登记为上海特别市技师，但是除了营造商以外，是否跟中国近代第一代建筑师有密切接触却有待进一步查证。

③ 华霞虹，乔争月，（匈）齐斐然，（匈）卢恺琦. 上海邬达克建筑地图 [M]. 上海：同济大学出版社，2013：43.

④ 同本页③：224.

⑤ HUDEC, “Chinese Arched Bridges”, estratto da：Il Marco Polo, Rassegna Italiana per l' Estremo Oriente, anno 2, n.4, Sciangai, Maggio XVIII (1940)：7. 译文转引自本页注①书：223-224. 在第二次世界大战期间，邬达克能这样保持独立立场是难能可贵的，就如卢卡·彭切里尼所说：“他以一位学者的洞察力和严谨智慧阐释了他的理论，并未迎合其意大利出版商，因为证实中国技艺具有独立本质也就是说反对以下观点：即意大利传统在世界范围内具有决定作用。而他这么做的时期，正是墨索里尼以无尽的帝国主义野心统治意大利的时期，很多人希望读到的可能是相反的观点。”

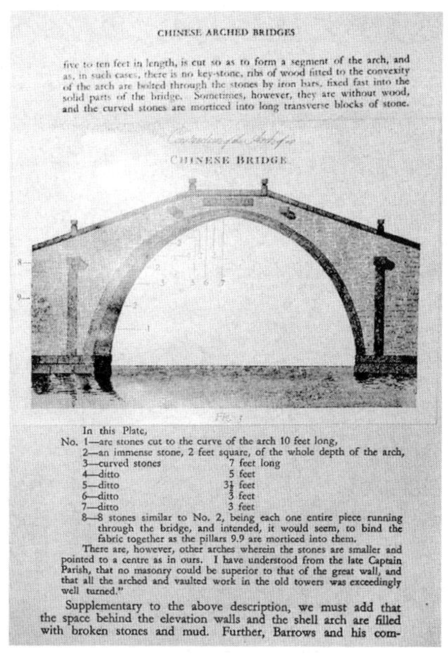
CHINESE ARCHED BRIDGES

five to ten feet in length, is cut so as to form a segment of the arch, and as, in such cases, there is no key-stone, ribs of wood fitted to the convexity of the arch are bolted through the stones by iron bars, fixed fast into the solid parts of the bridge. Sometimes, however, they are without wood, and the curved stones are morticed into long transverse blocks of stone.

CHINESE BRIDGE

In this Plate,
No. 1—are stones cut to the curve of the arch 10 feet long,
2—an immense stone, 2 feet square, of the whole depth of the arch,
3—curved stones 7 feet long
4—ditto 5 feet
5—ditto 3½ feet
6—ditto 3 feet
7—ditto 3 feet
8—8 stones similar to No. 2, being each one entire piece running through the bridge, and intended, it would seem, to bind the fabric together as the pillars 9.9 are morticed into them.

There are, however, other arches wherein the stones are smaller and pointed to a centre as in ours. I have understood from the late Captain Parish, that no masonry could be superior to that of the great wall, and that all the arched and vaulted work in the old towers was exceedingly well turned."

Supplementary to the above description, we must add that the space behind the elevation walls and the shell arch are filled with broken stones and mud. Further, Barrows and his com-

图 4–45　意大利杂志《马可·波罗》(左)

图 4–46　中国拱桥研究 (右)

益的浪漫主义思想。那些这样想的人未能看到，今天的东方人有多么渴望西方的生活方式，但同时也坚持自己古老的生活方式……一种独特的中西融合得以形成……抓住今日中国人之所需……非常完美地满足其客户的愿望……为客户的需要寻找一种空间和艺术形式，以最好地表达其个性，这就是对建筑师的最终召唤，或者说是其使命的更高境界。" [①]

因此，如果说，墨菲的"适应性建筑"是"用中国传统建筑形式适应了现代社会或生活的需要"，那么邬达克在上海作品则显示了"另一种适应性建筑"的可能，那就是"用西方传统或现代建筑的形式来适应中国的现代社会或生活需要"。如果说墨菲所采用的建筑形式是一种近代中国政治和文化（宗教）的表征的话，邬达克所采用的建筑形式则是近代中国，特别是上海城市的一种经济和社会的表征。

① 原文系匈牙利语，刊载于匈牙利建筑杂志《空间与形式》，1939 (4)：53-58，由尤利娅•切伊迪译为英文。译文转引自：上海市城市规划设计研究院，上海现代建筑设计集团，同济大学建筑与城市规划学院．绿房子 [M]. 上海：同济大学出版社，2014：21.

4.2.5　上海的世界主义文化

《现代医院》1927 年第 4 期在刊登宏恩医院介绍时，文章的标题是《在上海创造一座世界主义的丰碑》(*Developing a Cosmopolitan Memorial in Shanghai*)，虽然对该文作者而言，"世界主义"可能仅仅是从匿名捐赠者的设计要求，即兴建宏恩医院是为了"造福上海国际社区，无论国籍、民族和宗教信仰（包括中国人）"，因此"其外观和风格应当让世界各国居民(Cosmopolitan Population) 都能够接受并感觉愉快" [②] 中截取出来的，然而，这个关键词却也切中了 20 世纪 20、30 年代上海文化的一种特征。

② W. A. Angwin，L.E.Hudec. Developing a Cosmopolitan Memorial in Shanghai[J].The Modern Hospital，1927 (4)：1-6.

1919—1937 年，即第一次世界大战结束到第二次世界大战开始前的 18 年，不仅是上海城市发展的鼎盛时期，也是旅沪外侨从淘金客向定居者转变的阶段。一方面，由于远离欧洲政治纷争，各国外侨纷纷涌向上海避难淘金，到 1930 年，外侨分属 43 个国家，[①] 在两个租界形成了多元文化交融的世界主义社会现实；另一方面，得益于"治外法权"（Extraterritoriality），外侨在上海租界有着比华人，也比在本国时高出很多的经济和社会地位，他们希望在上海保持相应的安全文明环境，相应也产生了世界主义的文化理想：租界大部分公共设施由外侨纳税集资兴建，像宏恩医院捐赠者这样想主动捐资造福社会的外侨也不在少数。他们将自己视为上海公民，甚至希望长眠于此。

普益房产公司（Asia Realty Company）一张宣传其开发的哥伦比亚圈（Columbia Circle，亦称普益模范村）的广告诗《我相信上海》无疑说出了当时在沪的外国人的心声："用这样的语句来装饰您的家园吧——我相信上海！我发誓忠诚于我居住的这个城市，它为我带来和平、丰富的生活；我忠于上海，上海也会忠于我。我知道，我相信：机会正在前方，我会不惜一切尽快将它付诸现实。我相信——上海必将成为东方最伟大的城市！坚守这些誓言啊，总有一天它会实现！"

"满足客户的个人需求"，"为不同品位与追求量身定制"，这些足以解释邬达克在上海的作品呈现如此多样的风格。它们也是这一段特殊的"世界主义文化"时期的标志。

① 民国时期在沪外侨，1930 年分属 43 个以上国家，1948 年为 53 个以上。人数较多的是英、美、法、日、俄、德和犹太人，其他包括：印度、葡萄牙、意大利、奥地利、丹麦、瑞典、挪威、瑞士、比利时、荷兰、西班牙、希腊、波兰、捷克等。张仲礼．东南沿海城市与中国近代化 [M]．上海：上海人民出版社，1996：654-655.

4.2.6　摩登：上海的时代精神

正像学者李欧梵所指出的，近代上海是"一个与中国传统其他地区截然不同的充满现代魅力的地区"，[②] "英文 modern（法文 moderne）是在上海有了第一个译音……中文'摩登'在日常会话中有'新奇和时髦'义，因此在一般中国人的日常想象中，上海和'现代'很自然地就是一回事"。[③] 可以说，"摩登"或者"现代"就是近代上海的时代精神（Zeitgeist）。

另一方面，按照上海历史学者唐振常的说法，"从中国历史事实来看，对于外来物质文化的认同和接受从来易于精神文化"，对于跟传统方式迥异的西方物质文化，"上海人对之，初则惊，继则异，再继则羡，后继则效"。[④]

虽然邬达克在上海所完成项目的业主大部分还是西方人，除闸北水电厂和朝阳路圣心女子职业学校外，其所在区域均为两大租界和西部越界筑路的地区，但是邬达克最具原创性、最现代、最有影响力的作品却都来自那总量不足两成的中国业主，[⑤] 而这正是邬达克作为一个在上海执业的外国建筑师最具特色之处，也是他为上海摩登作出的最大贡献。

虽然较之中国其他通商口岸，上海租界是西方人最多，城市建设最完善，影响最大的城市，但是即使在最顶峰的年代，上海租界中华人数量依旧占据了 90% 以上，从工部局的档案来看，为华人兴建的工程数量也远远大于为西方人所建。然而，正是在 20 世纪 20、30 年代上海普遍存在的华人对西方物质文明艳羡，效仿乃至比拼超越的心态，导致"摩登"成为 20 世纪 30 年代上海文化的关键词之一，[⑥] 而因为特殊的身份，邬达克对这种时代精神的把握使其成为那个时期先锋建筑师的代表。

② （美）李欧梵．上海摩登——一种新都市文化在中国（1930—1945）（修订版）[M]．毛尖，译．北京：人民文学出版社，2010：4.

③ 同本页注②：5.

④ 唐振常．市民意识和上海社会 [J]．上海历史研究，1993（7）.

⑤ 在已经确定的 53 个项目中，为中国业主兴建的项目为 9 个，包括最重要的国际饭店、大光明大戏院、吴同文住宅等。

⑥ 张勇．"摩登"考辨：1930 年代上海文化关键词之一 [J]．中国现代文学研究丛刊，2007（6）.

图 4–47 《国际饭店今日开张》

近代上海是中外建筑师云集之地，无论从工程数量、质量、影响力、创新度等各方面来看，邬达克都并非一枝独秀，而是始终面临激烈的竞争。通过与当年竞争者，特别是最强劲的对手，也是同时期上海最大的外商设计机构——公和洋行进行对比，邬达克始终处于尴尬的边缘，却也因此获益。不过，这反而使他赢得了中国业主的信任，并合力创造了最杰出的作品。相对于实力雄厚的大公司，单枪匹马的邬达克必须周旋于各类业主之间，不仅公司规模会随行就市，设计风格也常客随主便，求新求变是其生存的基础。

正如意大利研究者卢卡·彭切里尼（Luca Poncellini）一篇发表在《美好建筑》（Casabella）题为《国际饭店今日开张》（图 4-47）中所指出："在 20 世纪 20、30 年代，上海已经成为拥有超过 300 万居民的大都市——一座时刻期望追随最新潮流的城市，迅速吸收着国际最新的风格趋势。通过欧美专业出版物，国际式建筑形象很快抵达中国，并流传到报纸和生活方式的杂志中，并很快构筑成这座城市的形象。邬达克无疑是这一将欧美现代建筑的思想、语言和技术转移到东方大都市过程中的领军人物。他的职业成就很大程度上与这些新兴的中国资产阶级对民族现代性的疯狂追求融合在一起。不像西方的业主，邬达克的中国业主不会提出风格化的要求……中国的管理和金融精英们希望邬达克能勾勒出关于现代性的原创形式：相对于在上海可以见到的表征西方现代性（Occidental Modernity）的建筑形象应有明显的区别。"[①]20 世纪 30 年代邬达克与时俱进的摩登风格迎合的正是已经接受过西方现代思想教育的中国近代政治经济精英及其所代表的城市对现代性的诉求：那就是以世界最先进、最新潮的现代城市和建筑形式而非租界模式为标杆。1927—1937 年，上海近代城市的发展呈现三足鼎立之势，接受西方教育的中国精英对现代化的形式和精神都有强烈的诉求。上海被期望可以比肩纽约，无论是对建筑高度、体量还是最新形式和技术的追求某种程度上甚至可以认为是一种炫耀性的符号消费。

① Luca Poncellini. Park Hotel Opens Today [J]. Casabella, 2011, 802：26-32.

4.2.7　隐形逻辑：邬达克作品中的中国烙印

区别于其他产品和艺术品，建筑不仅被锚固在有形的基地上，这让它必须适应此时此地的现实条件，建筑也被锚固在看似无形的社会结构中，即它也必须适应此时此地公共和私人特有的生活方式。因此，虽然从表面上看，邬达克的作品几乎清一色地采用了西方古典或现代的形式，但是深入到空间布局中，就会发现其中不可磨灭的中国烙印，更确切地说，其作品常常呈现一种混杂的状态——平面本身具有复杂性，平面和立面之间更具有矛盾性，这在私人住宅中表现得尤为明显。

比如 1932 年建成的斜桥弄巨厦曾一直不能确定其业主身份，但其外观和平面布局的反差令人印象极其深刻。该作品外观主要为西班牙风格，如果仔细阅读平面会惊讶地发现，这幢 2 000 多平方米的豪宅事实上是由东西两栋布局截然不同的住宅拼合而成的。东侧是完全西式别墅的布局，而西侧则是对称布局的中式宅第，连隔墙也采用木质夹板隔断（图 4-48、图 4-49）。实地考察还发现，其内部装饰——暖气片的盖板上铸着“喜上眉梢”“五福

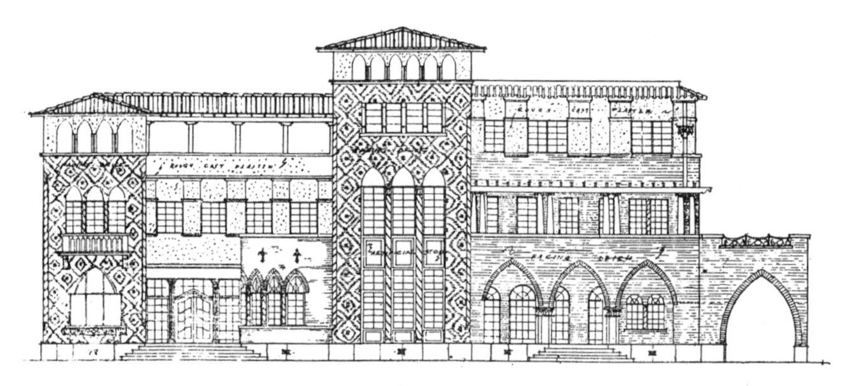

SOUTH ELEVATION

图 4–48　斜桥弄巨厦南立面（上）

图 4–49　斜桥弄巨厦平面图（下）

（图 4–48、图 4–49 来源：《建筑月刊》，2（1））

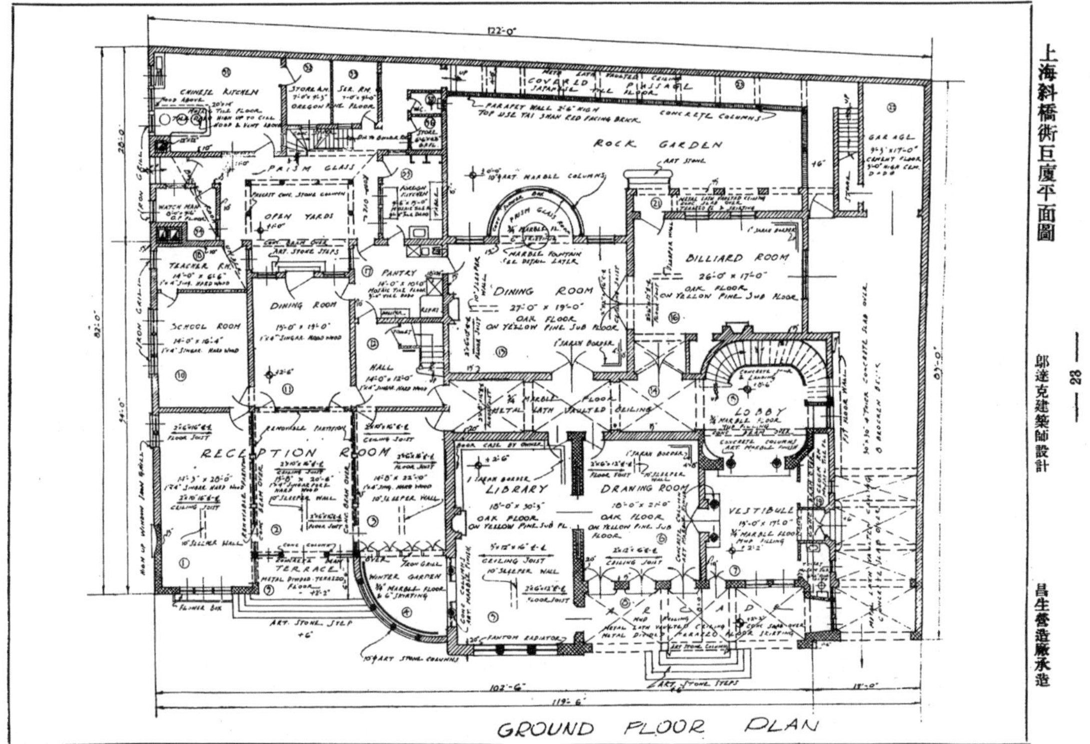

A Residence.——Mr. L. E. Hudec, Architect.Chong Sun, General Contractor.

同享”等传统吉祥图案，这在已确定的邬达克作品中是孤例。近年通过网络联系，最终确定该住宅是为 1932—1941 年间任花旗洋行高级买办的吴培初（P.C.Woo）夫妇及其 16 个子女组成的大家庭设计的。

另一个更加隐秘的案例是吴同文住宅。作为现代建筑在近代上海的成熟代表，这幢花园洋房从简洁流畅的外观形式，大面积的玻璃和绿色面砖到室内电梯、家具乃至陈设，都是完全现代的，其平面也是高度融合，浑然一体。只有再深入到房间的具体功能时，才会找到这个家庭的深层结构。首先，这个绝对摩登的住宅使用的人口众多，且关系复杂。“吴同文有两房太太，需要两个主卧套房，最好分层布置，各自有独立的梳妆间、卫生间和阳光房。膝下五个子女虽长幼不一，但各自应有一个带卫生间的卧室。学龄子女该配备学习辅导空间，方便同家庭教师交流，所有孩子还得有共享活动室。每层也不应缺少起居室，以便亲子沟通。家里还有服侍大小主人的司机、厨师、保姆、杂役等十来个帮佣也需要安排住处”。其次，在进行第二轮方案时增加的荷叶形电梯，不仅是因为“主人的主要起居空间都设置在第三、四层，这在当时上海的花园洋房中是极为罕见的（当时住宅居住空间一般都在二层及以下）”，而且很可能是“为了增加便利性，或许也为了避免两房太太争宠矛盾或生活干扰”。最后，从公共空间和辅助空间的设计上，更能看出这个家庭中西并置的生活方式：“在公共生活部分，不仅要布置可以举办西式宴会和派对的气派的客厅、餐厅，配备弹子房、酒吧间等，也不能缺少节庆日子举行各种仪式需要的堂皇的中式厅堂或客堂，后来还增加了祠堂，也就是佛堂。而在辅助部分，必须充分考虑汽车、冷暖气等现代设施的使用高效，但也不能忽视中国式人工洗晒的便利，厨房也需要分开中式和西式。”吴同文住宅这一作品中所体现的正是 20 世纪 30、40 年代，在上海这样一个大都市里，中国社会精英（尤其是经济精英）生活方式的复杂性和矛盾性。事实上，这种奇异的混杂现象在上海的私人住宅中是相当普遍的，该作品的与众不同之处在于，“在外观的绝对摩登掩盖下，中西生活方式空间的高度融合，成为一个独特而统一的整体”，显然，“近代上海的摩登最理想的状态是通过融合中西文化而达到，就像绿房子，它表面上，就像口头上或许是全然现代的，但是骨子里或思想上尚不足以也无法摆脱血脉一样的传统。但是反过来可能就不是上海了。邬达克对于上海社会生活及其建筑表现的认识和把握是非常深刻有效的”。

总体而言，邬达克不仅是一位擅长模仿和追赶潮流的商业明星建筑师，他对创造出符合当地文脉和时代精神的现代建筑同样具有强烈的自觉意识。当然，无论从自身背景还是上海当时的社会文化状况来看，他也不可能成为一位具有现代主义意识形态（“要么建筑，要么革命”），对传统和社会坚持批判立场的先锋派建筑师。一方面，跟主张“白纸状态”的现代主义主流相反，邬达克的现代建筑思想深深植根于历史和地方传统，其对独特基地和功能流线的敏感可以追溯到欧洲大陆中世纪城市的传统，其对表面材质的兴趣与匈牙利北部的地域风格和德国表现主义有着深厚的渊源。就像一位本分的商人和手艺人，他认为建筑师的职责是更好地服务于业主，不应该把自己的趣味强加于人。对于一位有着浓浓乡愁的欧洲人，租界这一"美丽的香格里拉"尽管是逃离战争的避难所，发展事业的淘金地，但终究不是灵魂归宿。[①]要求这样一位因躲避战乱，为养家糊口而被迫旅居他乡几十年的外国商业建筑师，担负起中国建筑文化传承和社会改革的责任既不切实际也不合情理。因此，建筑师在作品所达到的现代技术和艺术的高度绝对不应受其折中立场的影响而被贬低。另一方面，跟拥有悠久的古典传统和长期的新旧文化之争的欧洲大陆不同，20 世纪 20、30 年代的上海正处于城市快速上升期，建筑项目充足，哪怕是西方古典风格对当地而言也是具有先进性的新颖风格，就像李欧梵所指出的，对于声、光、化、电的物质文明和西方文化，当时的上海市民和知识分子都是热烈拥抱甚于反思批判。最终古典复兴、艺术装饰、现代主义一并成为可以互换的表面风格也就不足为奇了，这是后发外生型现代化的地区最可能发生的状况。事实上，邬达克的建筑作品在中西边缘精明发展，追求摩登，多元融合的特点也是所谓"海派文化"的缩影。邬达克的传奇，也是上海都市文化的传奇。

① 华霞虹．邬达克的上海——"这美丽的香格里拉"[J]. 米文志，2011，11（1）：144-151.

第5章　中国近现代城市建筑的地位、型制与特征

中国近代建筑史的研究自20世纪50年代梁思成先生倡导以来，迄今已70多年了，回想这段历史时期真是一个饱经磨难的过程。由于“极左思潮”的干扰，早期往往把这段时期的建筑遗产统统打上“封建资修”的标记，研究它只能带有批判的口吻，因此基本上做不到客观的、历史的评价，尤其是受到种种原因的影响，研究也只能是断断续续的，不成气候。“文革”以后，学术思想得到了解放，直到20世纪80年代初，才由清华大学汪坦先生重新提倡并组织对中国近代建筑史的研究。现在这一研究在国内与国际上都已得到了普遍重视，研究的广度与深度也都在不断提高，这确实是一个令人振奋的现象。就我个人几十年断断续续研究中国近代建筑史的体会，大致可归为以下几点。

（1）研究中国近代建筑史，首先要正确认识它的历史地位。中国近代建筑史应该说是中国建筑史发展过程中的一个重要转折时期，它打破了传统封建保守的建筑形制，逐步走上了现代化、科学化的道路。无论是设计思想、设计方法、建筑艺术，还是建筑技术与设备，都已走上了新的道路。而且许多中国优秀的近代建筑师还在继承与创新的道路上做出了卓越的贡献。尽管这段时期的建筑师水平与建筑作品仍有许多不尽如人意之处，但应当看到，这是由于历史的局限性所难以避免的。

（2）应当冷静考虑近代建筑有无价值，需不需要保护。从目前情况来看，近代建筑在许多大城市中仍是面广、量大，但在一些中小城市中优秀的近代建筑已是凤毛麟角了，由于对它不够重视，拆旧建新之风已有增无减。就南京而言，近十年来，比较好的近代建筑已被拆除40余处，接近20%，如果再不采取措施就很难保存了，关键问题是要认识它的价值。其实，如果有效利用，它们不仅不是城市的包袱，而且可以成为城市建筑群中的画龙点睛之笔。典型的例子如北京王府井的东堂，哈尔滨的几处东正教教堂都成为市民休闲观赏的胜地。再如上海的新天地里弄改造工程，不仅赋予老房子以新的品质，还带动了周围地块的迅速升值，带来较高的经济效益，是一个非常成功的范例。

（3）近代建筑的保护与利用应该采取什么对策？这首先要进行评估，

否则很难有决策依据。有些近代建筑已被文物部门评为国保、省保或市保单位，这当然可以获得一定的保护，但是许多未被评为文保单位的优秀建筑更急需进行评估并制定相关的对策，否则随时都有被拆除的危险。上海市规划局曾率先对近代建筑进行了评估与挂牌，作为控制性建筑，这确是一种很好的经验。南京市规划局也委托东南大学建筑系对一部分非文物的近代优秀建筑进行评估与对策研究，确是一件很及时的举措。与此同时，澳门特区文化局也与东南大学建筑系合作，进行澳门近代重要建筑的评估与对策研究。这些研究项目的开展说明，近代建筑的研究已经开始从认识阶段走向应用阶段了，我们这些研究工作者身上的担子也更重了。看来不久的将来，也许会有更多的城市会对优秀的近代建筑进行评估并制定相应的对策。中国近代建筑史的研究已是任重道远。

以中国近现代史上一座重要的城市南京而论，它不仅反映了一百年来中国社会的变化，而且也铭记了中国近代建筑文化的进展，自 1842 年订立不平等的《南京条约》以后，西方的建筑文化使逐渐传入南京，尤其是在 1927 年国民党政府正式在南京定都，更促使了城市的全面规划与建设，为南京近代建筑文化的形态奠定了基础。

1928 年 2 月 1 日在南京成立了国都设计技术专员办事处，特聘美国人墨菲和古力治为顾问，并于 1929 年 12 月制定了《首都计划》，计划所涉及的范围很广，每个专项的分析都是以欧美，特别是以美国的现状为参照的标准。《首都计划》本身在当时的拟定可以说是近代中国较早的一次系统的城市规划工作，是一种开创性的设想，自那以后在南京出现了宽阔的道路与街道西边形形色色的近代建筑，使它成为 20 世纪 30 年代我国在旧城改建中最有代表性的城市之一。但是《首都计划》并未能按预期的设想实现，一方面是因为分区的新计划完全舍弃了原有城市基础而重新建设，需要巨大的经济财力，另一方面是许多政府机关和要员富商的大批房地产都在已建成的街道两旁，希望新的建设能在这些地段发展，随之可以提高产权价格。由于上述种种社会与经济原因要实现各项计划实在是步履艰难。对当时的城市建筑形式，计划中也有专章规定，极力提倡在应用现代建筑技术的同时采用“中国固有之形式”，理由是：“其一，所以发扬光大本国固有之文化也。其二，颜色之配用最为悦目也。其三，光线空气最为充足也。其四，具有伸缩之作用利于分期建造也。”计划的这一规定，对 20 世纪 20 年代末和 30 年代南京的行政办公楼与纪念性建筑设计产生了很深的影响。在这时期建造的民族形式建筑的典型实例有中山陵（1926—1929 年）与原铁道部大楼（1929—1930 年）等一批大型建筑。此外，新住宅区内的花园洋房与联排式的里弄住宅已逐渐取代了传统的民居院落而成为城市住宅的主体。西式的公共与工业建筑也随之兴起，并广泛采用了钢筋混凝土新结构。1945 年抗战胜利后，南京除中央研究院内继续新建的社会科学研究所为了与环境协调仍采用宫殿式建筑外，其他新造建筑大都采用西方现代建筑手法，这种思潮一直持续到 20 世纪 40 年代末。由于在近代史上南京的城市性质特殊，决定了它和一些租界城市的建筑形态不同，它不像上海、广州等城市，街上遍布西式建筑，而南京的城市建筑则是中西兼容，力图寻求适合于中国民族文化的现代建筑。在南京即可以看到西方古典建筑形式与折中主义建筑风格的移植，也可以看到，一批中国建筑师在致力于发展西方现代建筑风格；既可以看到中国宫殿式与传统建筑形式的继续发展，也出现了对创造新民族形式建筑的探索。正是因为南京在近代积淀了多元共存的建筑文化思想，已为后来提供了许多设计经验与手法。以下仅就本时期建筑文化的主要形态特征作一简要分析。

5.1　折中主义与西方古典式建筑

大约在 19 世纪中期，在南京出现一批近代西式建筑，那时正值欧美流行折中主义建筑思潮，一些西方传教士和商人也就照搬本国建筑史把当时流行的建筑形式移植过来，例如石鼓路天主堂（1870 年）就是采用法国罗曼式（Romansque Style，或译罗马风式），内部做成半圆肋骨的四分拱顶（Romansque Ribbed Vault），两侧墙上开着圆券窗，室内空间开阔而昏暗，使人感到一种天国的神秘色彩。但是由于当时中国的工匠还未能掌握欧洲罗曼式肋骨拱顶的砖石砌筑技术，因此内部拱顶与支柱仍为木构，而只是外表仿罗曼式拱顶的形式而已。汇文书院（今金陵中学）的钟楼（1888 年）、考吟寝室（1898 年）、西教学楼（1898 年）、小教堂（1898 年）是一批早期的教会学校建筑，采用了美国殖民期建筑风格，这些建筑一般原来均为青砖外墙，结构为木屋架与木梁楼板，砖墙承重。今寝室楼与小教堂已外加粉刷，但基本型制仍为原状，小教堂还具有哥特复兴式的手法。钟楼建筑的屋顶原为两折形的孟莎式（Mansart style），因在 20 世纪 20 年代失火，后改为四坡屋顶，用水泥方瓦斜铺，三层部分改为阁楼，屋顶上设老虎窗，具有 20 世纪 20 年代西式建筑特征。钟楼塔顶也经过了改造。由于在 19 世纪末当时的房屋建筑尚未采用水泥材料，故外墙门窗顶部均用弧形砖券，窗台用青石板砌筑，二层之间用腰线，砖墙砌法均为每皮丁顺相间，互相错缝。窗户采用上下推拉木窗，亦为早期特征。此外，江南水师学堂英籍教员楼（1890 年）的砖墙砌法亦同样如此，只是外墙券廊采用的是四圆心弧形券的做法。1882 年美国基督教传教士马林来南京传教并行医，先在鼓楼岗建住宅一幢，材料与形式和汇文书院钟楼基本相似。但到 1892 年建造的基督医院门诊楼与病房楼虽亦为美国殖民期风格，但在青砖墙体中已嵌有红砖线条作装饰，屋顶为瓦楞臼铁铺盖，它成为 19 世纪末 20 世纪初新建西式建筑的主要标志。19 世纪下半叶由洋务派创建的金陵机器局内的一些厂房，包括机器正厂（1866 年）与机器大厂（1886 年）等建筑当时都聘用英国人设计，厂房亦皆沿用当时欧洲折中主义时期厂房建筑型制，均为 2 层，并在内部采用钢木结构，唯一不同之处是墙体用中国传统的青砖砌筑，而不是英国惯用的红砖外墙。20 世纪初，南京一些重大的官方建筑，如原江苏省咨议局（1908—1910 年）已聘用从日本考察归来的中国建筑师孙支厦进行设计，造型仿法国文艺复兴建筑式样，原来外墙亦为青砖砌筑，并加有红砖腰线，内部仍为砖木混合结构，其他做法亦与早期相似，只是建筑外部后来已加粉刷，但在修缮过程中仍可窥见其特征之奥秘。清两江总督张人骏建造的西花厅（1910 年建，1912 年改作为孙中山临时大总统办公处）也和上例有类似特征。而原总统府大门（1912 年）已开始应用了爱奥尼柱式的立面构图，但细部处理尚欠严谨。下关的原扬子饭店（1914—1915 年）则是就地取材利用城砖砌筑欧洲折中主义建筑式样的例子。

真正的西方古典建筑形式开始出现于 20 世纪 20 年代初期，其中较早的一座是当时国立东南大学（现为东南大学）的孟芳图书馆（1924 年）。由外国建筑师帕斯卡尔（J.Pascal）设计，外观采用标准的罗马爱奥尼柱式构图，并用水刷石粉面，内部结构已采用钢筋混凝土，造型十分严谨，酷似欧洲学院派的手法。与此同时，由上海东南建筑公司设计建造的科学馆（1924 年），由李宗侃设计的生物馆（1929 年），均亦采用西方古典建筑手法，立面为爱奥尼柱式构图，但造型处理则略逊一筹。直到 1930 年由英国公和洋行设计的中央大学礼堂的建成，则为校园内这组西方古典建筑群确立了中心。大礼堂造型宏伟，属欧洲文艺复兴时期的古典形式，从基座、线脚、柱式到穹顶表现出建筑师具有西方古典建筑手法的高度素养，是南京近代建筑中非常可贵的杰作。此外，在新街口中山东路 1 号由上海缪凯伯工程师设计建造的原交通银行大厦（1933—1935 年）亦是采用标准西方古典柱式构图的典型建筑实例，现在爱奥尼柱式以上的顶层为抗日战争时期所加建，与整体造型不够协调。在下关大马路上的原下关中国银行大楼（1918 年）和原江苏邮政转运站（1918 年）等建筑也都是当时应用西方古典建筑形式的代表性例子。

由于 19 世纪末到 20 世纪初西方建筑思潮逐渐在南京传播，因此也有不少公共建筑和沿街店面沿请营造厂或当地工匠设计建造，这些建筑造型明显地缺乏科班建筑师的古典训练，只是照猫画虎，徒有古典或巴洛克式样的细部，而且形式不伦不类，只能算是早期洋式门面而已。

5.2 仿宫殿式的近代建筑

辛亥革命后，在南京逐渐出现了一批公共建筑应用新技术建造仿传统宫殿式的屋顶，内部用砖木或钢筋混凝土结构；平面则按功能需要布置，不拘传统旧制；立面多为 2、3 层，经常按传统习惯做成青砖外墙或做有外露的梁柱构架，柱间布置着一个个长方形的窗户，这种形式的建筑当时一般通称为“宫殿式建筑”。出现这种建筑风格的原因是多方面的，最先是由一批外国建筑师在教会学校中采用，目的是为了入境随俗，表现尊重中国传统文化，以致取信于中国人民，实质上是为了更好地替帝国主义文化侵略粉饰门面。"五四"运动以后，全国激起了爱国主义热潮，加上孙中山先生的民族主义思想影响，全国朝野上下都开始具有一定的民族意识，因此，从 20 世纪 20 年代中期始，许多办公楼与纪念性建筑都要求建造传统的民族形式，以致在 20 世纪 20、30 年代形成一股流行思潮，并一直延续到 20 世纪 40、50 年代。

在南京应用西方现代建筑结构技术建造仿中国传统式样的房屋，目前现存较早的例子有美国费洛斯与汉密尔顿建筑师事务所（Perkins Fellows and Hamilton Architects）于 1917 年设计建造的金陵大学礼拜堂，美国建筑师司马（Small）于 1919 年设计建造的金陵大学北大楼，1925 年建造的西大楼；以及 1921—1923 年由美国著名建筑师墨菲（Henry K.Murphy）主持设计建造的金陵女子大学一批教学楼，其中有主楼、礼堂、办公楼、图书馆等，当时吕彦直是他的助手。此后。这两所教会大学的校园基本上全采用中国传统建筑形式，包括由齐兆昌在 1926 年以后设计建造的金陵大学东大楼（1956 年被烧后已按原样重建）、科学馆及甲乙丙丁戊已庚辛学生宿舍等建筑均是如此。虽然当时这批教会大学的许多校舍煞费苦心地采用了现代钢筋混凝土的结构技术，力图建造既符合现代功能的需要，又能表现中国传统外貌的建筑，但是总体布局比较呆板，某些细部也处理不当，然而就应用现代建筑技术来发展中国传统建筑形式而言，这仍然不失为一种有益的尝试。正因为如此，中国近代著名建筑师吕彦直就是在墨菲的熏陶下，掌握了这种手法，为后来中山陵的设计奠定了基础。孙中山先生于 1925 年春在北京逝世，同年举行陵墓设计方案竞赛，共征集到海内外方案 40 余个，评选结果是吕彦直获一等奖，范文照获二等奖，杨锡宗获三等奖，以及 7 名荣誉奖。最后决定采用吕彦直建筑师的设计图，他时年仅 32 岁。中山陵是一个具有民族特色和现代技术相结合的优秀作品，坐落在东郊紫金山南麓，1926 年 1 月开始建造，1929 年春建成，它是中国近代史上最重要的建筑，陵墓坐北朝南，其占地 8 万余平方米，总平面范围"略呈一大钟形"，象征着孙中山先生毕生致力于唤醒民众，反抗压迫，为拯救国家、民族奋斗不息的伟大精神，中山陵的创作思想是把建筑与环境融为一体，总体规划吸取中国古代陵墓布局的特点，采用了轴线对称的平面，陵墓建有牌坊、甬道、陵门、碑事、祭堂和墓室，所不同的就是甬道两旁没有石像生，并打破了传统神秘、压抑的基调，代之以严肃开朗又平易近人的气氛，反映了孙中山先生的民主性。

陵墓甬道长 375 米，宽 40 米，墓室位于海拔 158 米高处，由陵园入口至墓室距离 700 米，高差 70 米，形成一系列引人注目的中心，创造出紧凑、连续的空间序列。同时，长达数百米的平缓石阶、大片绿化、平台也充分表现出庄严雄伟的气魄，令人肃然起敬。陵墓的单体建筑造型亦基本来用传统帝王陵寝的形式，但不同的是不用红墙黄瓦，而用蓝包琉璃瓦屋顶，花岗石的墙身，内部结构用钢筋混凝土。主要建筑造型比例严谨，尺度、体型、材料、表现和细部传统花纹的应用均较成功，具有稳重、纯朴的庄严气氛。入口的“博爱”牌坊完全是传统的三间石牌坊形式；陵门为清式歇山顶三券门石建筑；后面的碑亭则为重檐歇山顶石建筑。而主体建筑祭堂的平面为方形，并将四个角墩突出，作为辅助用房，以适应功能需要，使建筑形式突破传统的条条框框，同时主体结构已用钢屋架与钢筋混凝土梁板技术，但却仍不失传统建筑风格。外观用重檐歇山蓝琉璃瓦屋顶，檐下施以石斗栱，祭堂内部以黑包花岗石立柱和黑色大理石护墙衬托者中间孙中山的汉白玉坐像，构成宁静肃穆的气氛。中山陵从设计构思、总体布局到单体建筑设计都取得了很好的效果，它不愧为中国近代建筑史上不朽的杰作。除陵基主体建筑之外，在周围尚有一系列传统形式的纪念建筑，这是当时各界人士和海外侨胞缅怀孙中山先生而捐资修建的。其中仰止亭（1931—1932 年）与光化亭（1935—1936 年）为刘敦桢设计，行使亭（1933 年）为赵深设计，以及由杨廷宝设计的音乐台（1932 年）和卢树森设计的藏经楼（1935—1936 年）等。

在 20 世纪 20、30 年代应用传统宫殿式造型设计大型纪念性和公共性建筑的代表性例子有原铁道部大楼（1929—1930 年建，范文照与赵深设计，1945 年后改为行政院）、交通部大楼（1934 年，耶郎设计）、励志社（1929 年，范文照与赵深设计）、国民党中央党史史料陈列馆与监察委员会（1935—1936 年，杨廷宝设计）、中央博物院（1936—1947 年，徐敬直与李惠伯设计）、灵谷寺国民革命军阵亡将士纪念塔、纪念堂（1929 年，墨菲设计）、考试院（1931—1934 年，卢毓骏设计）、谭延闿基（1931—1933 年，杨廷宝设计）、小红山主席官邸（1931—1934 年，陈品善、赵志游设计）、中央研究院社会科学研究所（1947 年，杨廷宝设计）等。在这批建筑中，基本上都是模仿清官式做法，只有中央博物院一例特殊，是仿辽代殿宇式造型。中央博物院（今南京博物院）是在 1936 年由徐敬直与李惠伯设计，梁思成与刘敦桢二人任顾问，建筑特点是大厅作为主体建筑用钢筋混凝土结构仿辽代四阿式建筑风格，上覆紫红包琉璃瓦，坡度曲线平缓，气势宏大，构件也相应仿古，其中瓦当、鸱尾等构件也都是经过一番考证后加以制作的。柱子有“侧脚”“生起”，而且一切做法均参照宋代法式，比例严谨，形象古朴，它是在满足现代功能要求下采用新材料新结构的仿辽式殿宇的著名实例。博物院的展厅部分则做成平屋顶，四面屋檐做成盝顶，不失为当时创新之举。但是由于建筑物过分强调仿古形式，也暴露出新功能、新技术与传统形式之间的矛盾，不仅给设计、施工带来一定的难度，而且也造成不够适用和造价高昂的后果。这座建筑由于工程复杂，加上当时又处于抗日战争前夕，经济拮据，以致到 1947 年才基本完成大体轮廓，细部处理到 20 世纪 50 年代初才陆续完工。

第6章　中国近现代新民族形式的建筑

20世纪30年代初期，中国近代建筑师中的一些有识之士，他们看到传统建筑形式与现代技术、现代功能结合的矛盾，并且也考虑到宫殿式建筑造价的昂贵，于是大胆探索了新民族形式的建筑，这和当代西方流行的新乡土派建筑思潮颇有某些相似之处，但在时间上却早得多。这类建筑一般采用现代建筑的平面组合与体形构图，并多半用钢筋混凝土平屋顶，或用现代屋架的两坡屋顶，但在檐口、墙面、门窗及入口部分则重点施以中国传统的装饰。这种设计实际上是兼顾新的建筑功能需要与现代技术特点，又希望带有民族风格的一种尝试，当时也有人称之为"现代化民族形式建筑"。

南京在20世纪30年代对这类建筑的探索在全国范围内处于领先地位，它已突破了单纯对传统形式的模仿而进入了创造的领域，其中有不少建筑至今仍不失为中国近代建筑史上的重要范例。比较有代表性的如赵深、童寯合作设计的原国民政府外交部大接（1933—1934年），由奚福泉和李宗侃设计的原国民大会堂（1935—1936年）、国立美术馆（1935—1936年），由公利建筑公司设计的新街口原中国国货银行（1936年），由基泰工程司杨廷宝设计的原中央医院主楼（1933年）、中央体育场一组建筑（1930—1933年）、中山陵音乐台（1932年）、紫金山天文台（1931—1934年）等，其中尤以外交部大楼最为典型。

1932年，以赵深建筑师事务所名义提出的外交部大楼方案，当时是以所调"经济、实用又具有中国固有形式"的特点，击败基泰建筑工程司设计的中国宫殿式屋顶方案而夺标。当然这也与当外交部经费的限制有关。原外交部大楼于1934年6月落成，平面呈"T"字形，入口有个开敞的门廊，主体建筑为4层，另有一个半地下室。整座建筑的平面设计与立面构图基本采用西方古典建筑手法，但却结合中国传统建筑的特点与细部，因而体现了新民族形式的精神。立面上下划分为三段，即勒脚、墙身和檐部。墙面用褐色面砖贴面，平屋顶檐口下部用同色琉璃砖做成简化斗栱装饰，底层半地下室部分的外墙用水泥粉刷，象征基座。内部大厅天花饰有清式采画，室内墙面亦做有传统墙板细部。该幢建筑具体方案的设计指导思想是既不完全抄袭西方样式，也不一成不变的照搬中国宫殿式传统做法，而是根据现代技术与功能的需要安排平面布局与造型，同时又具有中国传统建筑风格，以达到新民族形式的目的和反映建筑的时代性，它为中国建筑的现代化与民族化作出有益的探索，并对后来民族形式建筑的设计产生过深刻的影响。1932 年建造的中山陵音乐台是另一座有创造性的新民族形式建筑。整个总平面作半圆形，占地约 4 200 余平方米，它利用天然坡地将观众席部分做成扇形，正对着半圆形的舞台，在舞台前设有半池莲荷和数级台阶，在舞台后为照壁，是音乐台的主体建筑。照壁底部设有须弥座，顶部用云纹图案，并饰有龙头、灯槽。在观众席坡地部分是按西方现代露天音乐台设计手法运用大片草坪。在观众席后设计有钢筋混凝土的花架连成游廊，两旁配有水泥花台和坐凳，以及种植花草爬藤，使整个设计体现了精湛的技艺与融汇中西建筑手法的经验。

位于中山东路的原中央医院也是新民族形式的一个重要作品，1931 年设计，1933 年建成，医院主体平面功能设计合理，分区明确，立面是在西方现代建筑平屋顶构图的基础上做有传统的装饰，并在入口部位重点加以处理，以致获得新颜稳重的民族风格。立面构图左右对称，屋顶部分不用檐口，而以女儿墙代替，组部装饰有传统的花纹、梁坊、霸王拳、线脚、滴水等，均可作为建筑符号有助于对新民族形式的理解。

此外，也有个别例子采用中西合璧手法来尝试对新民族形式建筑的创造，比较典型的如由华盖建筑师事务所设计的颐和路原金城银行别墅（1935 年）就是采用江南园林建筑的卷棚歇山式屋顶，而墙面与门窗则采用现代构图形式，室内设计亦相当现代化，整个设计别开生面、造型活泼，亦是探讨西方现代建筑手法与中国传统风格相结合的一种尝试。

6.1 西方现代派建筑影响

20 世纪 30 年代中期，有不少从国外留学回来的中国近代建筑师，他们受到西方现代建筑思潮的影响，也开始在南京作过一些尝试，如过养默设计的原最高法院大楼（1933 年），就具有早期现代建筑风格，其外观还保存有新艺术运动的特点，立面上运用了许多粉刷的竖线条装饰，中部还有意地做成塔状，这种立面处理手法在南京近代建筑中也能见于其他实例。在这座建筑落成后不久，1935 年由华盖建筑师事务所设计建造了实业部地质矿产博物馆，它是完全用钢筋混凝土结构建造的早期现代建筑造型。立面仍保持对称布置，设有踏步直通二楼，红砖外墙，不加粉刷，但砖工精细，并在入口两侧墙上做有一排凸出地砖块装饰，整座建筑既简洁又大方，又有丰富地细部点缀，可以耐人寻味。在 20 世纪 30 年代建造西方现代建筑风格的典型实例还有李锦沛设计的原新都大戏院（1935 年建，今胜利电影院），杨廷宝设计的大华大戏院的立面（1935 年），由梁衍设计的原国际联欢社（1936 年），由华盖建筑师事务所设计的原首都饭店（1932—1933 年）

以及福昌饭店（1932 年）等。这几座建筑大多是既造型简洁，又同时还保持竖线条或横线条地装饰，只有首都饭店已基本将造型加以净化，而且平面根据功能与地形地特点做成曲尺形，是同期建筑中手法较新颖的一座。由于这种形式的建筑能够容易符合现代建筑功能的需要，又便于应用新的材料与结构，而且工程造价经济，建筑造型新颖，因此在商业性与公共性建筑中很快得到发展。

在居住建筑方面，传统的院落式住宅与多进的天井式住宅在近代已不能满足社会生活的需要，都渐渐朝着里弄式住宅、公寓式住宅和花园式住宅方向发展。在里弄式住宅中表现手法较新的为刘福泰设计的板桥新村住宅（1935—1936 年），整个新村的住宅设计成 2 层联排式和双联式相结合的布局，总平面布置相对集中，是底层高密度住宅群设计的典型实例。单体建筑平面原设计比较舒适，每门一户，使用楼上楼下两层面积，后来经过改造，已非原来设计意图。建筑立面外墙粉刷，造型简洁，无多余装饰。但整个住宅群终因建筑密度过高，对于底层日照、通风与邻里之间的私密性要求均有欠缺考虑之处。除板桥新村之外，在 20 世纪 30 年代比较有代表性的里弄住宅还有钟岚里，它是红砖外墙的建筑，更近似于欧洲早期联排式的房屋。

到 1945 年抗战胜利后，主要建筑思潮已趋向西方现代建筑风格。在 1945—1949 年，应用西方现代建筑风格的代表性作品有原美军顾问团公寓 A、B 大楼（1946—1947 年）、馥记大厦（1948 年）、原中央通讯社大楼（1948—1949 年）、美国大使馆（1946 年）、公路总局办公大楼（1947 年）、招商局候船厅（1947 年）、下关火车站（1946 年）、北极阁宋子文住宅（1946 年）、延晖馆（1948 年）等。馥记大厦（今鼓楼百货商店）位于鼓楼北面中山北路上，由李惠伯设计，底层原是馥记营造厂的营业用房，上面 2 层供出租作写字间，平面为一字长条形，建筑正立面由于偏西，外表应用了连续的竖向混凝土遮阳板，并有横线条间隔，在主入口处将体形加高，再将竖板贯通，造成有强烈的重点和节奏感，是典型的西方现代派手法，也是 20 世纪 40 年代有代表性的新建筑造型。A、B 大楼也功能俱全，底层为公共与服务用房，上面 3 层为客房，供美军顾问团生活之用，今已改为华东饭店。整体造型简洁，立面以横线条为主，窗户也拉成长条状，形成墙与窗的虚实对比效果。中山陵园区的延晖馆，原为孙科寓所，是一座典型的现代大型独院式住宅，由杨廷宝设计。住宅四周由围墙，占地约 40 余亩，建筑面积约为 1 000 平方米。住宅前院空地设有警卫室、车库和等候室等附属用房，住宅东南面是大片绿地和草丛，环境幽深恬静。住宅平面略呈不规则的十字形，高 2 层，主体为钢筋混凝土结构。住宅主入口朝北，用玻璃砖做墙面，使过厅光线明亮而柔和。底层布置大客厅、餐厅、书房及厨房和辅助用房。二层主要为大小卧室。钢筋混凝土平面顶上设有水池。水位由浮球阀自行控制，既可用作夏季隔热，也有利于钢筋混凝土屋面的保护。内部各种房间及公共服务部分的空间均较一般私人住宅高大，用材比较考究，钢窗与木装修做工精细。外观为简洁的水泥粉刷，无多余的装饰，表现了正统现代建筑的风格，也反映了我国建筑师达到了当代的设计水平。总之，南京的近代建筑从19世纪中叶到20世纪中叶的一百多年实践中积累了丰富的创作经验，它既反映了吸收西方近代建筑文化的过程，也表现了中西建筑文化交融的结果，它不仅吸收了西方的建筑思潮与先进技术，而且也探索着我国新建筑方式的道路，虽然有许多探索并不成熟，但是它作为一个过渡时期的产物，毕竟在中国近代建筑的发展过程中具有重要的意义。

6.2 近代南京的城市化与现代化（1928—1937年）[①]

近代南京曾经历了晚清新政、南京临时政府、北洋政府等重大历史阶段，但从城市建设和建筑发展水平来看，还不能算一个“中国近代主流城市”[②]，其现代化进程相对滞后。1927年后随着国民政府在南京的建立，确立其首都地位后，南京立即从长江中下游一个以发展工商业为主的城市，变成了以政治功能为主的中心城市，其城市化和现代化过程由于其国民政府首都的特殊地位就显得与众不同：例如城市空间要有匹配的城市规模；需配置与政治型城市相适应的，在国家文化中代表最高级别意义的物质空间和象征物，如各类官署、国家级文教设施、国家级纪念项目以及各国驻中华民国时期的使领馆等，城市空间表达具有政治性和理想性等。

6.2.1 首善之区：南京城市功能及其建设管理的现代化进程

1928—1937年是近代社会发展的高峰阶段，南京也赢得了前所未有的发展机遇，尤其在城市土地分区、功能更新和城市管理制度上有了飞跃，开始迈向现代化。

1. 土地分区与城市功能现代化

国民政府在进行国家建设与统治时大量借鉴西方模式，于政府各项事业推进中都表现出强烈的计划性。当时欧美流行的都市计划理念和方法常常被借鉴和参考，其中“土地分区使用管制”作为主要规划方法和执行的主要工具之一对南京新制定的规划影响很大，即通过确定城市土地利用性质，控制建筑密度和建筑物的用途、容量、高度和形态等，避免用地混杂所造成的相互干扰，维护地区形态特征，确保城市环境质量。[③]1929年制定的《首都计划》中明确写道：“划分区域，乃城市设计之先着，盖种种设计，多待分区而后定，而道路之位置、宽度、坚度等项，因区域之性质而互异，尤非先分区域，无以为规划之根据也。”[④]19世纪末20世纪初，受到工业革命的影响，土地分区规划的方法在西方国家萌芽，并逐步得到了广泛的应用。它具备以下两个要素：①以分区控制为主要特征，在对土地进行详细划分

① 本节作者东南大学建筑学院汪晓茜。未标注来源的图片皆为本节作者提供。

② 杨秉德，蔡萌．中国近代建筑史话[M]．北京：机械工业出版社，2003：4.

③ 19世纪末20世纪初，受到工业革命的影响，土地分区规划的方法在西方国家萌芽，并逐步得到了广泛的应用。它具备以下两个要素：①以分区控制为主要特征，在对土地进行详细划分的基础上，规定土地的用地性质，建筑及环境容量指标；②地分区规划方法往往以政府法令的形式存在，通过立法作为城市开发控制的法定依据。

④ 国都设计技术专员办事处．首都计划[M]．南京：南京出版社，2006：235.

的基础上，规定土地的用地性质，建筑及环境容量指标；②土地分区规划方法往往以政府法令的形式存在，通过立法作为城市开发控制的法定依据。可见，规划不但采用“分区”方法来划分和指派全市每一片土地的用途，也认识到其为各项规划的基础，必须优先进行。同时也对城市功能起引导和提升的作用。

明清时期的南京主要形成了三大功能区块，即城东皇城区、城南居民和商业区、城西北军事区。从明朝至民国时期，南京的城市面貌发生了很大转变，但城市主要的功能分区基本上延续了下来，其中城东和城西北地区，经历了战火的洗礼和政权的不断更迭后，遗留大片荒废地，给民国时期的功能区划重新调整留下了广阔空间。

《首都计划》将南京的城市功能区细分为五大类别九种土地性质，除了行政区外，商业、居住和工业、公园功能用地分别制定了容许建筑用途、建筑高度、建筑覆盖率、建筑退让等控制要求的划定和详细规划，基本思路都具有很强的现代性、科学性，从而为道路、开放空间、市政设施等规划奠定了良好的基础。

《首都计划》中规划的行政区包括“中央行政区”和“市行政区”两种。中央行政区选址在紫金山南麓，市行政区定于鼓楼东北钟亭旧址区域。中央行政区设计大抵采用轴线对称，宫殿式外表，刻意打造国家权力中心正统而雄伟的形象。鉴于当时的经济实力和时局状况，两处行政区最后都没有实现，而实际利用原两江总督府作为国民政府所在地，中央各部委在中山大道两侧选择空地建设，中山大道成为名副其实的城市行政主轴线。市政府则设置在夫子庙贡院旧址。

商业区的规划分为小商业区、大商业区和批发货栈商业区三类，其中大商业区包括集中型和线型两种布置模式，而多个新商业区的规划和集中加沿线分布格局，有利于全市商业氛围的提升。实际建设中新兴的商业设施主要集中于城市广场地带，先后形成了新街口、鼓楼和山西路三大城市商业中心，后逐步沿城市干道向周边延展，《首都计划》中预想的以新街口为中心的十字形商业布局在现当代南京土地利用规划中又呈现出来。

明清以来，南京的人口分布呈现南部和中部稠密，北部稀少的格局。在百年后南京人口将达 200 万的预测之下，为疏导人口，均衡配置，《首都计划》提出将重点新建三类示范住宅区：第一、二类住宅区集中在城北和城东拓展地带；第三类住宅区则集中在城中、城南原人口密集的旧市区。三类住宅区的建设标准明显分级，从第一到第三类住宅区，居住环境、住宅标准和建造技艺要求均逐渐降低，并形成对应的社会阶层。其中第一类示范住宅区内云集政府高官、外国使领馆、名流巨贾的高级住宅，形成国内规模最大的民国别墅区，即今天南京的颐和路公馆区。1937 年日军占领之前，仅第一类住宅区的建设初具规模。在这一规划引导下，民国时期南京的人口逐步开始向中间和北部扩散，布局变得相对均衡，扩大了城市人口活动范围，但同时也形成了城市居住水平由人为制造出的贫富悬殊，也与计划所高喊的“居住为人类生活之大端”和文明卫生形成反差。

工业区分布则充分考虑交通和污染程度进行合理选址，具有发展的前瞻性。依托沪宁铁路、津浦铁路和长江航运码头等重要交通节点，工业区主要安排于沿长江两岸，明故宫铁路客运站以北和沪宁铁路公路沿线等地也配置了小规模的工业区。规划中长江以南的片区以发展不含毒、危险小的工业为主；而距离中央政治区最远的江北浦口地区，则作为污染性工业之基地。《首都计划》对于南京工业布局的定位是准确的，尽管尚处在起步阶段的工业发展布局并未得到充分实施，但 1949 年 10 月后，新的南京城市总体规划中大部分工厂的选址参考了以上内容，并构成现代南京的卫星城和工业区的雏形。[①]

① 苏则民．南京城市规划史稿 [M]. 北京：中国建筑工业出版社，2008：239.

由于将公园视作与市民健康与幸福关系重大的因素，《首都计划》中就整合了当时南京的众多绿地、水道资源，拟修建多处城市公园，并以林荫大道串联起来浑然一体；林荫大道主要设置在秦淮河沿岸和明城墙沿线，形成相对完整、系统的开放空间体系。被列入公园区以内的城市山体和绿地在此后的城市建设中也得到了部分保留。

2. 城市建设管理的现代化

城市管理是城市有序发展的内在动力，城市建设的水平往往通过城市管理而体现。作为民国首都和全国的精英荟萃之地，南京建设管理在当时无疑具有示范意义。根据城市结构的组成，城市管理分为行政管理、社会管理和建设管理。其中建立相关管理职能部门和系列法规制度建设是城市建设管理走向现代化的重要标志。

（1）城市建设管理机构的建立：1927 年 4 月，国民政府定都南京。6 月 6 日，南京被定为特别市，开始施行新市政体系，其中“工务局”执行的管理职能与城市建设紧密相关。工务局下设总务、设计、建筑、取缔、公用五科。具体职能包括五项：①规划新道路和兴建修理道路桥梁沟渠及其他土木工程；②取缔房屋和指导市民建筑；③建筑和修理公园和公共建筑；④管理水电等城市基础设施；⑤设计机构及其技术人员、营造商的注册登记与审查执照，以上基本囊括了今天地级市大部分城建部门（规划局、建工、环保、园林、交通、市容等）的职能。1933 年颁布的《南京市工务局建筑规则》规定，市内一切公私建筑的修造均须将包括图纸在内的文件先呈报工务局申请建设执照，经审查合格后，再经工务局通知申请人领取。执照及核准图样均须张挂在施工地点，以便工务局随时派员稽查。领照开工和排灰线等工作完毕后，均须分别填写报告点，呈请工务局派员查勘。

（2）相关法规制度建设：工务局成立后，制定并实施和监督城市建设管控方面的法规就成为其重要职责。1927—1937 年间仅该部门颁布的建筑法规与计划就达 30 多部，例如《首都干道定名图》《南京筹办市政之新计划》

《南京特别市新辟干道两旁建筑房屋办法》《南京市政治区域住宅区建筑规则》《整理中央政治区域土地办法》《南京市棚户区管理规则》《南京市城厢空地建筑房屋促进规则》《南京市新住宅区建筑章程》《南京市建筑规则》等。抗战前，南京市工务局颁布的建筑法规达到数量的顶峰，仅 1935 年就出台了 10 部左右，其中多项是针对《首都计划》的补充和完善，包含了土地分配、分区、道路、市政、城市风貌、控制性详规的内容，建筑规则、地段和区域建筑控制等相关方面内容和多个层次的配套，于是，各类城市计划、草案、法规条例等已经能够相互联系、互为补充，构成一个整体，共同推动民国南京城市规划的实施和完善。

其中最值得关注的是 1933 年 2 月制定的《南京市工务局建筑规则》，后于 1935 年 11 月修正颁布为《南京市建筑规则》。这是南京近代第一部科学性的详尽的专门建筑规则，全文包括十二章共 294 条。第一章总则，第二章请照制度，第三章营造手续，第四章取缔，第五章退缩，第六章建筑通则，第七章设计准则，第八章防火设备，第九章公众建筑，第十章杂项建筑，第十一章罚则，第十二章附则。该法规沿用上海、广州等地的请照制度，即所有房屋建设活动都须向工务局申请营建许可证。工务局设置了环环相扣的审查程序，严格保证了职能部门对全市新建活动及其对城市影响进行有效监控。在城市面貌管控方面，于第五章"退缩"提到建筑在临路、临河及截角三种情况下的退让办法。通过对建筑高度、面积、门窗、墙及防火墙、地板楼板及屋顶等方面作出相应规定，为建筑单体的整体形象作了"通则式"的规定。另外规则也对公共建筑予以关注，如第九章"公众建筑"被分为"戏院、影戏院、游戏场、礼堂、演讲厅"，"医院、校舍、旅馆、茶园、浴室"和"工厂、货栈、商场"三个部分。这种对建筑物以功能进行分类制定规范的制度是城市建筑现代化的表现之一。同时建筑制度在不断修正中完善，1941 年修正《南京市建筑规则》时，又加入市民参与和监督机制，如新增第十一章"罚则"第 292 条："营造业及业主有违反本规则规定者，准许市民检举"。[①]

① 南京市工务局 . 南京市建筑规则（1941 年）[Z]. 南京图书馆 . 馆藏号 MU/TU 202/2.

综上所述，国民政府定都南京后的十年间，南京的人口膨胀，建设量大增，政府运用有限的资源从事了艰巨的城市建设任务，并且部分达到预期目标，实现了城市主要功能的现代化。这期间还形成专门的市政建设和管理部门，建筑法规的数量和完备性都达到了一个高峰。可以看出它们在南京城市的现代转型历程中，对于建造活动走向专业化、科学化所起的积极推进作用。

6.2.2　首都新建筑：探索"现代化"的多重路径

鉴于近代历史上南京特殊的首都地位，它和国内其他著名城市的风貌自是不同，既不像上海、天津、广州、青岛那样洋味十足，也迥异于旧都北京的老派作风。民国南京的城市面貌是中西兼容的，既可见到飞檐翘角的中国宫殿式样，也不乏柱式山花的西方古典建筑造型，还有紧跟国际潮流的"摩登建筑"等。南京在特定历史阶段探索了中国建筑现代化的多样途径，具有强烈的时代性和民族性，反映出很高的历史和文化价值，并为后来提供了很多设计经验和手法。

1. 中国固有形式——首都新建筑的民族主义表达

1912年中华民国创立后，民族主义成为强大的思想潮流，并逐步演化成一种强烈的集体意识，在其主导下，包含"中华民族复兴"和"民族自信"等含义的观念和技术的形态和符号大量出现，并成为影响广泛的社会强势话语和时代思潮，随即流行于整个20世纪20—40年代。建筑作为承载民族意识的表述符号之一也被席卷进去。于是在建筑领域，在现代功能和技术基础上，引入中国传统建筑的造型和装饰就成为建筑师探索具有民族性新建筑的一条重要路径。

将西方传入的建造体系，中国式改良的做法在20世纪早期大多出现在教会建筑中，而模仿中国古代建筑的外形，目的是表现尊重中国文化，迎合中国民众，以方便传教。在南京，由美国的帕金斯·菲洛斯·汉密尔顿建筑师事务所（Perkins, Fellows & Hamilton, Architects）设计的金陵大学校舍（1910—1925年），亨利·墨菲（Henry Killam Murphy）设计的金陵女子大学校舍（1921—1923年）是此类的佼佼者（图6-1）。虽然煞费苦心地采用了现代钢筋混凝土的结构技术，力图建造既符合现代功能需要，又能表现中国传统特色外观的建筑，但总体布局比较呆板，屋顶和墙身比例不够协调，某些细部也处理不当，然而就应用现代技术来发展传统建筑形式而言，这种"旧瓶装新酒"的方式仍然不失为一种有益的探索。

20世纪20年代后期开始，结合西方建造技术和中国传统建筑形象，即所谓"西洋骨中国皮"的建筑思潮开始在中国建筑界盛行起来。其中固然有国家政策的影响，另一方面也是作为社会精英的中国建筑师对"民族复兴"

图6-1 20世纪早期西方建筑师在南京设计的中国宫殿式建筑

上：金陵大学（图片来源：http://www.loc.gov.）
下：金陵女子大学

思想的一种主动追求。而对于首都而言，这种形式更被赋予权力正统的意思，因此政府在建设中给予不遗余力的鼓吹。最有力的政府干预和引导来自 1929 年制定的《首都计划》，它对首都建筑的空间形式以及建筑样式都提出了直接的指导建议，构建了一套“民族主义”和“中西结合”的规划建设论述，贯彻在此后持续近十年的营造高潮中，从而对民国南京的城市风貌产生决定性影响。

《首都计划》中的第六章“建筑形式之选择”提出了“中国固有形式”的创作，具体解释为：①具有中国传统特色的装饰细部；②吸取宫殿式建筑的建造特点；③采用鲜艳的建筑色彩。可见，《首都计划》中所谓的“中国固有形式”主要是指以宫殿为代表的中国传统官式建筑外观。这一规定，对抗战前南京地区公共、纪念性建筑，尤其是政府机关的建筑设计产生很深影响。它们大多采用钢筋混凝土结构，有着古代宫殿式大屋顶、飞檐翘角、斗栱红柱、梁枋彩绘一应俱全，立面二至三层，通过起落的屋面，构成丰富的形体变化，既有中国传统建筑端庄典雅的造型，又有西方先进的建造手段和讲究实用的内部空间分隔。

宫殿式建筑设计需要娴熟的职业技巧，对建筑师要求很高，既能掌握现代建造技术，还要对传统建筑形式和营造有深刻的理解。杨廷宝在南京主持设计过谭延闿墓、国民党中央监察委员会、国民党中央党史史料陈列馆、金陵大学图书馆、中央研究院、中山陵正气亭等具有鲜明传统建筑特色的作品：功能布局合理，建筑体型协调，比例尺度匀称，细部推敲准确，内部装修常采用花窗格、天花藻井、沥粉彩画等，用材上也精益求精，将官式建筑的特征表现得淋漓尽致，是“中国固有形式”建筑中的精品。其他如赵深、卢毓骏、范文照、卢树森、徐敬直等民国优秀建筑师也都曾在南京留下了过此类创作，作品包括国民政府铁道部、考试院、励志社、华侨招待所、中山陵藏经楼、中央博物院等（图 6-2）。

南京当时兴建的民族形式建筑基本上都是模仿清代宫殿做法，只有中央博物院一例特殊，它采用了仿辽做法：深远宽阔的草坪尽头，三层石台基上耸立着九开间的庑殿顶棕色琉璃瓦大殿，坡度曲线平缓，斗栱雄壮有力，瓦当、鸱尾、柱子等构件做法均参考宋代法式，比例严谨、形象古朴，采用钢筋混凝土结构（图 6-3）。但过分强调仿古形式，也暴露出新功能、新技术和旧形式之间的矛盾，给设计、施工带来难度，导致造价高昂，工期漫长，这也是宫殿式建筑的通病。

1937 年 12 月日军占领南京后，城市的建筑活动濒于停顿。1945 年抗战胜利后，又因时局混乱，经济困顿，仅个别建筑为与环境协调仍采用宫殿式外，其他新造建筑大都开始采用经济实用的西方现代派手法。

2. 现代建筑 + 中国元素——以时代精神为基调的民族性表达

20 世纪 30 年代初期，中国近代建筑发展进入一个蓬勃而又面临突破的阶段。一部分中国建筑师开始试图探讨能够将民族复兴和现代性表达结合

原国民党中央党史陈列馆

中央研究院

考试院

华侨招待所

励志社

中山陵藏经楼

图 6-2 南京的部分“中国固有形式”建筑

起来的新途径。他们看到了传统建筑形式与现代技术、现代功能结合的矛盾，并且也考虑宫殿式或大屋顶建筑造价昂贵，于是大胆发展出另一种中西合璧的方式，一种“简朴实用式略带中国色彩”的方式，后来也被称作“新民族形式”：形制是西洋的，采用新建筑的平面组合和体形构图，并多数用钢筋混凝土平屋顶或现代屋架的两坡屋顶，但局部适当点缀传统形式的细

图 6–3　仿辽式样的原中央博物院大殿和檐下斗栱

部和图案，如檐口、须弥座、墙面、花格门窗及门廊等常以传统构件或传统花纹图案装饰。室内装修用平綦顶棚做法和彩画等。这些装饰元素，不像大屋顶那样以触目的形态出现，而是作为一种民族特色的标志符号出现，是一种基于现代技术之上的“中国式现代主义”。这种以时代精神为基调的民族性表达一定程度上反映出建筑师面对现实状况的独立思考，已突破了单纯对传统形式的模仿而进入创造领域，20 世纪 30 年代后期这种方式开始被广泛接受与采用。

南京对“新民族形式”风格建筑的探索上在全国居于领先地位，其中不少作品至今仍不失为中国近代建筑史上的优秀范例。比较有代表性的包括杨廷宝设计的中央体育场、中央医院、紫金山天文台、大华戏院，华盖事务所设计的国民政府外交部，奚福泉设计的国民大会堂和国立美术馆、新街口国货银行，卢树森设计的北极阁中央气象台等（图 6-4）。

华盖事务所赵深、童寯、陈植等人设计的国民政府外交部大楼堪称经典。它摒弃传统中国建筑造型上显著的大屋顶方式，采用西式平顶，通过几何体量组合展现出简洁性和现代性，并适应功能布局需要。立面采用西方古典建筑三段式构图，分基座、墙身和檐部三部分。外墙勒脚用仿石水泥粉刷，象征基座；墙身以深褐色泰山砖贴面，沉稳庄重；檐口下则以褐色琉璃砖砌出简化斗栱装饰，以反映民族式样，是一种极为洗练的仿古手法。大厅和会议室则做红木垂花门罩，梁枋、平綦绘清式彩画等装饰（图 6-5）。

中央医院也是南京地区新民族形式创作中的重要作品。主楼平面完全按现代医院的功能要求进行配置，分区明确、流线合理，立面则在西方现代派几何造型和平屋顶基础上增加了中国传统细部与纹饰，如梁枋、霸王拳、线脚、滴水等，并在入口部位重点处理，这些抽象化的建筑符号都有助于对民族形式的理解（图 6-6）。杨廷宝的另一作品大华戏院则将民族性表达重点放在室内装饰上，外观简洁明快，更接近于领潮流的现代派，透露出西方新建筑运动对中国建筑创作的影响力。

国民政府外交部大楼（图片来源：童明提供）

国立美术陈列馆

北极阁中央气象台

中央体育

图 6–4　南京的部分“新民族形式”建筑

图 6–5　清彩画装饰

左：国民政府外交部大楼檐口下部的简化斗栱装饰；右：大楼门厅的民族风格装修

既忘不了中国传统文化，又想在现代世界中发展，傲立于世界民族之林，长期以来这是摆脱封建帝制后中国人孜孜以求的理念，新民族形式的建筑创作能以现代设计为主体，巧妙融入民族意象，既有鲜明的时代精神，又符号化了民族意识，不失为中国建筑从传统走向现代的可贵探索。

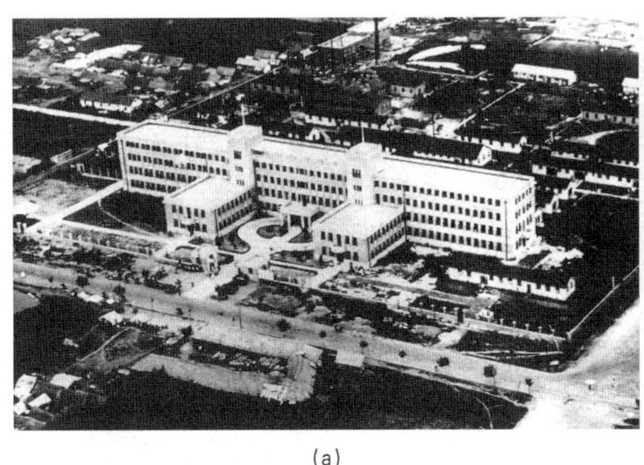
(a)

(b)

图 6–6 原中央医院
(a)：1930 年代的鸟瞰（图片来源：《杨廷宝建筑设计作品集》）；
(b)：入口门廊装饰

3. 现代建筑风格的萌发

20 世纪 20—30 年代是欧美现代主义建筑兴起和发展的高峰阶段，这种适应工业社会需求，讲求功能和新技术运用，重视空间合理性，造型抛弃古代束缚和繁缛装饰，以简洁、抽象为形式特征的先进设计思潮，对中国第一代建筑师也产生了影响。相对而言，这类时髦的创作在上海、广州等租界城市更为多见，风气保守的南京数量并不多。特别是《首都计划》出台后，重要项目还是以彰显民族自豪的传统形式为主。然而对于商业建筑、住宅等政治意义不强的建筑类型，《首都计划》又采取了宽容态度，甚至提出“不妨采用外国形式”，这也为当时南京现代派建筑的发展提供了可能。

1935 年，童寯设计了钢筋混凝土结构的中央地质调查部地质矿产陈列所，建筑的立面对称，形体简洁，由体块组合而成，单纯明朗、结实有力。正面中部高耸前伸，其上一排横披窗虚灵通透，和体块对比强烈，左右踏步可直通二层展厅。红砖墙上砌出均匀分布的凸起小块，呈现规律的图案。这种表面肌理处理给单纯的体块增添几许丰富，显得优雅有内涵。陈列馆内部装饰有简化的古典线脚，水磨石大厅地面，高敞的钢窗，宽阔明亮的展厅，在那时的南京城可算是颇为醒目的建筑了。此外，新都大戏院、国际联欢社、首都饭店、福昌饭店等建筑大多造型简洁抽象，功能合理，设施先进，又同时保持竖向和横向的线条装饰（图 6-7）。其中，首都饭店具有最鲜明的现代主义设计特点，平面根据功能和地形特点做成曲尺状，外观光墙大窗，摒弃一切附加装饰，是当时最先进的设计手法。

现代派的设计手法还大量出现在当时南京的新式住宅中，板桥新村住宅（1935—1936 年）是其中代表（图 6-8）。整个新村设计成两层联排式和双联式结合的布局，总平面布置相对集中，是低层高密度住宅群设计的典型实例。建筑单体为砖混结构，局部钢筋混凝土结构，平面设计比较舒适。每门一户使用楼上下两层面积。建筑造型简洁，墙面赭石耐火砖贴面，钢窗木门坡顶，无多余装饰。其他类似的还有钟岚里、慧园里等提供给中产阶层的现代住宅群。在花园洋房方面，可以《首都计划》中划定的山西路、颐和路、北京西路一带新住宅区的现代式洋房和使馆建筑为代表。

中央地质调查部地质矿产陈列所

首都饭店（图片来源：《中国建筑》，1935，3（3））

新都大戏院
（图片来源：《中国建筑》，1936（25））

国际联欢社

图 6–7 南京的部分现代派建筑

图 6–8 板桥新村

由于西方现代风格的建筑能够符合现代功能要求，又便于应用新材料和新结构，而且工程造价经济，造型新颖，更好地契合社会发展的需要，因此在南京近代的商业和公共建筑中很快得到发展。抗日战争胜利后，还逐步取代了民族式建筑风格，成为南京城市新建建筑风格的主要潮流，例如美军顾问团公寓大楼、下关火车站、招商局候船厅、新生活俱乐部、中山陵孙科公馆（延晖馆）、馥记大楼、中央通讯社等。

第7章　几个典型城市中的建筑类型与风貌

7.1　居住建筑——青岛

由于地理上的接近和气候上的相似，外廊式样的殖民地建筑风格传播至东南亚，东南亚各国和中国南部沿海地带的交往最早是通过广东和福建而实现的。而装饰的外廊令人感觉十分舒适。宽敞的外廊，用来调节不适宜生活的气候影响，使内部空间免于烈日和暴雨。二层外廊，则提供一个得到保护并与外部共生的生活空间，其重要性，明显在于建筑适应风向的配件之存在，例如护壁板、栏杆、内部空间的配置用于各式各样门窗开向外廊，调节水平通风与空气流动。许多适应气候与季节变换的房屋特征，例如悬挂的帘子和百叶，在炎热的夏季，当外廊变为室外居住空间时，可放下来遮挡外界干扰，隐居独处并防止昆虫叮咬。在外廊中，运用百叶窗帘，作为最原始的调节进入建筑内温度与内部小气候的权宜之计。因而会有适应当地因素而呈现的不同形式，在建筑技术方面均有适应性改变。各个城市因其独特的建筑艺术与外国人居留地环境而颇具盛名并为世人保留至今成为中国近现代历史建筑保护的对象。

青岛里院建筑产生于20世纪90年代条约开埠青岛的德国租借之后，是青岛东西方建筑与文化融合的产物。德国占领青岛后于1898年10月11日，颁布《胶澳临时建筑规范》，其中针对青岛市区、东郊花园住宅区及大鲍岛中国城的建筑活动，分别作出规定。对建筑高度与密度的控制，直接导致了欧洲近代商业公寓建筑、里院建筑以及花园住宅建筑三种完全不同的城市普通建筑形态的产生，其中里院建筑与独立花园住宅成为青岛分布最广的两种普通建筑样式，对城市形态造成深远影响。这种全新的混合了商住功能的建筑形式，与青岛早期大鲍岛街区的开发建设进程密切相关。该区为德国城市规划制度下“华欧分区”的华人居住区，也是青岛最早形成市街的区域以及里院建筑的发源地，其平面形制于1910年前后已基本确立。

里院平面形制基本分为“口、日、凸、目、回”五种类型，依次为独院、两进院、不规则院、三进院、套院等。里院大多平行街道而建，外部轮廓由城市街道走向决定，内部由围合内向的院落空间组织，中心形成一个大院，建筑多为2~5层。里院对外封闭，一般只在沿街设一处或几处通道对外联系，里院内部院落对住户具有很好的安全性，增加了邻里交往的机会。是一种融合了中式四合院和西方商住式公寓的青岛所特有的合院式商住建筑形式，起源于大鲍岛“中国城”内，1922 年《青岛概要》称其为“华洋折中式”建筑。在《青岛市志城市规划建筑志》中称之为周边式住宅。“里”和“院”在建筑形式上相似但最初在设计时出于功能上不同考虑的两种建筑样式的统称，“里”是为商业功能设计的，而“院”则是出于居住功能设计的。“里”和“院”在最初的功能考虑上的设计偏向不同，所以造成建筑形式上的一些差异。

里院发源于早期青岛华商主要聚集地大鲍岛。1898 年 9 月总督府正式公布了第一版新城市“建设规划”，整体规划图附带一个文字说明以详细解释该规划整体思路。规划最先确立了各个城区的用地功能性质及相应街道和建筑风格特征。整体思路是依据功能划分为不同的建筑用地区域：以观海山为界，南北侧分别为“欧洲人城区”和大鲍岛“华人城区”。在“欧洲人城区”沿着海岸大街建立“欧洲风格的贸易公司和旅馆”，与海岸大街并行的第一条街道预留给“欧洲风格的商店”，并行的第二条街道以北地区规定为“别墅住宅区”，在其中心计划建设总督府大楼，天主教堂和基督教徒分别位于总督府前道路的两端。沿海岸栈桥以西确定为仓库和货栈区域。而工厂和其他工业企业应迁移和建造在城市的西北部。大鲍岛“中国城”建在还未拆除的自然村落大鲍岛村的北侧，规划为中国相对较为富裕的商人及其开办店铺进行商业活动的区域。第一个城市建设规划没有提及中国劳工住处，直到 1899 年秋天瘟疫爆发后，德国总督府才决定拆除所建城区周围的中国村庄，改在距离中心城区约 3.5km 台东镇建设新的工人居住区。大鲍岛“中国城”所采用的街坊尺度和街道宽度明显小于南侧的“欧人区”，欧人区的街坊尺度与同时期德国本土的新建街区较为接近，尺度大约在 100~150m，而中国城最早规划的 10 个街坊整体呈现棋盘格状，街坊面积接近为欧人区的一半，尺度大约 50~75m。另外，大鲍岛“中国城”的街道宽度 12~15m，主街山东街 20m，相对“欧人区”20~30m 的街道宽度，略显密集的街道网格，为商业活动的繁荣和发展提供了较为有利的空间条件。里院结构简单、样式朴素，兼有中国传统建筑与西方城市建筑的特点，其中临街与西方传统市街建筑类似，内部按照中国人的传统生活习惯，围合成院落组织交通，形成生活空间。从 1901 年 10 月 1 日公布的《青岛中心城区和大鲍岛》地图中可以清楚地看出，大鲍岛中国城东北部已经有近 20 个街坊建起了房屋，10 多个街坊甚至已经完全建满建筑。1901 年，青岛主城区新建房屋 367 栋，其中有 234 栋房屋位于大鲍岛，占总数的近三分之二。至 1902 年形成了青岛最早的市街，民国时期，里院成为数量最多，分布最广、影响力最大的普通城市商住建筑类型。

青岛里院平面形制的发展历程里院建筑的平面形制发展过程包括多个同时进行的探索过程：①西方连排式“街屋”形制的探索；②中国北方合院式建筑形制的探索；③内廊式围合院落形制产生。建置前的青岛民居，多以中国传统的三、四合院为主，以自然村落为单位，散布在南部沿海一带。

院落完整的布局为：院北边布置正房（北屋），坐北朝南，为一明二暗或一明三暗、一明四暗的三开间、四开间或五开间房。平房，青砖、黑瓦或草屋顶，院落以土墙围之。木梁、木檩条、木门窗，起脊坡屋顶。按自然村落分布的居民有数百户，以平房为主，石、土、木结构，草苫屋顶，间有少数青瓦坡屋顶，独院独户，院墙以“干打垒”泥质加禾术杆为主，木门窗，木檩条。之后随着清政府在此建制，商业和市镇逐渐发展兴盛，出现了住宅与店铺合一的住宅类型，即临街为店铺、商号、作坊，后部为住宅。德租后，居民北迁，大鲍岛中国城建起 2~3 层的商住建筑，围合内部院落呈周边式布局，结构采用砖木混合结构。新的建筑形式产生离不开对旧有建筑形式的继承和发展，青岛的里院建筑平面形制的确立过程的更是充分说明了这个问题。

希姆森 26 号地块“里院”希姆森阿尔佛雷德・希姆森（Alfred Siemssen）是一位来自德国汉堡的商人。他于 1877 年来到中国，在上海生活过很长一段时间，并因此对中国文化与华人的生活习惯有一定了解。在大鲍岛，他试图将南方华洋折中的建筑形式移植到北方。希姆森公司先后在大鲍岛开发了四个半完整的街坊，这些建筑全都占据了最有价值的地段，并在建筑的形式和功能结构上体现出一种超越时代的前瞻性。对于在大鲍岛的建设活动，希姆森在回忆录中写道：为大鲍岛中国华人城的华人房屋，我设想了一种特殊的建筑形式。沿着完整的方形街坊四周，是临街店铺和楼上的住间，街坊中间留下一个大的内院供交通之用，也可以成为儿童游戏的场所。每套房屋在内院一侧还用一层高的墙围出一个私人的小院，院子里面是厨房和厕所。由此可见青岛里院原型来自西方连排式街屋的引入。希姆森为商住单元配备独立使用的厨房、厕所与小院等设施，远远超越了同时代大鲍岛其他房屋的建设标准。在接下来的建设活动中，当地业主广泛采用临街设置连续商业用房，二层房间作为居住的做法。

西方商住单元平面形制的引进，中国北方传统四合院的功能适应，以及二者平面和立面相互借鉴融合，最终演变为内院廊式交通布局，突出院落核心地位，通过环内廊组织水平交通，功能为上住下商的合院式建筑形制得以确立。廊式平面格局形成原因：①由单一家族使用开始面向多个家族混合经营到社会性出租，使用人群走向混杂，内廊产生的必然性；②北方生活习惯：以院落为核心的生活空间；③成套住间组合方式建设成本的限制；④使用的社会人群，单身的劳动青年。

青岛里院平面形制确立过程中体现出了一定的外来建造技术。在里院原型产生的探索阶段，不仅有完全西方平面布局的引进，也有对中式建筑传统的坚持，到最终平面格局的基本成型。在这一探索阶段中，里院建筑发展成为一种比较固定的平面形制，其立面材料和结构技术的采用也开始趋于稳定：基本结构：砖木混合 + 三角屋架 + 中式举架，探索阶段的技术相互借鉴，基本材料：花岗石砌基 + 砖墙（水泥拉毛墙面粉刷）+ 红瓦屋顶，地域性材料：花岗石，廉价而开采方便。

青岛的名人故居：约翰·斯提克弗茨（John Stick Forth）于1898年来到青岛，他受雇于德国海军当局，参与主持建造了青岛港的工程。最初，斯提克弗茨与其他工程师居住在公司位于威廉王妃大街—武定路聊城路的别墅里。1905年，位于今沂水路5号的别墅建成后，举家迁入。别墅为假4层砖木结构建筑，立面并未使用过多装饰，显得简洁流畅。底层用粗糙的花岗石砌筑，沿袭了德式建筑的传统风格，建筑南、西两侧屋顶上建有曲线形山墙，上开三间窗户，并排组成了半圆拱形。主入口两侧设有明廊，开大拱窗，体现古典主义风格。建筑的屋顶红瓦折线，并重视屋檐变化，屋面上开老虎窗。建筑周围依地势高低建有庭院，庭院与沂水路之间的落差处理为与建筑风格相协调的护坡和围墙。白墙、红瓦、绿树形成了和谐的统一。现为青岛市城市管理局用房。江苏路8号住宅建于1900年，由F.H.施密特公司负责施工。住宅的业主是担任顺和洋行董事的罗兰德·贝恩。顺和洋行成立于1850年，总部设在香港，1899年，贝恩来到青岛开展业务。贝恩别墅是一座2层砖木结构建筑，德国建筑风格，占地1 026.67m^2，建筑面积571.47m^2。建筑南北两侧屋顶建有装饰性山墙，东立面建有漂亮的塔楼，塔顶建有椭圆形的盔顶。底层开有半圆形的拱顶，二层北侧设有内嵌式的木结构阳台。建筑现为青岛质量技术监督局的办公用房。

德国神甫住宅旧址位于今广西路5号，建于1914年，建筑面积约1 367m^2，为德式风格建筑。旧址为2层砖木结构建筑，入口处设有拱形门厅，连续开2个拱形大门，上方收进，自然形成一个阳台，两侧屋顶立有对称的山墙，山墙边缘立有圆形石柱。这里是天主教青岛教区姬宝路的宅第，现如今已经成为民居。总督府牧师官邸位于今德县路3号，官邸建于1902年，是一座德国文艺复兴风格的建筑，小楼虽由牧师居住，但立面风格不拘一格，而是灵活跃动，富于变化的，这座小楼运用德国文艺复兴风格的建筑形式。一楼巨大的老虎窗和敞廊与二楼造型别致的装饰山墙呼应，楼转角处以隅石包裹，红瓦屋顶开窗，在拱形顶上又罩了双坡顶。建筑现已被普通市民居者分割成多个部分。

7.2 居住建筑——鼓浪屿

鼓浪屿的诗意栖居："海上花园"鼓浪屿，有大量别墅建筑。它是欧洲的建筑艺术与文化在亚洲的中国传统文脉环境中活的标本。也是中国澳门自16世纪开埠以来可以与之媲美的如诗如画的生活栖居地。对于处在亚洲的鼓浪屿来说，葡萄牙、西班牙、荷兰、英国，以及之后的法国、丹麦、德国等国家，是将岛屿与欧洲以海洋和文化联结起来的桥梁；虽然这些欧洲国家对亚洲的其他地方殖民统治的时间更长，影响更为深刻。

在日光岩俯瞰鼓浪屿岛。远处为厦门市，其间相隔的海峡为鹭江。从这个角度拍摄的是鼓浪屿岛上较密集的建筑群，也是较早开发、定型的区域。

视野中的高高的红色穹隆顶，成为鼓浪屿的标志。蓝天、白云、碧海，烘托着美丽的小岛。在浓荫绿树中，红色的建筑点缀格外耀眼。

从气候因素探讨外廊式建筑的功能，外廊是半室外吃饭休息、喝茶聊天、看书下棋的生活空间，以适应于亚热带潮湿气候下的生活。从文化因素探讨外廊式建筑的存在，与本地民间共生与适应，并随着使用人或建造者生活习性、习惯、约定俗成及经验与记忆，而在异国他乡进行再创造与再建造。殖民地各处都有外廊式建筑，表现出一种建筑文化的传播，但只在空间的尺度上有别，是社会的政治经济与生活环境方面的因素使然。在每一处的地域环境条件决定下，各自采用适应性原则，不仅仅是历史源流或传播关系，还有共生的因素在起作用，故而绝大多数的外廊式建筑并非千篇一律的造型形式与风格，但属于同一种建筑类型。从生态适应性与文化适应性双重视野来看，遍布鼓浪屿的典型开敞外廊式建筑或封闭围合的内廊式建筑，表现出了在强烈的地方文化环境与自然生态环境下，建筑形式的适应性特点，以及使用者的生存智慧。

早期“殖民地风格”别墅是用闽南最为上等的石材建造的，造型及细部都有着浓郁的西方情调的殖民地风格建筑。早期殖民者们兴建代表各自风格的建筑，为适应鼓浪屿人文气候以求发展，遂设计建造各类型建筑，使鼓浪屿较早打破闽南地方传统建筑风格而产生新类型和新风格——殖民地风格。

外国殖民者建造了大量以享受自然为主的外廊式建筑。这种类型，改变了以往自然进入建筑内部的方式，令人们贴近自然并易于获得第一手关于自然的体验与认识。营造了可以预料四季气候变化并适应季节气温变化的建筑，发展出了可以经营建筑内在功能与气候敏感性的建筑体系，弹性灵活地调节外部气候环境对建筑内部环境的影响。在外廊式建筑中，建筑本身就是一个循环与舒适的系统。这些建筑的设计和建造，依赖于某些自然材料。建筑的总体形式，因借自然地形地势、气候风水。建筑的内部空间，具有水平与垂直联系。许多建筑特征，既是民间匠艺与美学的表达，同时也是一种调节室内舒适度的功能构件与元素，例如，构成建筑典型特征的门、窗、廊、自然材料建成的屋顶、屋身、与屋基；例如，构成建筑细部特征的百叶、遮阳等，这些元素，在将外部自然引入建筑内部的同时，也起到调节外部对内部气候影响的作用，将适宜的外部因素变为现实。例如，吹拂的微风，用于空气流通循环与建筑内的舒适性。

然而，这些建筑的出现，多是为其自身服务的建筑，外国殖民者的城市叙事体系与话语象征符号，其能指依然是他们个人或外国殖民组群的利益的喜好。他们并从没有为鼓浪屿公共性的环境、交通、房屋等作具体的规划与建设。20 世纪初的鼓浪屿依然是建筑零乱、道路不畅、基础设施欠缺的小岛。

鼓浪屿住宅在外观上给人以开朗、明快的感觉。除了因造型及色彩的关系外，还有一个十分重要的原因在于建筑的标志象征。一些标志性的建筑物，例如教堂、影剧院、公共建筑；另外一些标志性的建筑物，例如名人故居，不计其数。这些凡尘建筑却如教堂般得到朝圣般的瞻仰，这无疑是华人的另一种生活中的信仰，一种偶像崇拜。从名人故居，到公共建筑，到教堂，人们的情感与行为，受到了心理映射的指引与信念和希望的召唤。然而，视觉依然需要有所停靠，由此我们在关注标志性建筑物的同时，更需要关注细部的标志与象征。

首先，鼓浪屿建筑的窗与门，在每座建筑中都体现为数量多，有些在墙面上是零落的，有些是连接的，有些是集群的，有些是图式化的。门窗大多做工精致而考究，十分符合人的细部尺度。这些细部，都可以看出主人与工匠们情感的投入。因此反映出建筑的情趣，并通过象征符号表达出与外部环境的对话：积极的、安全的、美丽的。外廊、天台和阳台的细部及尺度，都是从人的角度来考虑和设计的。一个住宅的外观，有了细部，尤其是合于人体尺度的细部，给人亲近的感觉。

门，在中国人的传统观念中，有着特殊的含义。它不仅有界定空间和领域的物质功能，同时，它也是实现内外交流的场所与某种象征，带给人心理暗示。鼓浪屿人，把建筑中的门，做了格外的重点处理，甚至将其发展到了极致。一种是建筑自身的大门，即房子的正门，它是由外到内心境转换的中介。要感知一个家庭，一进门的感觉往往形成最终的印象。鼓浪屿住宅的正门，大多用最为上等的柚木，木质细腻而坚韧，便于精致地雕刻，同时，也给人以庄重感。门外墙壁围绕一圈门套，用上等石材雕刻。门上方有门楣，一些家庭在门两侧及上部刻字或悬挂对联、横幅，以体现住宅主人的品味、身份、姓氏和地位。

另一种做法，将门脱离建筑物单独设置，亦称门楼。门楼常结合庭院、围墙，组成一道新的风景。而门楼的设置，往往比建筑物本身更为重要，其朝向的准确与否，常常被理解为带来吉凶的预兆。风水朝向，也常常由门楼来决定。若门楼的定向准了，建筑物本身倒是可以有适当的偏离的。鉴于此，很多门楼的建造，其精致程度，甚至超过建筑本身。它是身份、地位、财富的象征。随处可见的是，鼓浪屿住宅的门楼，一家比一家大，一家比一家堂皇。住宅前不设门楼的情形倒是很少见的。

这些门楼，一般用砖石砌成，宛如一座小建筑。细部刻画得很精致。中间多为铁制带有卷曲植物图案的两扇门扇，与西洋的花园住宅风格十分接近。透过院门内望，庭院深深，只闻琴瑟，好不惬意。与门楼紧连的围墙，有些是由砖石拼接组砌的，并且富有韵律地留出空隙或漏窗。隐约之中，透着院中的勃勃生机。

一般的住宅，外部重点装饰部位为山花、檐口、柱头、柱身、柱础、门楣、窗楣，较大一些的宅第，还有室外平台、楼梯栏杆及扶手，此外，庭院小品也是装饰内容。日积月累的经验，使本地匠人能驾轻就熟地掌握和运用各种材料，并在具体操作中发展成了一定的套路和模式。在装饰图案的选择上，最为常见的是植物母题。有些是具象的植物造型，有些是抽象的植物图案。这些图案，反复在柱头、门楣、窗楣、山花等部位出现。也许是四季如春的气候，滋润着四季常青的植物，给人们留下永恒的自然印记的缘故吧。这些常年茂盛的植物，象征着吉祥、和谐、昌盛、永恒，几乎成了鼓浪屿的图腾。鼓浪屿人得到这一美丽自然的庇护，在建筑装饰点缀中，给予了尽情的表达。此外，也有很多鹰的造型及其他形式的造型，以浮雕的形式，装饰在显眼的部位，似乎是一种象征。这种装饰，究竟意味着什么，是舶来的，还是本土的，还是一个谜。在此所讨论的遗产建筑的文化价值，就建筑设计方面而论，是重在揭示设计对于过去一个时期各个方面提供信息。

鼓浪屿住宅的一个显著特征是，宅中设有很多门。一个房间至少有三四个门，即使是卧室、书房这些需要相对安静与私密的房间，也常常能穿堂入室地通行。也许，只有这样，才能让大海的“气脉”贯通每一个房间与角落，充溢整座住宅中。其合理之处是便于使每个房间内的空气流通，新鲜。身居其间，神清亦气爽。

随着鼓浪屿上外国人及华侨兴建的公馆、别墅的日益增多，对当地百姓营建的住宅有很大影响。在弃旧建新的住宅更迭过程中，充分显示了他们努力模仿甚至赶超洋式住宅的痕迹。在住宅上，大多是掺杂着西洋风格和东南亚风格的独立式小楼。与传统的闽南式民居不同之处在于，它们不是一般的横向布局，而是纵向发展为 3 至 4 层，模仿西式古典宫殿式造型。由于受到外来文化的影响，他们在生活方式上和思想观念上都有所改变。很多鼓浪屿人成了忠实的基督徒，原来室内供奉佛像的位置已经消失；厅堂内的灯梁——在传统上是举行红白喜事庆典仪式时悬挂灯笼、联幅之用，也取消了，取而代之的是壁炉、神龛等西式陈设。原先是一家一户只有一个公共活动的厅堂也转变为几个大小起居室了。同时，在宅的外围添加走廊、门廊、天台、阳台也成了一种时尚，这些原本是为适应气候而做的努力，其合理的功能性已经让位于住宅主人的地位、财富的象征性。在这些仿洋式住宅中，内部功能增多了不少，如中间分为前后二厅或前、中、后三厅，卧室根据房子进深的大小而排列每边 2 至 3 个不等。厨房、卫生间、储藏室与主要生活空间分开，或布置在尽端，或另辟一处以廊道相连。这种布局，发展到后来的将大型宅第主辅楼分置的布局。

前面已经谈到，鼓浪屿住宅的门，是建筑营造中格外重视的因素，这里不再赘述。至于住宅的窗，一般来说以矩形为多，洞口开得平直、方正，窗口比闽南传统民居大很多。窗户的外框也是矩形，多用条石围合成窗套。窗楣上部有雕刻，窗台下部有造型及线脚，有时用砖砌，再用水刷石或水泥抹面。窗棂、窗扇多为木制。一座宅子的窗户制作是否考究，也向人们暗示着某种东西。

“海天堂构”是由菲律宾华侨黄秀烺和黄念忆共同于 1920 到 1930 年间建成的 5 栋 1 组的洋楼群。其是鼓浪屿岛上唯一按照中轴线对称布局的别墅建筑群。主楼是一座中西合璧的建筑。矩形平面，前面及两侧设置外廊，正面正中向前突出做“出龟”处理。其屋顶为岭南风格歇山屋顶，飞檐做高高起翘，“出龟”门廊之上做重檐四坡攒尖小屋顶。主楼是被当地人称为“穿西装戴斗笠”的“厌压式”建筑，展现了中西合璧的外观，体现了民族复兴的精神。外墙、廊柱均采用清水红砖做法。两侧外廊钢筋混凝土额枋上做仿斗栱构件，额枋下设混凝土雀替、挂落；外廊廊柱件外侧设预制混凝土宝瓶栏杆，上设栏板，做浅红色水磨石面层；屋顶屋脊、飞檐、檐口下均设预制装饰构件，做工精美。海天堂构主楼采用红砖砌筑，考古证明：红砖建筑其形式并非传承于中原汉民或闽南原居民，红砖的运用技艺首推古罗马和古波斯，并非闽南优势，而红砖古厝却在海上丝绸之路起点的周边盛行，可见红砖的运用起源于海外。红砖砌筑的"海天堂构"是闽南人敢于冒险进行海外贸易、文化交流的历史见证。主楼两侧的 4 栋侧楼，均为券柱式外廊殖民地建筑，是当时外来建筑形式传入的见证。水刷石饰面层。4 栋楼宇普遍采用古希腊柱式，窗套装饰大都为西洋风格，但墙面与转角又有中国的绘画、雕塑。海天堂构的门楼是中国传统式样，重檐斗栱、垂柱花篮、飞檐翘角、石库门、双蹲狮子等，古风盎然（图 7-1～图 7-4）。"海天堂构"是一组由 5 座楼组成的一个大宅院，院门是地地道道的中国式做法，院内的 4 座配楼为西式做法，而中间的主楼完全采用中国传统式庑殿项，中间一座外廊式建筑结合中国式屋顶的大型别墅曾经被用作黄氏祠堂。在建筑材料方面，以砖石材料为结构来仿造中国传统式的梁架、斗栱。同样，许多西式的建筑上压上一个地地道道的中国式大屋顶。美国人毕菲力（P. W. Pitcher）在他的《厦门方志》（*In and about Amoy*）书中，形容这是华侨"由于在海外饱受奴役之苦，因而在建造房屋时产生了一种极为奇怪的念头，将中国式屋顶盖在西洋式建筑上，以此来舒畅他们长久受到压抑的心情，为华人扬眉吐气"，当然这是他一家之言。

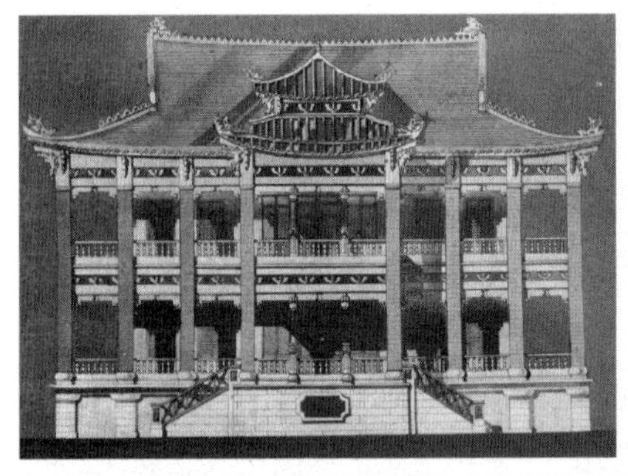

图 7-1 "海天堂构"正立面（左）

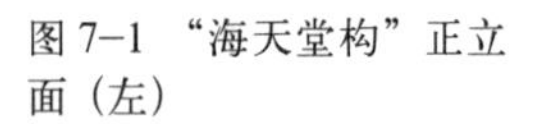

图 7-2 "海天堂构"背立面（右）

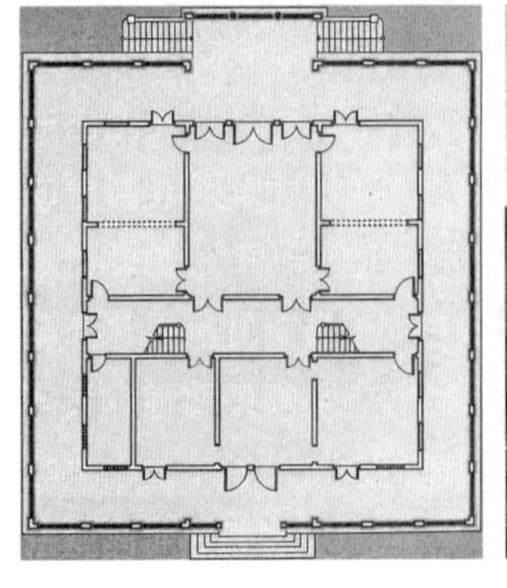

图 7-3 "海天堂构"平面图（左）

图 7-4 "海天堂构"外观（右）

“中国式”大宅的外观全部采用砖石结构来模仿中国传统的木结构形式。两侧的配楼为西式做法。整组住宅群有 5 座单体，以门楼及“中国式”大宅组成中轴线呈对称式布局。“中国式”大宅的院门它与主体建筑形成一条中轴线，是按照中国传统的风水定位。大宅的门楼细部，以石材模仿木构件，做成斗栱、雀替等形式。用砖石结构来模仿木结构的形成，是出自乡土匠人之手。另外，很多华侨为了别出心裁；在外观上刻意标新立异，有的模仿西欧中世纪城堡风格，有的以拜占庭式或其他形式的穹隆造型装饰屋顶，有些门廊以高大的古罗马柱式或巨柱式、双柱式的处理来夸张立面，由此不难看出他们炫耀财富、炫耀见识的心理。

台胞与华侨是鼓浪屿上一支重要的力量。最多的华侨是菲律宾华侨。其中，著名的李清泉先生（1888—1942 年），被认为是菲律宾华侨史上最伟大的领导人。李清泉，1888 年生于福建省晋江的金井镇石圳村。村里的百姓借助于东临台湾海峡的便利条件，出海寻求生机。据《石圳李氏四房家谱》的记载，从第 11 世起，世系中一直有人去台湾。而在第 13 世中，有 10 人离开村子去谋生，其中 9 人去了台湾，1 人去了菲律宾。这位冒险者，就是李清泉的高祖辈。自此，李氏家族开了移民菲律宾的先河。李清泉在 14 岁时，随父亲去菲律宾。其祖辈在菲律宾所发展的小型木材行，为清泉后来在木业的发展上奠定了基础。早在 1565 年，西班牙殖民者占据了菲律宾，并开始了马尼拉大帆船（Manila Galleon）的横渡太平洋的美洲与亚洲贸易。当与中国的贸易开始时，更加剧了早已在菲律宾的福建商人与贸易者们不断以血缘家族的形式，将祖地的族人牵引出国。直至 18 世纪中叶，欧洲的自由放任主义，主张开放所属的殖民地，解除对工商业的限制。李清泉的高祖辈、福建泉州石圳村的李彼柿，就是在这个时期从福建到达菲律宾，从当西班牙统治时期的劳工到经营小商店并从事发展贸易的。直至李清泉，已经是李家在菲律宾的第五代了。当时，菲律宾与福建之间的移民，往来穿梭，络绎不绝。

李清泉幼年在美国驻厦门鼓浪屿创办的同文书院接受教育，美国人任书院院长，全英文教育。1901 年随父亲到菲律宾自家经营的“成美木业公司”学习经商。1902 年，父亲将李清泉送往香港圣约瑟学院（Saint Joseph）继续深造 4 年，学习到了香港进行现代化都市建设的相关经验，并把握到了时代的脉搏，这为他之后在马尼拉扩展商务，创办银行，在厦门填海筑堤，制定铁路开发宏伟计划等的市政建设，埋下了勾勒宏伟蓝图的伏笔。

在美国接替西班牙政府统治菲律宾并进行大规模建设时期，李清泉富有远见地开拓实业，对家族的传统木业公司进行革新改造，而由此建立了华侨在菲律宾的木业王国。他顺应历史潮流，实行机械化生产并扩大规模。随着菲律宾大批木材出口到国外，因此而成为菲律宾的“木材大王”。心系桑梓，他不仅以实业救国，而且在家乡留下了美丽的“李清泉别墅”。

李清泉别墅，又名“容谷别墅”，因院内百年榕树与整座建筑如山谷打造一般的雄伟而得名。别墅坐落于鼓浪屿的龙头山脚下（又名升旗山），今天

图 7–5 李清泉别墅，又名“容谷别墅”

的旗山路 7 号。这座被称为升旗山第一楼的别墅，是李清泉于 1926 年兴建的。

依山面海，别墅与鹭江对岸的虎头山隔江相望。建筑为 3 层，以通高的巨柱式形成别墅的立面，柱体柱面有剁斧凹槽，柱子采用了爱奥尼式柱头。建筑外墙由红色清水砖密缝建造，而连接 3 层的通高巨柱由石头建造。建筑的窗和门均装有木百叶，双层玻璃，局部用彩色玻璃，外包木制的门框、窗框。房屋的楼板和天花以及家具都是木制的，由菲律宾输入。因为李清泉在菲律宾的木业公司当时正处于发展的顶峰，因而，清泉兴建的这座别墅的很多结构性和装饰性构件都是开采于菲律宾的森林。有些木材质地优良，来自百年以上的菲律宾列岛的优质树种。别墅每层均有套间，大厅宽敞，大楼装修材料均为来自菲律宾的名贵木材，大片铺装楠木地板。厅外设有宽廊，可以纳凉观景。前面是一座中西合璧、人工组景的花园。园中设计有西洋园林中常用的水池和喷泉以及中国式的假山。园中小径铺筑着各种花岗石、卵石，拼成各式各样的图案和文字。花园内植南洋杉五棵，栽植绿化并修剪整齐。假山建有中式和西式亭子两座，休闲其中，俯瞰滔滔鹭江东流（图 7-5）。

别墅坐落于鼓浪屿的龙头山下，掩映在葱郁的南洋杉树丛中。除这座清泉别墅外，李家庄是另一座建于 20 世纪 20 年代的别墅。这座别墅是为李清泉的父亲和兄弟兴建的，选址于幽静的漳州路旁，虽为西式的别墅，却是由闽南工匠们将古典希腊柱式地方化，柱头的各种浮雕植物花卉，形成独特的地方色彩。中国式的门楼上题为〝李家庄〞，这依然反映了中国民间以家族和宗族为核心的居住特色，并且与林语堂和马约翰的故居比邻。另一个家族色彩浓郁的别墅群是杨家园。杨家园是由菲律宾华侨杨启泰、杨忠权和杨在田等共同兴建的。杨家园的想法和设计据说来自侨居菲律宾马尼拉的杨氏先贤。这一别墅建造的全部经费和部分材料来自菲律宾。杨氏家族曾经在清朝末年，从福建龙溪县移民至当时在西班牙统治之下的吕宋（今菲律宾）。因为在 19 世纪的后期，吕宋西岸的各口岸因为兴建和修复天主教堂的需要，向闽南招募了大批的石匠、铁匠和其他工匠。这种局面及随后的第一次世界大战使铁匠杨的生意兴隆并发展成为菲律宾首屈一指的“杨氏铁业公司”。在杨在田即将进入不惑之年的时候，他听从了一位算命先生的劝说，于 1915 年从菲律宾的马尼拉回到了厦门。他为杨家园的兴建出谋划策，与杨忠权和杨启泰共同建造了这座杨家园。他们先在鼓浪屿笔架山向英国差会购买旧房，在此基地上兴建了新的西式别墅。工程由闽南工匠阿全承建，建筑依据图纸建成。

整座别墅包括 4 座独立的建筑，最终落成于 20 世纪 30 年代。这 4 座别墅，由一座大的花园环绕着。所有 4 座建筑均由红砖和石头建造。杨家园的 4 座建筑，每一座都由主楼和配楼组成。4 座主楼都由宽大的门廊构成主要的建筑立面，柱式均为科林斯式，其中 3 座是矩形和方形平面，另一座由于靠近路边，而采用不规则的平面形式以适应既成的道路事实。这座建筑的底层建有地下层和防弹室，从底层至顶层的层高划分逐次递减，外观犹似意大利文艺复兴时期的府第外观与立面的划分。每座别墅都分工明确，主楼包括客厅及卧室，配楼包括佣人房、厨房及厕所。主楼和配楼之间或以廊道相连，或以院落相连。院内专设一小门和通道，供佣人出入。从这些别墅的外观，我们亦可以从设计及用材方面来判断主楼与配楼之间的分别。这种空间划分方式，也许取自他们在南洋所见的生活方式及空间的分配方式。杨家园有一套设在顶层和底层的水池，蓄积雨水。院内还挖掘了水井，当年，岛上没有自来水，这套供水系统用作自给自足的别墅供水。当来自福建龙溪的杨家四兄弟搬进这座新近落成的别墅后，他们同时将闽南家族式的生活也带进这座西式的别墅中。通过将别墅以院墙和门楼的方式相分隔，使这四座别墅各有花园和门楼。这颇似家族兄弟之间分家后的居住方式。

除李清泉别墅和杨家园外，还有许多华侨别墅具有中西建筑结合的特色。这些南洋华侨不但在东南亚目睹和经历了荷兰、西班牙、英国等欧洲殖民主义者统治下的生活，而且受到耳濡目染的文化熏陶。在他们致富以后，生活方式和居住方式上都产生了变化。从他们择地建宅以及他们对于建筑形式风格的选择上都有所反映。从清末到 20 世纪 20 年代，很多东南亚的华侨回到故居地厦门重建家园。在清朝的光绪年间，厦门华侨通过捐钱买官而获得了较高的地位。黄志信（1835—1901 年）在清光绪七年（1881 年）的时候，因在印度尼西亚的三宝垄制糖业绩，捐官为“中宪大夫”。1890 年，他将在三宝垄“建源公司”的业务转给他的儿子黄仲涵（1866—1924 年），回到厦门并定居鼓浪屿。还有很多华侨从清政府捐买官衔，邱正忠和他的儿子邱菽园买了如此多的官衔，如“花翎盐运使”“光禄大夫”“道台”等。华侨因为推翻清朝统治所贡献的力量而被孙中山先生誉为“革命之母”。1921 年，孙中山先生在他的有关中国发展一书中写下了他关于现代中国的若干主张。在他对于中国之理想感染下，海外侨胞们踊跃回国投资。先后有大批著名的华侨实业家投资鼓浪屿，兴建了工厂、自来水公司、电灯公司、铺设海底电缆、兴建码头、铺筑公共道路，开发商业街道并大量投资房地产业。著名华侨实业家黄奕住，以家族公司“黄聚德堂”的形式，在鼓浪屿及厦门开发投资金额达200万银元，拥有大小屋宇160幢，建筑面积4.1万平方米，并独资开辟了鼓浪屿的街道。至今这条街道依然是繁华的商业街。

这些归侨大多是祖籍闽南一带外出谋生的华人，足迹遍及东南亚各国，远至南、北美及太平洋诸岛。他们吃苦耐劳，终于拼得了自己的产业。最初回来的是一些在南洋经商的华人，其中著名者如黄文华、黄秀烺、黄仲训、黄奕住、李清泉、黄念忆、杨忠信、杨忠权等。他们致富后一心要回故土光宗耀祖，报效亲人。鼓浪屿是这些华侨居住密集区，岛上的建筑，70%以上是他们兴建的。他们首先是兴建住宅以供家庭生活之用。这些住宅也用作家庭机构或投资公司。此外，还兴建了很多为百姓造福的公共事业类建筑。很多华侨选择吉址，或推倒自家原来的祖屋或原来外国人的旧宅，建造了一幢幢华丽的住宅。这些建筑更大程度上是对他们在南洋所见、所感的建筑的追忆与回味。很多建筑是3层楼或4层楼，有些是西式的，有的甚至像座宫殿。大量的建筑则是掺有中西构件的折中做法。建筑物前常配有庭园小品、门楼、院墙，很多建筑完全是西式的外观，却加一个中国式的大屋顶。可以看出这些华侨对于中西两种文化兼容的态度以及追求尽善尽美的理想主义倾向。这种亦中亦西的建筑风格，确定了鼓浪屿建筑发展基调，也是之所以形成如今鼓浪屿建筑总体格调与环境氛围的原因。

全岛当时最豪华的别墅，就是华侨实业家黄奕住别墅，即现今的鼓浪屿宾馆。黄奕住在20岁时离开闽南故土去爪哇谋生，由于聪明勤奋，成为爪哇的四大糖商之一。1918年，他回到鼓浪屿，买下了“洋人球埔”以南的英商产业，建造了这座别墅，别墅分为南、北、中三馆，前面有宽大的场地。整组建筑建于2m高的台基之上。3个建筑物均为2层建筑，以中楼为中心对称式布局，楼前有宽大的庭园，植物呈几何形修剪过的造型，亦有喷泉、雕刻及小品点缀园中，完全是西式做法。这处黄家别墅占地大、耗资巨、豪华无比，在当时压过了任何一座洋人别墅。鼓浪屿黄家别墅是鼓浪屿最具规模的别墅。由1座主楼和2座辅楼及宽敞的前后院组成。照片中为主楼，环境幽静、室内豪华，成为有家居气氛的“鼓浪屿宾馆”（图7-6、图7-7）。

图7-6 黄奕住别墅（今鼓浪屿宾馆）（摄影，梅青，1987年夏）（左）

图7-7 黄奕住别墅立面图（右）

从这座华侨住宅不难发现，整个建筑的封闭造型，有模仿欧洲中世纪的城堡风格，反映了华侨求新、求异心态。图林家公馆外观。建筑醒目，主要运用色彩强调了其立面券柱及檐口的处理手法。在20世纪的20、30年代，厦门一带还没有专业建筑师队伍，这些华侨的房子，大多是请国外的建筑师或土木工程师设计，有些则是直接从书本上套用现成的图样而由工匠们稍加改造。另有一种则是由学成归国的建筑师设计，但这后一种情况是屈指可数的。据史料，目前只知道留学美国费城的建筑师林全成，他在鼓浪屿多处留下了手笔。他所设计的几所别墅，如殷家别墅，有别于其他华侨所盖的别墅。这幢房屋体量不大，朴素无华，外形自由舒展，立面富有节奏和韵律，完全依照地形地貌条件和功能而设计，似乎是随意地生长在那里，不哗众取宠，不与别人一比高低，完全依据自身的条件存在着，自有一番高雅的品位和神韵。

值得一提的是，后来陆续兴建起来的一些公馆和别墅，也是华侨姻亲、宗族关系的直接体现。它们在外观上有统一标志，统一材料、颜色，甚至有时是完全相同的造型。华侨的建筑，由于他们的特殊地位，以及中外兼有的生活经历和文化修养，决定了他们营造的建筑必然会体现出中西合璧的风格特征。而鼓浪屿的独特的自然条件、地理环境和文化背景，使得这些华侨建筑形成了"鼓浪屿式"的中西合璧风格，并且区别于其他任何城市和地区。华侨的建筑活动与华侨建筑的出现，既反映了当时他们所代表的物质与精神文明，也有使他们与故乡从地方层面通过国际网络加入到国家与民族网络之中的重要仪式与行为象征意义。建筑所展示的形象，有潜意识的认同感与情感寄托之象征，也的确引领了现代生活与现代性的潮流。昔日的建筑姿态与叙事话语，如今成为重要的展示资源，抚今追昔，创造性地更新与利用，已经成为当代与后人的任务。华侨建筑在象征性的发展中，已经由凝固的音乐转变为流动的音符。

八卦楼是台湾商人林鹤寿1907年至1913年投资兴建的自家大型别墅。设计者是美国传教士，当时的救世医院院长郁约翰，郁约翰曾学习土木工程，为林鹤寿设计别墅以回报其捐建救世医院的情谊。林鹤寿希望建造的是一座风格新颖独特的特大别墅，在楼上可看到厦门和整个鼓浪屿。八卦楼自1913年建成以来已有100多年的历史。它是台籍商人林家在鼓浪屿留下的珍贵建筑遗产；八卦楼由于本身的历史印记和形式上的纪念性已经成为鼓浪屿古往今来的地标；并且八卦楼本身折射了鼓浪屿19世纪末到20世纪初社会所发生的变革和西方文明植入给社会带来的价值观和文化上的变化。八卦楼采用西方古典复兴的风格。建筑坐落在一层花岗石砌防潮层上，建筑主体高2层，平面呈方形，四面中间都设有罗马复兴的塔斯干巨柱支撑的柱廊，而四角部分为清水红砖砌筑实墙体，砖墙为佛兰德斯砌法，角部设壁柱，巨柱、壁柱、檐口、栏杆都采用白色水刷石面。正面（东面）的柱廊与其他三面不同，中间设有向前突出的圆形平面柱廊，2层通高，由4根巨柱支撑，半圆形"出龟"巨柱廊两侧则缩小尺度，设2层较细的双柱支撑的柱廊。建筑屋顶为四坡顶，间一层八角形基座上是单层的塔楼，顶上是的大穹顶，给人以深刻的印象。

第 8 章　社会需求与生活对近现代建筑演变影响的分析

本章旨在分析中国近现代城市自开埠始，所受到的西方现代社会理念与生活需求直接或间接的影响作用下，建筑所发生的演变发展。

现代城市与建筑的出现，是因为工业革命所带来近代社会生活与社会需求的改变，并由此不但催生出因为新功能、新技术与新材料带来了新型建筑，而且也带来前现代时期传统建筑功能与形式的彻底改变。对应于中国的口岸城市，例如上海、厦门和青岛三座城市中，不难发现，随着社会变革与城市更新，城市新型功能出现了许多新的变化，比如：用于海防的军事碉堡炮台建筑，如今已经成为遗产景观类型。同时城市中各种新的社会生活居住需求，也改变着原有的城市建筑格局，比如：上海石库门建筑里弄中生活流向街道而产生出新的邻里生活空间，转变了石库门作为城市肌理的建筑形制。这些因社会需求或社会生活而产生的新建筑类型和形制，又是如何实现在新时代新的社会生活背景中再次转型，将是此研究的核心问题。在此部分的主要建立社会需求与生活与建筑功能与风貌的对应分析，所选案例研究都具有相似的性质及城市文脉，从而使分析集中于每个具体的差异。对不同类型的中国现代建筑的发展思想和西方现代建筑风格的影响，从被西方列强殖民化转为民族自强复兴直至现代文明的形成。以及上海、厦门、和青岛三个城市的社会需求与生活功能与建筑类型及其形制转型的比较研究。包括厦门鼓浪屿岛上的老别墅，上海的石库门建筑，青岛与厦门城市中残存至今的城堡及碉堡建筑等。将探讨这些老建筑应如何适应新的社会生活实现自身的转型。并通过实例与研究模型实证中国近现代开埠城市中社会需求和新的建筑类型与形制演变之间关系。新的社会需求与新的生活对推动城市建筑发展起到重大的推动作用，从沿海开埠城市在近现代时期建筑较内陆城市更为繁荣这一层面上，可以明显反映出来。而当时新功能的涌起，同时又刺激了建筑类型的出现与形制更新，并改变了建筑面貌。各种类型各种空间组合以及各色风貌的建筑，丰富了近现代城市风貌。研究基于生活功能决定论的假设，在近现代城市建筑演变模式中，将社会生活体系类型以及由此而来的建筑风貌类型，进行模式分析与鉴别比较，并通过实例与研究模型实证中国近现代建筑雏形产生及演变发展中社会需求与生活所起到的决定性作用。

8.1　鼓浪屿各国领事馆

第一次鸦片战争后，鼓浪屿这美丽的岛屿沦为“万国殖民地”。1864 年，美国领事馆在厦门鼓浪屿设立。这个年代也是各国领事纷纷设立领事馆的时代。1869 年，丹麦也设立了大北电报局兼领事馆。随即有日本设立领事馆……直至 1890 年比利时也在鼓浪屿设有领事馆。这些领事馆建筑，一方面反映了各国当时的建筑潮流和风格，同时，也为适应闽南的文化而进行了适当的调整，因而出现了折中主义风格的建筑外观。这里所说的折中主义有两个层面上的含义。19 世纪的英国、美国等西方国家，以模仿古希腊、古罗马及东方情调或文艺复兴风格与巴洛克风格为主要建筑设计思潮的集仿主义（或称折中主义）是主流，当这些建筑风格输入鼓浪屿之后，为适应鼓浪屿的气候及地形状况以及习俗与生活方式，很多建筑采用了中国式的装饰细部，形成了中西折中的建筑外观。从这些建筑外观来判别，我们姑且将之称为“殖民地风格”。

在现存的英国领事馆、美国领事馆、日本领事馆等几座早期殖民地风格建筑中，我们可以看到，这些建筑物临海布局，造型简朴，体量不大，由于是闽南工匠用本地的砖、石、木材建造的，虽然是西方的样式，却有明显的地方做法。当然，不同国家的建筑也有不同的风格表征。

英国领事住在鼓浪屿南部的一个悬崖上，副领事居其下，离悬崖不远有“印度袄教徒”的墓葬。美国和德国的领事也住在岛上，他们的公馆和协和礼拜堂之间是外国公墓，范围约有一英亩，四周有围墙。美国时间的星期天，圣工会和长老会轮流由传教士在协和礼拜堂做礼拜。鼓浪屿因有一座俱乐部而自豪，它是一个令人艳羡的机构，主要有居民出资建造，还有赛马会、板球和草地网球的俱乐部，均由社团领导者和共济会的两个头目组建。

英国领事馆遗迹。1869 年设馆。此建筑完成于 1876 年，用红砖、条石装饰窗楣、门楣。地上为 2 层，地下为 1 层。几年前的一场大火，焚毁了这座建筑，仅存部分遗迹（图 8-1）。

美国领事馆外观 1864 年美国在鼓浪屿设馆，此建筑为 1930 年在原址翻建。历次装修，外观有所变化，现为宾馆（图 8-2）。

荷兰领事馆局部此建筑同时作为荷兰安达银行办公用房。这是早期“领事馆兼商馆”的实例。此建筑为砖石结构，建筑外观及细部都具有西式风格特征（图 8-3）。

19 世纪，作为中国对外五大通商口岸之一的鼓浪屿有着 13 个外国领事馆，留下教堂、西式建筑、学校、家庭音乐会……让这座小小的海岛成为西方文化的汇聚地。这些建筑遗产，已远非单纯的物理实在，而是充满情感意味的审美意象了。随着时间的流逝，这些建筑遗产之“象”的独特性在于它可以通过实体形态直观地呈现和展示曾经的美感。

在公共地界章程前后，早已陆续有英图、美图、法图、德图、日本等

图 8-1 英国领事馆遗迹（上左）

图 8-2 美国领事馆外观（上右）

图 8-3 荷兰领事馆局部 （摄影，梅青，1987 年夏）（下）

13 个国家先后在岛上设立领事馆。大量的"殖民地风格"建筑出现，大量洋行兼各国驻厦门商馆兼领事馆。最初包括英国、美国、西班牙、法国、德国、丹麦、葡萄牙、奥地利、瑞典、挪威等国。这些领事馆除在贸易上占较大比重外，同时也是保护他们侨民的机构。至 1903 年，鼓浪屿成为"万国租界"。

1. 鼓浪屿领事馆建筑年纪

建造时期（年代）及建筑名称

① 1850 年前后 西班牙领事馆

② 1860 年 法国领事馆

③ 1864 年 美国领事馆

④ 1869 年 大北电报局（兼丹麦领事馆）

⑤ 1869 年 英国领事馆

⑥ 1869 年 德国领事馆代办处

⑦ 1870 年 英国副领事公馆，厦门海关"帮办楼"

⑧ 1875 年 日本领事馆（1896 年翻建）

⑨ 1890 年 比利时领事馆

⑩ 1928 年 日本领事馆扩建（增警察署和宿舍）

⑪ 1937 年 荷兰领事馆

2. 鼓浪屿日本领事馆建筑分析

建筑所处区位：日本领事馆位于鹿礁路 24 号，处于鹿礁路与福建路交汇的三岔口附近，东南为复兴路，面向厦门岛，占地面积约 1 000m²，距离北面环岛路约 100m，建筑位于从环岛路进入鹿礁路的上坡段，地势高起处，南高北低，较为醒目，可达性较好。

建筑历史文脉：原日本领事馆建于 1897 年，2 层砖混结构，上层居住，下层办公用，由中国工匠王添司承建，据推测，其也为该建筑的设计师。当时，英国国力强盛，日本也处于明治维新西化时期，不仅在领事馆选址上要求与当时的英国领事馆相近，在建筑设计上也向英国学习靠拢，建筑受英国维多利亚式风格影响，采用当时流行的殖民地外廊样式，建筑立面上采用新文艺复兴风格的连续半圆拱券。1928—1936 年，日本驻厦门领事馆升格为总领事。1937 年，日本发动了全面侵略中国的战争，厦门日本领事馆关闭。1938 年 5 月厦门沦陷，厦门日本领事馆重新开馆。1945 年 8 月 15 日，日本无条件投降，厦门日本总领馆停止活动。厦门日本总领馆的所有财产由国民政府接收。在抗日战争时期，厦门大学受到了极大的破坏。所以当时的国民政府就把鼓浪屿上日本领事馆的所有房产拨给厦门大学，包括 1897 年建造的领事馆和 1928 年建造的 2 幢红砖楼。改造后作为厦门大学科教宿舍，后因年久失修，成为危楼，目前处于荒废状态。鼓浪屿的日本领事馆，见证了中国从被西方列强侵犯，到后来通过抗争驱逐外来侵略者，取得胜利，这是历史的遗迹，通过这些建筑，去接近历史，不忘国耻，也是中华民族面对历史的一种责任。日本领事馆建筑群显现两种不同的建筑类型学范例：日本领事馆主楼建筑的维多利亚外廊式布局；而警察署则具有装饰艺术风格兼日式分离派造型，具有较高的完成度。就艺术造型和外立面视觉艺术效果而言，鼓浪屿的原日本领事馆鉴于闽南地区气候，仿照了当时在东南亚较为流行的英式外廊式形式。采用了具有工业时代特色的双柱桁架结构与坡顶构造，警察署建筑则采用特殊的日式清水红砖材料，以英式砖砌的技术以及处理傍山地下室的造型手段，提供了功能平面实用适应性的杰出范例。在经过一个多世纪后，建筑墙体依旧保存完好，具有较好的坚硬度和耐用性，少有缺损或腐蚀。在砖砌方式上，日本领事馆基本学习了英式的标准砌法，即全顺砖层与全丁砖层交替排列，并且丁砖位于顺砖的中间放置，相同砖层间垂直对齐。排列简单，同时墙体也有较好的稳定性。在此基础上，在建筑立面的某些局部，又增加了不同的砌筑方式，产生了纹理的变化。在建筑整体统一的情况下，增加立面的丰富性。原日本领事馆相较于邻近各历史建筑而言，有较高的艺术价值。原来的日本领事馆建筑群，因原建筑功能以办公和暴力管制为主，在文化的和平保存、交流与传播层面，可视为呈缺省状态。拟进行引入瓷器文化和工艺作为常驻展示主题的遗产建筑利用，这不仅是一次具有传承、推广和发扬意义的文化价值的更新性植入。展示活动与学术交流活动本身作为文化活动，在场地上发生，由场地承载，与场地密切结合。借此，历史建筑被纳入文化传播体系，能够将鼓浪屿岛上的非物质人文氛围自外环境渗透到物质的建筑中，从而重塑建筑本身的文化价值。虽然这作为交互式实践，涉及不同的利益冲突与广泛的利益相关者之间的关系。在此过程中，鼓浪屿的日本领事馆建筑被重新赋予了新的认同感。

材料与质地：原日本领事馆相较于邻近各历史建筑而言，有较高的技术价值。主要体现在其具有工业时代特色的双柱桁架，以及特殊的日式清水红砖。建筑所应用的红砖是典型的日式红砖材料。有较好的坚硬度与耐用性。在经过一个多世纪后，墙体依旧保存完好，少有缺损或腐蚀。

另一座原日本领事馆警察署，显现出在日本领事馆建筑群中所出现的两种不同的建筑类型学范例，其领事馆主楼建筑的维多利亚外廊式布局及工业坡顶构造与警察署装饰艺术风格兼具日式分离派造型有其各自的被研究意义。尤其是，它们在这一方面存留的辨识度依然很高。警察署建筑还提供了关于英式砖砌的技术实例与处理傍山地下室的平面实用适应性参考。此外，八卦楼建筑本身所采用的材料十分丰富，对于这些材料的制作工艺和运用手段具有一定的研究价值，例如，其中值得注意的是水刷石面这种本地材料的做法，独具匠心地将白砂掺进水泥砂浆中使材料类似石材，变得更为有质感。原日本领事馆作为日本帝国侵略者在鼓浪屿上建造的总部，见证了鸦片战争至抗日战争中，我国人民为反帝反侵略战争，为保护家园作出的不懈努力和反抗。在这段历史上有着特殊的意义。日本领事馆场地内可循的施建阶段应有三次，分别为主楼主题建造、警察署与附属便所及主楼侧翼增建、主楼侧翼的遮挡性增建及庭院局部翻新。这三次建设的痕迹及区分都在现场实物上保留可读的状态。在改造中，将会进行一些复原型增建物移除工作，而这将会是第四次具有一定规模和计划的建设改动。在此基础之上，希望整个建筑场地经受的年代痕迹与改造变化都累积其历时价值，并获得更长久的存世空间。日本领事馆原作为公共建筑和政治外交建筑，具有较强的社会影响力和公众识别度。在时代变化之后，日本领事馆的政治功能被废除，但在展馆策划中，仍然保留了其公共性地位。同时，利用场地选址的优越可达性，将建筑功能转型和发展为文化教益型的公共建筑，开拓其公众参与度，增强活动性、流通性与文化商业气氛，最终应使其综合社会价值和影响力维持在较高水平。

8.2 上海国际大都市的侨居建筑

1894 年至 1895 年，中日甲午战争期间，为了与日本激烈争夺朝鲜和中国东北地区，俄国在 19 世纪末，加紧向远东推进，因此俄国政府开始重视远东大都市上海。1896 年正式建立俄国驻沪总领事馆（Rossiiskoe Imperatorskoe Konsul´ stvov Shankhae），委托德密特列夫斯基（Dmitrevskii, P.A.）出任首位驻沪总领事。1914 年 7 月，由俄罗斯外交部计划建造新的总领事馆大楼，选址于上海苏州河口外白渡桥北堍公共租界黄浦路。由德国设计师汉斯·埃米尔·里约伯负责设计，整体建筑融合了巴洛克式和德国复兴时期的风格和元素。1916 年 12 月总领事馆新馆舍竣工。同年，华俄道胜银行上海分行成立（Otdelenie Russko-Kitaiskogo Banka），华俄道胜银行（Russo-Chinese Bank），是近代中国第一家、也是唯一一家由清政府官方与外资合办的银行。1899 年，该行决定于外滩 15 号地块兴建华俄道胜银行大楼。大楼由德国建筑师海因里希·贝克设计，项茂记营造厂施工。楼高 3 层，为钢筋混凝土结构，配置有电梯，是当时上海最早配置电梯的建筑之一。1895 年在上海的俄侨有 28 人，1900 年增加到 47 人。定居者多为俄国官方机构代表。此时的西伯利亚大铁路已经东通符拉迪沃斯托克（海参崴），南接大连，与上海的来往也日益发展，为上海俄侨发展史揭开了新的一页。

俄罗斯侨民寓居上海时期，大多居住公寓。其中的恩派亚公寓（Empire Mansions），由浙江兴业银行投资兴建，凯泰建筑事务所黄元吉设计，为装饰艺术派风格的公寓大楼，建于 1931 年。建筑原共 6 层，于 20 世纪 80 年代改建加层后分别达到 7 层和 6 层。20 世纪 90 年代之后再次进行改造，将原有立面粉刷为暗褐色，削弱了原立面装饰艺术风格的表现力。

武康大楼，原名诺曼底公寓（I.S.S Normandy Apartments）又称东美特公寓。海俄侨所租住的居所之一。由万国储蓄会出资，建筑师邬达克设计，建于 1924 年。是当时上海第一座外廊式建筑。建筑楼高 8 层，第一、二层作为商铺使用，三层以上为居民住房。建筑外观为法国文艺复兴式风格。皮恩公寓，建筑建于 1930 年，由法国人设计建造。建筑高 7 层，局部为 10 层。同样是第一层作为商铺使用，第二层以上为居住部分。

黑石公寓（Blackstone Apartments），建于 1924 年。建筑共 4 层，主立面左右对称，填充墙体和部分构件采用黑石石材、据传"黑石公寓"由此得名。建筑正立面底层有一挑出的较大的门廊，石雕柯林斯双柱支撑。上为露台，立面中部墙体也采用了弧线形，体现出巴洛克风格。现公寓底层由徐汇区房屋土地管理局使用，第二层以上的部分为居民用房。

赛华公寓 ，现名瑞华公寓。9 层钢筋混凝土结构，1928 年建成，建筑立面呈现代建筑风格，外立面主要采用的是浅灰色水泥拉毛，辅助楼梯以及窗户的凸出设计使得立面更加富有层次感。每层居住单元前后均有设置阳台。随着侨民人数的不断增加，对于宗教场所的兴建也不断发展壮大。

"主显堂"，即闸北"俄国礼拜堂（Mission Church）"，是东正教在上海的发展的例证。1901 年 9 月清政府被迫签订了《辛丑条约》，第十八届俄罗斯正教驻北京传道团（Rossiiskaia Dukhovnaia Missiia v Pekine）恢复活动，该团领班修士大司祭自京抵沪进行查看。随后，便由沙俄政府出面，要求在上海设立东正教堂。1902 年，该传道团出资，在沪原美国租界买下了一小块地皮连房屋，1903 年 2 月举行奠基仪式，建造砖石结构的教堂，定名为"主显堂"，即闸北"俄国礼拜堂"。随着时间的推移，在闸北"主显堂"周围逐渐形成了一个俄侨居住区，"俄侨之乡"至 1927 年，"主显堂"及其附设之会馆，一直维持到1932年。"一·二八"事变爆发，建筑在火海中全部焚毁。1934年底，按照"大上海计划"，市政当局决定将闸北俄国"主显堂"遗址彻底清除以铺设新路。圣尼古拉斯教堂（St.Nicolas Church），1932年，格列博夫中将为纪念已故沙皇尼古拉二世，筹集资金于法租界建造一所大教堂。由建筑师亚龙（Iaron，A.I.）负责总体设计工作。教堂的风格为带有俄罗斯地域特征的中古式建筑，建筑内外装饰均极为华丽，有9个金色的圆顶与十字架，内部可容纳400~500名信徒。新乐路圣母大堂（Sv. Bogoroditskii Sobor），早在1928年，西蒙主教就计划筹款建设一座东正教大教堂。直到1932年，西蒙主教病逝后，维克托主教接替了他继续主持圣母大教堂的筹建工作。圣母大教堂的设计者是俄侨建筑师、画家利霍诺斯（Likhonos，Ia.L.）。建筑属于拜占庭式风格，内部可容纳2 500人，外形与原莫斯科救世主教堂（Khram Khrista Spasitelia）相似。

此外，上海俄国总会（Russkoe Obshchestvennoe Sobranie v Shankhae），该总会于1934年11月成立，成立目的是给在沪的俄国人提供休息与娱乐的场所，成立之初会员仅有25人。1936年2月4日，搬迁至位于福熙路1053号的新址。新址为2层高的大洋房，各种娱乐设施配置齐全，并带有花园及运动场，室内大厅可容纳300人。当时许多俄侨社会组织和慈善团体经常于此开展活动。直到1941年，会员人数增长至530人。第一俄国公学（Pervaia Russkaia Shkola——The First Russian School），又称俄国实科中学（Russkoe Real′noe Uchilishche）。这是俄侨在上海建立的第一所实科中学，建于1921年。该校通常设置6个年级以及一个预备班，学生人数为100人左右。雷米学校，又称法国小学（French Municipal School "Remi"——Ecole Municipale Francais Remi），1932年，法国公益慈善会于金神父路开办一所专收俄籍学生的法国小学，学生总数为150余人。后在雷米路（今永康路）建成新校舍后，该校改名为"雷米学校"。学校教学楼由赉安洋行设计，1933年建成，3层高，设局部4层作为学生活动空廊，平面呈一字型，建筑立面作横线条处理，没有多余的装饰。普希金纪念碑，普希金铜像初建于1937年2月10日，是旅居上海的俄国侨民为纪念普希金逝世100周年而集资建造的，日军占领上海后，普希金铜像于1944年11月被拆除。抗战胜利后，俄国侨民和上海文化界进步人士于1947年2月28日在原址重新建立了普希金铜像，该像由苏联雕塑家马尼泽尔创作。但随后又于1966年被毁。1987年8月，在普希金逝世150周年的时候，普希金铜像第三次在原址落成。

上海开埠后，随着帝国主义在华人数的不断增多，首先由英国人向清政府提出了"租地界线"，划分了一定的土地供英国人居住。后各个国家纷纷效仿，后来逐渐形成了英租界、美租界、法租界，等。1863年，经过几次扩张后，英租界与美租界合并，称为公共租界。1899年公共租界大扩充后，为防止现有租界以外各国都要求开辟租界，经中英双方协定，改公共租界为国际公共租界，意为无论何种国籍的人均可享受居住租界的权利。而在当时，虹口地区的商业已经初具规模，由于地价便宜，吸引了许多来自广东、浙江、江苏等省的外来人口，便宜的地价对于零星居住在英租界的日本人也很有吸引力，于是很多日本人开始向虹口区转移。1866 年，上海日本领事馆在虹口区建成；1876 年，日本佛教组织的别院东本愿寺也在虹口区建成，由于两大具有影响力的建筑在虹口区建成，越来越多的日本人移居至领事馆与东本愿寺周围，后来，逐渐开拓至附近的吴淞路、昆山路等，许多日本商店也开起来，最终形成以吴淞路为中心的富有特色的"日本人街"。1896 年，日本、英国与清政府签订《马关条约》，根据条约，清政府承认日本人在中国开港地的工业设备设立权和机械输入权。于是，在日俄战争以后，日本人相继在上海设立工厂。日本银行、商社也随之进入上海，虹口区的日本人数量逐渐增多，在北虹口形成了新的"日本人街"。直至淞沪会战上海沦陷，日军接管虹口区，虹口区的日侨人数居外侨人数的首位。日方也随即进行了城市规划与建设工作，并计划在江湾五角场一带进行新城建设。直至 1945 年日本战败，大部分日侨被遣返回国，日侨也结束了在上海生活。

上海的日侨在上海众多外侨中是一个比较特殊的群体，即日本本国在移民上海的同时，不仅受到来自中国文化的影响，同时也受到西方文化的影响。在上海居住的日侨从只有 7 个人发展到日后成为在华外国人中的半数以上，这一段历史是复杂的。但是反观日本人如何适应在中国的居住环境，我们可以从他们居住过的建筑看到他们所要展示出来的日本文化特色，以及适应中国生活的一些过程。最初来到上海的日本人中，男性大多数是杂货、陶器、小百货店的商人，或者是一些落魄的武士，而女性大多数做的是以外国人为对象的性买卖。他们听说了上海的繁荣，于是希望在上海开启自己的新生活。但当时的日本人受到中西各国的嘲笑和嫌弃，因为他们不是西方人也不是中国人，不能融入西方侨民的社会中，还会受到中国人的鄙视与排斥。他们也没有能力在租界内购买土地并建造房屋，当时大多数的日本侨民除了租住在一些日本人开设的旅馆外，有些日侨还选择租住在中国式的住宅里（例如里弄）。许多日本人会对其进行改造，以适应自己的居住习惯。一般改造的要点有 3 个要点：①铺设榻榻米；②设置有细格窗的木移门；③建造新的浴室。"榻榻米"是日式居室中常用的一种模数制的叠席，通常是以稻草编织而成的。其形状和大小都有统一标准，通常是宽 90cm，长 180cm，厚 5cm，面积 1.62m^2。日本人也喜欢根据"榻榻米"的模数来设置房间。

日本人当时租住较多的是中国的里弄，中国的里弄居住空间是狭长的，通常会设置天井，通风性能良好。日本人有入室脱靴的习惯，对于室内外的区分较为明显，于是他们取消了天井，铺设了榻榻米。在室内设置了用纸糊上的带细格窗的木移门，还设置了壁橱，壁橱前铺设了三叠榻榻米，之后的房间放置了六叠榻榻米；日本人还有喜欢每天使用澡盆泡澡的习惯，于是将里弄后面面积较大的厨房搬至入口处，把原来的空间改造成浴室。不过当时很多户主对日侨的这种做法很不满，因为如果之后日侨租期到了无法续租，房子再租给别人的话，需要再重新进行改造。

当时的日本虽说也已经被迫开国，但是还并没有受到西方文化的过多影响，或许也是跟来华的日本人阶级层次有关，这是一些贫苦的人，并没有办法接触到所谓的西洋文化。这些日本人所带来的日式生活方式，"镶嵌"到了中式的住宅当中，形成了早期的"日式住宅"的雏形。甲午战争后，清政府与日本签订《马关条约》，根据条约内容"日本臣民得在中国通商口岸城邑，任便从事各项工艺制造"，从此日本人获得在中国通商口岸设立工厂，输入机器这一特权。于是日本开始大规模地对中国输出资本。次年又签订《通商行船条约》，规定："添设通商口岸，专为日本商民妥定租界，其管理道路及稽查地面之权，专属该国领事。"日本获得在华的领事裁判权和片面最惠国待遇。从此日侨正式成为上海租界的参与者。随着日本向中国开展的资本输出，各类工业产业进入中国，在沪日侨人数也迅速增长。而随后的第一次世界大战爆发，使得西欧国家无暇再顾及上海，日本人抓住了这个机会，纷纷建立起工厂，这一时期，日本银行也相继进入上海。在 1915 年，上海日侨人数达到了 11 457 人，占据了上海外侨人口的首位。这个时期上海日侨人口激增是由于许多工厂和公司的工作人员及家属都易居至上海。此时的上海日侨社会不仅有已经在这定居已久的一般居民，还有少量精英层以及靠工资收入为生的公司职员、银行职员等，这些人又被称作"会社派"。20 世纪 20 年代，日本公司为公司员工在虹口区北四川路（现四川北路）一带兴建起了一批批高级洋房及新式公寓，诞生了"新日本人街"。从 1918 年至 1928 年的上海市街图中可以看到北四川路发生的改变，出现了大量建造的大规模住宅地，而且在住宅周围也可以看到有公园、学校、医院等完备的生活设施，甚至还有日本海军特别陆战队的司令部。

永安里是由永安公司投资兴建的，是由中国人投资建造的新式石库门里弄建筑。砖木结构，典型中、低标准集合式住宅，前半部分 1925 年建，后半部分 1945 年建。建筑局部带有简化的古典式装饰细部，矮围墙带小花园。当时永安里并不完全提供给永安公司的职员居住，大部分也提供给其他公司职员租住，所以形成了"华洋杂居"的现象。

观察永安里的复原平面图，较之中式里弄建筑，并无太大的变化。建筑平面细长，依靠楼梯大致分为前后两个部分，一层为起居室和厨房，二层为寝室和浴室，三层为寝室和储藏室。而相反，同一时期建造麦拿里，日式的平面布局较为明显。麦拿里于 1935 年建造，英式联排新式里弄建筑，砖木结构假 3 层，坐北朝南。立面连续券柱式构图，多种券式混合使用，壁柱上有简化柱头，中置券心石。一层下部为桃红色粉刷墙面，二层裸露砖墙面。坡屋顶，有老虎窗。麦拿里，面向北四川路，沿着东西方向深处的一条深深的胡同而建成的一排 3 层住宅，由主栋和附属栋构成。前者为居住栋，后者作为附属用房。正面有前庭和阳台，平面图是单走廊式，沿着右手的走廊并列着客厅和餐厅，隔着通向后门的房间的是附属屋库房和厨房。上面的二层也是一样的构造，有 2 个日式寝室，附属屋的二层是浴室和佣人房。阁楼作为幼儿室使用，附属屋则作为屋顶的晾衣处。

永安里和麦拿里为实例，简单介绍同一时期建造起来的新式里弄住宅。这个时期，这些住宅的使用者多是一些身份地位较高或受到过良好教育的日本侨民，他们已经开始接受了西方文化的洗礼，在生活也能看到西方文化浸染的影子，比如当时建造的多数日式里弄、花园洋房其建造的形式都是偏欧式或者日式欧式相结合的折中风格，有些日侨已习惯西式或中式的居住环境，有些日侨会把西式或中式的住宅改造成日式的。着眼于日本人在北四川路地区的集住形态，可以知道他们在由其他国家的人或者日本本国人的开发业者提供的空间中，一边适应周围的环境，一边创造了他们自己的生活空间。

在日本，建筑行业的不景气使得建筑师的工作减少，一些日本建筑师纷纷将目标转向需要进行城市建设的上海。虽然在 20 世纪初，已有不少日本建筑师到达上海开启他们的创业生涯，但是日本建筑师对于住宅的设计，一直到 20 世纪 30 年代才开始。当时来沪的日本建筑师中，就有勒・柯布西耶的弟子前川国男。1930 年，前川自欧洲学成归国，1935 年成立独立事务所。1938 年，受华兴商业银行的冈崎嘉平太的委托邀请，前川国男来到上海主持华兴商业银行员工宿舍的设计项目。很快便在上海设立了工作室。受过“现代主义”洗礼，对于日本的“榻榻米和刺身”文化是极力反对的。对于他来说，采取“国际化”的样式来规划城市、建造房屋才是正确的做法。1933 年，国际现代建筑协会（CIAM）在雅典会议上提出了关于“功能城市”的《雅典宪章》。而《雅典宪章》对与前川国男产生了很大的影响。从前川国男的“上海住宅计画”来看，全都是“国际化”的样式布局。住宅的立面也不再采用欧洲的古典样式元素，而是采用了简洁的立面样式，住宅平面也完全“现代化”，采用局部错层，空间简洁流畅，而且抛弃了日本人惯用的榻榻米设计。比较遗憾的是这份“计画案”一直到日军战败也没有能实现，但是我们可以看到当时的城市规划以及建筑设计已经受到了“现代主义”的影响。虽然前川国男的“上海住宅计画”的宏伟目标没有实现，1939 年，前川国男在虹口公园附近设置了上海分工作室，并将日本工作室大部分主力成员调往上海，进行华兴商业银行员工宿舍的设计工作。所设计的华兴商业银行员工宿 1941 年建成。 华兴商业银行员工宿舍是提供给华兴商业银行的一些高级职员居住的，是以日本人和中国人对象，总户数为 177 户。建于当时的松井通（现杨浦区四平路 2151 号）。住宅分为东西两块，供日本人使用的 4 栋为东住宅，供中国人使用的 4 栋为西住宅。建筑是双坡屋顶，3 层，立面简洁，大面积地开窗，没有连续的拱券，也没有精致的山花，“去装饰化”的意图明显，已经与 20 世纪 20、30 年代所建成的日式里弄有很大的区别。建筑还设置有外廊走道，以及可以直通二层的外挂楼梯。但是对于建筑采用坡屋顶还是存在着疑问，有一个说法是当时华兴商业银行的总理事是一位中国人，他希望在建筑的屋顶上铺设琉璃瓦，所以使用了坡屋顶的设计；还有一个说法是当时的日本正好是处于"帝冠式"风格向现代主义风格转型的时期，所谓的"帝冠式"风格，指的是日式屋顶与现代建筑结合的一种建筑风格，所以这个方案才会采用坡屋顶的形式。

华兴商业银行员工宿舍建筑平面，最初计划全部采用西式房间，简洁流畅，入口进门左手边为2个寝室，右手边分别有小接待室、厨房、餐厅和起居室，起居室旁边有连接二楼的楼梯和室内化的阳台，在厨房的位置也设置有楼梯，附属房间为佣人房。平面可分为左边私人空间和右边公共空间。室内家具也全使用西式的家具，但对于"现代化"迟钝的日本人来说，他们还是希望在自己使用的住宅中加入适合居住习惯的榻榻米，于是在日本员工强烈要求下，前川不得已还是加入了日本人习惯使用的榻榻米设计。上海华兴商业银行员工宿舍是前川国男独立成立工作室后接到的第一个大规模方案设计，也是前川国男第一个大规模住宅设计。前川国男不仅在日本树立了"现代主义"旗帜，还将这股浪潮推至上海。上海华兴商业银行员工宿舍的设计不是对欧洲建筑的模仿，也不是日本建筑在上海的再现，而是根据功能需要的构成方法而变得人性化的居所。《雅典宪章》里谈到，都市计划中居住应该是最优先考虑的，居住是城市的标准，也应该作为人类标准的一环。都市是由居住群体构成的。可以说，以上海华兴商业银行集合住宅为代表的现代主义住宅是为了构成重视功能的城市居住细胞。当时来沪进行建筑设计的日本建筑师中，有大部分是接受了西方建筑教育的，他们将所吸纳的知识运用到了当时的上海城市建设中，而且比较幸运的是，他们的设计没有受到多方面的限制，有着很高的自由度。虽然在当时，很多日侨对于"现代主义"的接受度还不是很高，但也可以看到他们在采取折中的办法，逐渐适应时代的发展。日侨作为上海众多外侨中的一部分，虽然他们移民至上海晚于其他国家，但是增长速度惊人，迅速地成为上海外侨居民中人数最多的群体。所以，日式文化对于上海城市发展的影响也是从小到大的。以上所讲的三种类型的住宅，虽然都是围绕着日本人的生活而建造的，但是却各有不同。伴随着时代历史的演变，日本侨民从由仅有的7个人到后来的10万人，由"租界的寄生者"变成了最后制定"上海都市计画案"的人。可以从与他们日常最为接近的住宅看出来，住宅的性质平面也在慢慢发生改变，从最开始的对于中式里弄的改造，到后来日式里弄、花园洋房的建成，再到最后的华兴商业银行员工宿舍以及"大上海都市计画案"，文化的交流与融合从其中表现出来。可以看到日侨对本民族文化的坚守，也可以看到日侨对外来文化的接受和适应。

第 9 章　中国近现代建筑艺术

世界各国走向现代化的进程，可以分为内源性现代化与外源性现代化两种。从某种意义上说，中国的现代转型，是一个过渡和逐渐成长的时期，是在外部力量的被动冲击下开启的。"商业往来"与"侨民居住"，是对中国的建筑现代化进程起过决定性作用的，近现代的建筑，也是一个学习西方先进建筑思想与技术的过程，是一个中西建筑文化融合的过程。建筑既应该是时代的，是世界的，也应该是民族的，只有这样，建筑艺术才可能得到不断的发展与进步，因为它既吸收了世界优秀建筑艺术的精华，又继承了本民族建筑特色，从而才能使中国建筑艺术紧跟世界建筑潮流，才能使建筑创作明确方向。

中国近现代建筑，从澳门建筑算起，已经历了 5 个世纪的风雨洗礼，对先进的西方建筑方式逐渐从移植、吸收，走到了融合的境地，也可以说是从照搬、模仿到借鉴与结合中国特点进行再创造的过程。在这一漫长的岁月中，有关城市建设与规划、建筑类型、建筑设计方式、建筑风格、建筑技术、建筑材料、建筑施工、建筑设备等方面都发生了重大的革命，这一革命使整个中国建筑逐步走上了现代化的道路。由于现代城市功能的复杂，新的城市规划已应运而生，大规模的城市建设项目也以惊人的速度在不断地呈现。新的建筑类型更是今非昔比，高层建筑、大跨度建筑、新型住宅区、剧院、医院、机场、车站都成了新时代的标志。为了适应新建筑类型设计的需要，一批新型建筑师诞生了，他们成为新建筑发展的主要推动力。与此同时，现代化的建筑教育也出现了，它成为培养建筑师的摇篮。新建筑材料与新技术的出现更是为新建筑的发展提供了保证，它使人们对建筑的各种需求逐步得以实现。所有这些历史经验对于今天的创作都是有益的。我们今天大部分大城市基本上都是在近代时期奠定的基础，例如上海、南京、广州、武汉、大连、天津、哈尔滨、青岛等，它们的城市分区、道路骨架、建筑风格都是在当时逐渐形成的，它们的历史经验对现在的城市建设仍具有重要的参考价值。

9.1 中国的现代化、现代性与现代建筑

近现代建筑，将世界各国彼此内在地联系在一起。世界上的大多数国家都以这种或那种方式经历过近现代化的过程，而现代性现象，既是自我选择过程，也是被外力和运动所推。由此方式，成为紧密联系的世界一分子。然而，现代化、现代性与现代建筑这些术语，对于每个不同文化背景的国家是不一样的。当下所言的现代性，是指启蒙时代以来的"新的"世界体系生成的时代。一种持续进步的、合目的性的、不可逆转的发展的时间观念。现代性推进了民族国家的历史实践，并且形成了民族国家的政治观念与法的观念，建立了高效率的社会组织机制，创建了一整套以自由民主平等政治为核心的价值理念。"现代"概念是在与中世纪、古代的区分中呈现自己的意义的，它体现了未来已经开始的信念。这是一个为未来而生存的时代，一个向新的未来敞开的时代。这种进化的、进步的、不可逆转的时间观不仅为我们提供了一个看待历史与现实的方式，而且也把我们自己的生存与奋斗的意义统统纳入这个时间的轨道、时代的位置和未来的目标之中。

现代化意味着一个国家或地方，由一个前现代社会向现代社会的运动及转换过程，这是现代性得以实现的过程，可以以多种不同的、有时是竞争的方式来完成。它通常涉及从传统的定居点、建筑方法和实践到更现代的、暂时的和现代的方法。现代或现代建筑，指的是一个时间段，从这一时期开始出现的某些建筑的类别。现代建筑运动通常是西方运动，是对当时盛行的文化、历史和社会规范的拒绝。而现代化是指从"前现代"社会向"现代"社会的运动的概念或过程。当提到中国建筑的印象，"大屋顶""集合体"反映了与西方建筑完全不同的建筑观念和等级制度。那么如何界定中国的现代性？当我们谈论这个话题时，前面所选取的口岸城市与近现代的建筑，是重要而不可回避的部分。从第一批的 5 个约开埠城市，到后来更多的自开埠城市，从第一个在上海的英租界，到最后一个在天津的奥匈帝国的租界，西方影响从沿海口岸城市辐射到国家广大内陆地区。建设活动主要有两个方面：一方面，在通商口岸，各种新类型的建筑出现，如领事馆、洋行、银行、公寓和教堂建筑。这些混合结构的建筑，经常呈现欧洲新古典主义或文艺复兴式样的外观；中国建筑史开始了一个新的历史篇章；另一方面，但从建筑系统的变化来看，中国传统建筑自 1840 年以来，基本没有发生根本性变化。1840—1900 年间，西方建筑的引进和渗透主要集中在租地上，局部和孤立于建筑活动上，传播速度缓慢和不平衡。对于原有的中国建筑体系，也没有触及到传统的观点和建筑管理。所以在这一时期，虽然现代性对中国影响，西式和中式是共存的，中国传统建筑的系统没有面临多大的挑战和冲击。洋务运动中的民族资本家建立了一批新的建筑业，建筑大多还是来自手工车间的木框架结构，只有一小部分引进了砖木混合结构。这一时期的例子包括上海董家渡天主教堂和上海圣三一教堂（图 9-1、图 9-2）。

图 9–1　上海董家渡天主教堂（左）

图 9–2　上海圣三一教堂（右）

前者是由天主教传教士 Ferrand Jean 设计于 1853 年，由砖、玻璃、和水泥建造的巴洛克风格教堂；后者是迄今为止上海最古老的基督教堂，由 G.Scott and K.Kindner 设计于 1869 年，其特点是红砖砌成的墙、玻璃、大理石和水泥材料。上海圣三一教堂采用哥特复兴的拉丁十字式，外有石拱廊。

至 1900 年，外来影响的建筑活动遍布中国，开设银行、工厂、矿厂，修建铁路。火车站建筑开始出现，厂房建设不断发展，银行建筑也越来越引人注目。第一次世界大战期间，民族资本主义在中国也快速发展起来。西方建筑风格的引介，刺激影响着城市的社会生活。这期间，中国近现代建筑的主要类型为住宅、工业建筑和公共建筑。水泥、玻璃、砖等建筑材料的生产有所发展，钢筋混凝土结构被建造出来。中国的现代建筑工人队伍也迅速成长起来。在这一阶段的第一个 10 年里，政治的变化带动了整个国家的发展，包括建筑领域。政治建筑是最早的一种建筑风格，采用了西方建筑风格和结构系统满足政治需要。同时，从宫廷到民间，西方风格深受欢迎，尤其是在商铺和私人住宅的装饰中。其次是这些根本性的变化，催生了中国建筑教育。义和团运动引发的庚子赔款，使中国在 20 世纪初第一个 10 年里，政治经济变革，波及国家建筑领域的发展。因此，具有政治功能的政府类建筑，是最早采用西方建筑风格、规划和结构体系，来满足社会的政治变革需要。同时，从上至下，西方建筑风格在商业和居住建筑的装饰中，也广为应用大受欢迎。从西方引进了钢框架、钢筋混凝土等新结构，应用在工业建筑、公共建筑和桥梁工程中。此外，根本性变化发生在中国建筑教育方面。同时，西方建筑领域也发生了根本性变化：古典复兴、哥特式复兴、浪漫主义风格和折中主义都登上了建筑的舞台。上海作为远东最大城市，不可避免地受到这一趋势的影响。例如在中国这一时期的上海，有汇丰银行总部大厦，由公和洋行（Palmer & Turner）设计，建筑是钢框架，钢筋混凝土结构，采用的建筑材料包括大理石、砖石、玻璃、水泥等，古典复兴风格的代表作。

中国近现代建筑的古典主义美学观，来源于西方建筑体系的输入，是西式建筑影响新的建筑体系的初步形成阶段，也奠定了中国近现代建筑美学观的发展新阶段（1900—1927 年）。在同一时期，中国固有建筑类型的演变，也得到了西方教会和一些建筑师的支持。西方这一主动性的目的是与中国

图 9–3 美国建筑师设计的金陵大学（现南京大学）

的乡土文化和人民群众有更多的联系，有利于传教工作，消除外国传教士和当地居民之间的敌意。在东西方文化的交流中，他们试图在基督教文明与中国本土文化之间找到平衡，尤其是校园里的建筑，体现了中国传统建筑文化的现代结构体系和功能。同时，中国固有原型的兴起和演变，出现在 19 世纪下半叶，上海浦东教会（1878 年）、圣约翰学院（1894 年）、北京圣经教会（1907 年）等，都是根据新的功能而设计并自觉地把握中国传统建筑风格。在早期探索阶段，有大量有意义的尝试，比如将大屋顶与西方古典构成元素相结合，采用传统庭院空间和景观布局。由于缺乏对中国古代建筑的考察，幼稚的模仿和呈现有许多不当之处。但这是有价值的第一步。代表作品包括一系列教堂和建筑物，如金陵大学（现南京大学），由美国建筑师设计，使用典型的中国传统建筑风格和建筑语言（图 9-3）。

20 世纪，中国的政治、经济和思想文化经历了不可逆转的沧桑，中国现代建筑也进入了一个巨大转变和发展的历史阶段。新结构、风格、材料、设施和思维引进介绍到中国，现代建筑教育，领导一个向西的伟大转折。同样，教会和一些西方建筑师支持的“中国式”对中国固有的风格和中国建筑师造成了巨大的影响。因此，在这一时期，西方正统的历史风貌占据主导地位；另一方面，中国建筑的现代性正在萌芽，以独特的相互融合的风格独树一帜。

9.2 以清华大学为例

9.2.1 清华大学早期建筑沿革

清代前期：清代前期建筑主要有工字厅、怡春院和古月堂，为传统四合院式建筑。原为清康熙时的熙春园，道光二年（1822 年）熙春园被一分为二，分赐皇亲。东部园区于咸丰时改名清华园，并有御笔题写匾额悬于宫门，至今仍悬于工字厅门额上。这些建筑现在用于清华大学校机关办公。

工字厅原名工字殿，是建校前清华园的主体建筑。因其前、后两大殿中间以短廊相接，俯视恰似一“工”字，故得名。水木清华位于工字厅北侧，设计别具匠心。四时变幻的林山，环拢着一泓秀水，山林之间掩映着两座玲珑典雅的古亭。水木清华的荷花池是清华园水系“两湖一河”之一（水木清华荷花池、近春园荷塘和万泉河）。夏季荷花盛开，一片葱郁之色；冬季白雪落于池面，周围琼枝环绕，别有一番景致。荷塘南侧之畔的秀雅古建筑本为工字厅的后厦，“水木清华”的正廊，正额“水木清华”四字，庄美梃秀，有记载说是康熙皇帝的御笔。"水木清华"四字，出自晋人谢混诗："惠风荡繁囿，白云屯曾阿，景昃鸣禽集，水木湛清华。"正中朱柱上悬有清道光进士，咸、同、光三代礼部侍郎殷兆镛撰书的名联："槛外山光历春夏秋冬万千变幻都非凡境，窗中云影任东西南北去来澹荡洵是仙居。"荷塘西侧可见一瀑布，四季流水不断，远远可闻水声，令人心旷神怡。因其幽雅的环境，水木清华常被清华学子选为读书学习和小憩之地。

古月堂是清华园古建庭院之一，建于清朝道光年间，与工字厅西院一巷之隔。这处独立的小庭院总建筑面积约 670m²，门前两只白色石狮，最具特色的垂花门至今保存完好。古月堂初建时是园主的专用书房，清华大学建校后成为教师宿舍。院内宁静幽雅，梁启超、朱自清等都曾在此居住。1928 年，清华初招女生，古月堂被辟为清华女生宿舍。汪健君先生有诗记曰："古月堂前几变更，昔年济济聚群英。一从女禁开黉奋，两度繁花共月明。"古月堂目前为学校总务机关与外事部门办公所在地。

9.2.2　清华大学建筑教育历程

清末：光绪三十四年（1908 年）美国用庚子赔款在此建清华学堂，初名"游美学务处"。1910 年 11 月，游美学务处向外务部、学部提出了改革游美肄业馆办法。其中提到，因已确定清华园为校址，故呈请将游美肄业馆名称改为"清华学堂"。12 月，清政府学部批准了这个改革办法。之后，清末兼管学部和外务部的军机大臣那桐于宣统辛亥年（1911 年）为清华学堂题写了校名。今天看到的清华学堂大楼大门外，正额"清华学堂"四字即为那桐手书。1909 年开工建设，1911 年竣工的新校门是仿文艺复兴券柱式大门，一院（清华学堂）为德国古典式大楼，二院为前附木柱廊行列式平房。清华学堂分西部、东部两期建成，西部建于 1909—1911 年，东部于 1916 年扩建，整体呈"L"形，总建筑面积约 4 560m²。清华学堂是当时清华园内第一座"大楼"，虽然高不过 2 层，但因后来的"四大建筑"尚未落成，清华学堂在当时的校园中已是鹤立鸡群。

清华学堂建成后作为高等科学生的教室和宿舍，历史上也称"高等科"，以设施华丽舒适著称。20 世纪 20 年代，国学研究院入驻清华学堂，王国维、梁启超、陈寅恪、赵元任等"四大导师"曾在此传道授业，纵论古今。20 世纪 30、40 年代，清华大学教学、行政等领导机构基本都设在清华学堂。1949 年初期，清华学堂西部仍是校领导机关（校委会）所在地，东部则用作中共清华党总支办公室。20 世纪 50 年代以后，梁思成为主任的清华大学建筑系迁入此楼，清华学堂成为建筑系专用系馆。后来是清华大学研究生院、教务处、科技处、注册中心等机构的办公场所。2001 年，清华学堂作为清华大学早期建筑的重要组成部分，被确定为全国重点文物保护单位。"文革"期间，清华学堂因年久失修遭到严重损坏，后经修缮加固，成为清华园最引人注目的早期建筑之一。现在清华学堂在进行大规模修缮。

9.2.3 清华大学建筑教育实践

辛亥革命后：1911年后更名为清华学校。1914年开工建设的有图书馆、科学馆、体育馆和大礼堂等，扩建了清华学堂（图9-4、图9-5）。美国设计师墨菲参与了当时校园的设计。图书馆、科学馆、体育馆和大礼堂这四座建筑被称为"清华学校之四大建筑"。四大建筑均采用当时美国流行的大学建筑风格，科学馆为红色砖墙，屋顶铺设石板瓦，大礼堂也是红砖外墙，入口处有大理石柱廊，图书馆室内采用磨光花岗石装饰。大礼堂建成时是国内高校中最大的礼堂，建筑面积1 840m^2，高44m。大礼堂的建筑最具有意大利文艺复兴时期的古罗马和古希腊艺术风格，罗马风格的穹隆主体，开敞的大跨结构，汉白玉的爱奥尼克柱式门廊。整个建筑下方上圆，庄严雄伟，象征着清华人"坚定朴实、不屈不挠"，是清华的集会中心。大礼堂是清华"最有光荣历史的建筑物之一"，在20世纪30年代是支持共产党坚决主张抗日的"大礼堂派"学生集会之地。现在校内的会议、讲座及娱乐演出，仍经常在此进行。

清华大学科学馆位于大礼堂西南，与同方部遥相对应，是清华早期四大建筑之一，建于1917年4月至1919年9月，包工者公顺记，设计者墨菲建筑师。科学馆主体为3层建筑，总面积约3 550m^2，为钢筋混凝土框架结构，建筑结构先进，材料质地坚固。立面分为3段，并点缀石柱、暗红砖墙、灰色坡顶、黄铜大门、青瓦钢窗，门额上镌有铁铸的汉文"科学"和英文"SCIENCE BVILDING"（英文古体拼写），端庄古朴，精雕的梁柱、恢宏的穹拱等欧式古典建筑的元素尽含其中。科学馆和大礼堂、图书馆等组成了清华早期校园的主要建筑群，为校园中心区建设奠定了欧式的建筑风格，同时为学校发展成为大学奠定了物质基础。到1931年时，馆内全部实验室约有仪器3 000种、价值6万余元，是国内先进的物理、化学教学和实验基地之一。科学馆现在是周培源应用数学研究中心办公楼。

体育馆作为清华早期"四大建筑"之一，位于校园西北部。前馆建于1916—1919年，由墨菲设计，泰来洋行施工，外表采用西方古典形式，馆前有陶立克式花岗石柱廊；后馆建于1931—1932年，建筑设施与前馆巧妙相接，建筑风格浑然一体。一些重大历史事件也与西区体育馆紧密相连。"五四"运动爆发之后，5月5日，清华学校学生在体育馆前召开全校大会，高呼"收复失地""废除21条"等口号，决定6日起罢课。5月9日又在体育馆内举行"国耻纪念会"。"一二九运动"期间，体育馆曾做过保护进步学生的"掩体"。体育馆及西大操场，"一二九运动"游行集中出发之地，抗战时期被日军占为养马处。

1928年改建成国立清华大学。1930年开工建设的有生物馆、化学馆、图书馆（扩建部分）、气象台、校门、机械馆、电机馆以及明、善、静、平、新"五斋"学生宿舍。1936年建筑与前期建筑风格相一致，采用美国近代折中式的校园建筑风格，特点是砖混结构，外形对称、比例端庄，立面三段式划分，利用清水砖墙面砌出线脚。明斋现在是清华大学社会科学院办

图 9-4　清华大学大礼堂，亨利墨菲 1921 年设计，铜质穹顶，钢筋混凝土，大理石，水泥和砖，拜占庭风格

图 9-5　清华学堂

公楼，新斋现在是清华大学人文学院办公楼，善斋现在是清华大学马克思主义学院办公楼。

小结：中国近现代建筑艺术论

中国固有类型与现代建筑的兴起、融合与演变，标志了中国现代建筑的兴盛时期（1927—1937 年），这十年，也是中国的现代建筑繁荣的阶段，在这一时期，上海、天津、北京、南京等大城市以及部分省会城市的建筑活动迅速增长。分别在南京和上海制定了“首都计划”和“大上海计划”，完成了行政建筑、文化建筑、住宅建筑等大量建设活动。20 世纪 20 年代间虽然混乱但相对繁荣的时期仅仅维持到 1934 年开始的日本入侵。在众多 20 世纪 20 年代年开始的方案中，最具雄心壮志的就是蒋介石和国民党在 1928 年设计的南京的新首都计划。该方案展示了一座现代城市，拥有不同行政区域，并且包含一条与中山陵的轴线关系。它的建筑风格兼具中国和现代，并含有传统形式同时使用了当代的材料和开窗布局。地面在 1929 年被停滞且再没有复工，直到一座建筑完成——即宾夕法尼亚大学校友范文照设计的“中国古典复兴”风格的铁道部大楼。许多大城市建设了一批具有较高现代化水平的新型高层建筑。特别是在这一时期，上海出现了28幢10层的高层建筑。

近20年的施工技术也取得了很大的进步。一批高水平、大跨度、大跨度、复杂的工程达到了很高的施工质量，其中部分已接近国外先进水平，既在建筑设计和技术装备上。中国建筑师团队人数持续增长：1927年后的中国第一代建筑师留学归来启动国内建筑活动数量有限，他们中的许多人建立了自己的建筑公司，建立了建筑专业的中等和高等教育机构，引进和传播施工技术和发达国家的创新思维。1927年，中国建筑师在上海设立了建筑学会，出版专业期刊《中国建筑》（创办于1932年）和《建筑杂志》（成立于1932年）。1929年，中国建筑学会成立，建筑师梁思成、刘敦桢在社会上为中国建筑史的研究工作奠定了基础。在此阶段，中国的现代建筑不仅仅是西方建筑的介绍，同时结合中国的实际情况，打造一批具有中国固有特色的现代建筑。这是现代建筑民族运动的先驱。20世纪20年代进入了民族形态的现代建筑活动的成熟阶段，在20世纪30年代达到鼎盛时期。在南京、上海、北京等地，吕彦直等人设计了各种各样的建筑，如孙中山陵墓和孙中山纪念堂。在造型、构图、装饰等方面，借鉴了欧美地区古典主义的风格，创新不少中国固有风格。此外，从20世纪初，美国和欧洲现代建筑的传播与发展，中国的新建筑也出现了趋势上的转变。从芝加哥学派的沙逊大厦，到美国上海的国际酒店，这条路是显而易见的。如果说20世纪的前20年是现代建筑体系的初步建立时期，那么从20世纪20年代中期到20世纪30年代，是中国现代建筑活动的鼎盛时期。现代运动先驱者对旧建筑模仿的批判精神严重影响了中国建筑师。反对折中主义与旧的形式和规则相结合，创造反映新时代的建筑形式，成为现代建筑运动的主题与创新的起点。

中国近现代建筑艺术作为中国建筑艺术不可分割的一个组成部分，它反映了我国建筑艺术的变化与发展，表明了我国建筑艺术如何从封建社会的遗产走向紧跟时代的现代化过程。不明了这一过程的背景与原因，就很难了解这一时期建筑的历史成就与研究的价值，就很难认识到今天的建筑艺术潮流与过去的建筑艺术有什么关系。已经成为建筑文化遗产的近现代建筑艺术也是一样，时代的潮流是不可抗拒的，只有顺应时代潮流的建筑艺术才能为社会所接受。中国近现代建筑艺术，从某种意义上说是一个过渡和逐渐成长的时期，对于建筑现代化的进程起着决定性的作用。历史是一面镜子，近现代的这面镜子距离我们的生活最近，也最现实，了解这段时期建筑艺术的经验与教训，无疑对于我们今天的生活有所教益。上海的国际饭店是老上海的标志，在新建筑的建设中，注意与原有建筑环境的协调也是每个建筑师不可推卸的责任。再如中山陵的建设，它已成为一个时代的里程碑，它的规划设计、建筑形式与因地制宜的设计手法，都为大型纪念性建筑的设计做出了榜样。就20世纪后半叶的建筑而言，国内许多标志性建筑及先后流行的思潮也是非常需要总结的，只有这样，才能不断推陈出新，找出差距，继续赶上世界潮流，如若故步自封，不求上进，必然会受到历史的唾弃。例如北京国家大剧院的国际竞赛就向我们昭示了推陈出新的重要性；又如上海的金茂大厦、浦东国际机场、上海大剧院都被外国设计单位夺标，这不也在敲响警钟，促使我们好好反思。历史的经验是值得我们总结与借鉴的，尤其是近现代建筑的经验教训更是不可忽视。它会直接影响我们今后的建筑设计质量，因此，认真分析近现代建筑艺术的成就及其不足，对其历史价值、艺术价值、技术价值给予恰当的综合评价，这对于鞭策我们正确对待继承与革新是非常有意义的。近现代建筑时期是传统建筑向建筑现代化过渡的时期，特别是建筑生产方式与建筑设计思潮的转变尤为明显。这些建筑设计思潮像幽灵一样困惑着建筑师的头脑，使他们自觉或不自觉地在流行的思潮中徜徉着：回顾 20 世纪 30 年代建筑的复古思潮与现代建筑思潮的共存，这和当代建筑多元化思潮的现象是多么的相似。过去提倡的新民族形式与今天主张的地域性建筑思想和新乡土建筑风格如出一辙。再联系到 20 世纪 30 年代的新民族形式建筑，也可以说是当时建筑师的一种创新，是在探索着现代化与民族化结合的道路。他们的经验与局限同样值得我们引为鉴戒。近现代建筑艺术从某种意义上看，可以说都是当时建筑设计思潮的写照，19 世纪后半到 20 世纪初传入的西方古典建筑形式正是当时西方流行的古典复兴思潮的反映。同时，这种思潮的理论基础正是学院派的建筑教育，尽管它在方向上是历史主义的，但它的教育方法与设计技术都是科学的、先进的，它为中国建筑的创作输入了新的血液。在 20 世纪 20—30 年代出现的国粹式建筑思潮中，不能只看到它形式上复古的一面，而且也应该看到这时的设计手法与建筑技术都已有了本质的改进，绝不是简单意义上的重复历史 20 世纪 50 年代再次提倡的"社会主义内容与民族形式"口号，不能不说是在某种程度上的历史重演。研究这一现象的原因确实非常复杂，它涉及当时的社会背景与政治思想的影响，忽略了这些条件而就事论事地研究理论是很难说清楚的。

简言之，中国近现代建筑的风貌特征是异彩纷呈的。从 16 世纪到 20 世纪末，西方国家的建筑风格，经历了古典复兴，浪漫主义，折中主义，新艺术运动直至现代建筑的嬗变转化过程，这些永远变化的建筑风格，也先后交替地反映在中国的现代建筑实践中。例如在 16 世纪葡萄牙占据的澳门西式建筑中，有古典复兴，浪漫主义建筑的影响；在广东十三行与十三夷馆中，在北京圆明园中，都可以看到西方建筑艺术东渐的清晰痕迹。在青岛、大连、哈尔滨等地，建筑艺术相对单一专属于该殖民风格，而在上海、天津、汉口等地，建筑艺术丰富多彩，从属于各个不同的殖民风格。在建筑风格的演变来看，西方"古典式"和"殖民式"以各种形式首次被引入到的中国。外国领事馆、银行、餐馆、俱乐部，及公共建筑，在 19 世纪后半叶建造的，都属于这一类别。到 20 世纪初，折中主义建筑渐渐成为所有外来建筑的主流形式，表现在两方面：①在不同类型的建筑中，使用不同的历史风格，如银行采用古典风格，商店和俱乐部采用文艺复兴风格，居住建筑采用西班牙风格等，所有这些形成了折中主义风格的城市场景；②另一种是各种风格的混合：古希腊建筑风格，罗马风格，文艺复兴风格，巴洛克风格，洛可可风格，各种风格构成的单一街区建筑呈现出折中的外观。西方建筑风格和外国建筑师在中国建筑领域占据了主导地位，无论思想和作品。中国建筑领域的现代性正在酝酿之中。

1926年是中国建筑史上一个了不起的年头。沙逊大厦和中山陵相继出现。前者具有强烈的现代性、新的结构和形式，这一典型的装饰艺术风格的多层楼宇由巴马丹拿建筑事务所（Palmer & Turner）设计，与其他古典建筑相比，无论是在形式、装饰、细节上都大大简化，造型呈现出清晰耸立的现代感。而中山陵，则是受到西方影响的典型中国固有形式纪念建筑，这一由美国归来的吕彦直建筑师所设计的陵墓建筑，具有很强的民族色彩与认同感，标志着国内建筑思想和活动首次正式步入历史舞台。在接下来的时间段里，伴随着现代运动传入中国，传统风格和现代主义之间的斗争，成为建筑争论的主题。在这一时期，建筑的思想和风格受到意识形态和政治环境的高度影响。最后直到20世纪40年代末，现代主义建筑才成为中国的共识。但现代主义的火焰并未充分：在一些城市，在中国南部，如上海和广州，是现代主义建筑精神的延续。所以，第一次鸦片战争后，近代建筑开始在中国逐步经历了现代性的洗礼。与其他工业革命时期的西方国家相比，现代性的方式是在被动的约束下出现的。一些观点认为，中国近现代时期，从未有过真正意义上的现代建筑，而仅仅是复制或模仿拷贝，但根本不合，导致现代建筑产生的根本逻辑。中国及东方因受殖民而出现的所谓现代建筑，与西方意义上的现代建筑，究竟区别在何处呢？现代建筑的逻辑、理论及漠视地域文化的因素，对传统建筑形式的影响与改变，是否表示了现代化与现代性的诞生？20世纪初出现的西方现代运动，是对文化和历史一定程度的摒弃，导致玻璃和钢筋混凝土席卷世界。因此，中国近现代建筑艺术，以及中国近现代建筑史，是不同于西方的。从近现代道路蹒跚而来的中国近现代建筑艺术，显示出在中外建筑交流历史中，中国传统建筑明显的式微。

我们可以清楚地看到，一个明显问题是缺乏中国建筑的声音。中国只是受到西方建筑文化大潮的汹涌冲击，在时空穿梭、波涛跌宕中，不同风格和意识形态没有形成明确和一致的发展道路。可以说，外来殖民风格削弱了中国传统建筑艺术与风格，而后，与其他东方殖民地印度、韩国和日本一样，都调整和采取了本国的民族建筑艺术风格与发展方向。

第10章　东西方相逢于布扎传统

在20世纪初期，中国传统建筑与法国衍生的布扎艺术方法在美国融合了。这部分探讨关于两种主要建筑体系融合的简史。因为当时大约有50位年轻的中国留学生得到了庚子赔款奖学金，接受了奖学金在美国各所大学接受建筑师教育，而这些美国大学，大多继承了源自巴黎美术学院的设计教学方法。一批中国，在美国的各所大学作为未来的建筑师受到培养，他们的设计课程是由布扎艺术方法为主导的。20世纪20、30年代，当这些受到建筑教育的毕业生回到中国，开始从事建筑实践并建立了中国的第一批建筑院校时，他们将在美国所学转变为一种全新的版本，以适应中国国情。这种与设计相关的移植与转换，在1911年到1949年间，对中国具有一系列影响，中国传统建筑与巴黎美术学院衍生的布扎艺术这两种体系方法，在中国的近现代建筑实践中得以应用。因为这同时经历了灾难性的社会、经济、和政治的变革。从1911年到中华人民共和国成立的1949年这段时间内，时逢乱世，中国经历着灾难性的在社会经济和政治方面的变化。1949年后以及中华人民共和国的成立，中国接受并经历了来自“苏联老大哥”所诠释出的布扎艺术这一根本性的不同潮流的影响。当时的苏联，先是斯大林，后是赫鲁晓夫，以社会主义“大跃进”面具，引进布扎艺术理想。在21世纪早期，中国依然受到烙有来自苏联印记的，受到巴黎美术学院几个建筑和工程专家的影响。

10.1　传统、交流与现代性研究

20世纪20年代与30年代在宾夕法尼亚大学进行学习的中国建筑学子们，是当年的一批满雄心壮志的年轻中国先锋们中的一部分，他们决意学习西方科技和方法，以之成为一种中国现代化和改革的手段。西方的科学与理性主义因其对于中国经济与社会的复兴潜力而吸引学生们。然而中国的传统和文化仍然占据的巨大的支配地位。虽然他们的职业训练和工作室都致力于西方建筑成就缜密的研究，但他们之中的大多数都努力于如何变得现代（通常等同于西方的观念）并且同时保持中国性的观念。他们之中的许多人都信服于这样的想法——即延续中国的“形式”结合现代或者西方的“内容”。布扎（The Beaux Arts），建立了第一代中国学生和与之对应的在宾夕法尼亚大学研究和设计的基础，它是一种西方对于一个看似简单问题的回应：即如何将现代程序和科技结合入西方的建筑传统中。中国学生们在宾夕法尼亚大学所受教育的社会和历史文脉：为什么他们希望在那里学习，他们在费城所度过的时间中学到并看到了些什么，和他们在面对创作现代中国建筑时所遇到的诸多挑战。到1890年，所有美国建筑院校的领头雁——包括麻省理工学院、哥伦比亚大学、康奈尔大学、密歇根大学和宾夕法尼亚大学（以下简称“宾大”），都转向了布扎的教学方式。该方式强调平面、程序和剖面来创造建筑形式，将设计看作是基础的教学工具。布扎的设计，是从法国开始发展的，逐渐地占据了建筑学校教育文化中的首要地位。这种形式包含了一个设计领头人，他四处行走并且对作品中有趣的东西发表评论，其次是设计助手和高年级学生，他们负责贯彻设计领头人的指示，再者，是低年级的新手学生，他们努力去理解和完成作品以使他们能够上升到更高的等级。方案是进行组织并且具有非常严谨的思路，即一套从设计开始到结束的非常清晰的进展流程。同时，学校奖励如巴黎罗马大奖，宾大巴黎大奖，都非常具有声望，它提供了资金以供获奖的学生到欧洲进行一次学习旅行。宾大的中国建筑学生在学业上成绩突出。他们中的大多数有能力完成学位，并且好几位还成为他们同学的助教或者“示范者”。例如林徽因，已经到过欧洲和亚洲其他国家旅行。即使因她无法就读只允许男子就读的建筑系，而入学宾大美术学院，之后也在建筑班中成为一名教员。

梁思成的父亲梁启超、中国清代末年和民国早年著名的学者和政治作家，写道：“尽管古代中国已经有许多成就和发明，但中国缺少一种西方式的系统性的历史记录，并且在他们当时自己的时代中缺少发展的可用知识。成千的记录在千年中被保存，但历史事件被重新官方地解读，日历在每个朝代重新翻开。”根据梁启超所述，中国人不管对于地理上还是政治上都对中国在世界上相对的地位鲜有现实的概念。梁启超相信，中国人的智慧和文化复兴可以通过对古代中国历史深刻的理解、孔子哲学和它们在现代生活中的重新整合而得以实现，很大程度正如同意大利文艺复兴建立于复原古埃及和古罗马的文化、艺术和人文主义一样。这很大程度上影响和塑造了梁启超的生活和经历，在家中教他和他兄弟姐妹们中国的典籍，并且安排了他的教育、婚姻、蜜月旅程和他归国后第一份工作。1905年，清朝土崩瓦解的六年前，科举考试被慈禧太后所颁布的法令所废止。这项考试曾经是中国教育进步的基础，并在中国有上千年的威信，它被一种西方的模式所取代，即大学基础教育。中国的教育家和改革家呼吁着“新学”对于中国人面对挑战是至关重要的。正如清华大学校长周诒春于1917年所讲的，“这些强有力的事件（1894年中国被日本击败，1900 年中国被八国联军击败），显示出在怀疑的阴影之上，新学对于旧体制而言的巨大的价值，以及在政治和经济中，现代组织相对中世纪时期衰败系统的强大能力，科学世界亦是如此。"

到宾大学习的学生们如此做了，为了一个崭新的现代中国，他们担当先锋的使命。他们总是为了新共和国如发言人一般呐喊号召。举例来说，1925 年 10 月，林徽因的发言被费城的报纸引用，"（现今）有一场运动，它并非匪盗并非叛乱，以向中国的人民和学生们展示西方在艺术文学和音乐戏剧上的成就。但是它不会取代我们自己本身！永不！我们必须学习所有艺术的基本原则，仅以此来将它们应用来设计确实属于我们自己的东西。我们希望学习意味着永恒的建造方式。"

中国的学生来到费城后，发现它是一个拥有着工业基础，并且在经济和文化上充满生机的城市。费城是美国城市中历史最悠久的城市之一，拥有超过 200 年的城市发展，但是对于学生来说它仍然显得新奇。在第一次世界大战以后，基于科学发明和资本主义双引擎，美国已经成为世界上最强大的经济体。费城强硬的进步主义和平民主义，发展的工业，美国军事力量的组成，大量移民的涌入，这都与 20 世纪早期的中国环境形成了巨大的反差。尤其是相比于民国时期中国的动乱和冲突，美国显示出的政治稳定更是如此。这些受益于庚子赔款奖学金的中国学生们也许对此感到深刻的震撼，但是他们并不天真。他们当中的许多人已经对上海、广州和天津的发展和那些外国建筑师们的作品十分熟悉。很多新的方案使用钢和混凝土这样的西方材料和技术进行建造。 不管他们是怀揣着现今的设计、绘画和水彩技能，还是在宾大学院训练中快速提高的水平，中国的学生通常都是各种奖励和荣誉的大赢家，包括宾州和纽约的全国性竞赛。他们突出的作品为自己和宾夕法尼亚大学都赢得了荣誉。杨廷宝和陈植尤为突出并饶有建树。在第一次世界大战之后的几年，宾大的学生一连 4 年获得了全国建筑头奖，前所未有地推动了学校的国际声誉。那时正如现在一样，并非都是艰苦的工作。有各式各样的生动记载，诸如"吸烟者"舞蹈，每年例行的二年级 / 三年级的"工作服之战"——用一箱箱的鸡蛋当作导弹投掷，还有一架可以被移入大制图室通宵研讨准备的钢琴。这一切在每年一次的布扎舞会上达到极点，该舞会为以保罗克瑞教授为名的奖学金集纳资金。印象派是 1926 年舞会的主题，当年舞会在巨大制图室中举行。在它开始之前，学生干部们进行了为期好几周的详细设计和准备工作。林徽因和梁思成穿着被描述为"秦朝装饰"的演出服进行了合影。布扎舞会在 20 世纪 80 年代通过美国建筑师协会的费城分会有了一次非常伟大的重现，并且近年来在 2003 年通过宾大建筑学生们再一次重新展现。这种团体精神延续到了他们回国后的建筑实践和教学经历中。在美国，许多建筑学生们成为费城中国学生俱乐部的活跃成员，该俱乐部是中国学生联盟在当地的分支。参与民间团体这种形式被梁思成提倡为一种使中国现代化的方法。1926年在宾大召开的中国学生会议就拥有一个主题，"建立起知识分子重建中国的合作"。

10.2 布扎艺术的中国传播与影响

对于布扎艺术来说，一个建筑美学上的成功是基于其比例、韵律、层次和一种对于欧洲建筑历史语言的高度精练的理解。钢和钢筋混凝土这类新材料主要隐藏在装饰里面。保罗克瑞——这位在宾大深受喜爱并具有影响力的教授，拥护布扎的方法为一种"设计的科学"，而非一种风格，并且将自己及其学生与纽约和费城的形式古典主义区分开来。克瑞引用了法国建筑师作为"现代"建筑师的案例，使用了新的程序和新的技术来设计同时代建筑，使其具有伟大的功能性和创造性。他将其定义保守派和功能主义的较量。秩序是通过平衡建筑程序的需求和关系提供的，并且序列是通过平面和剖面而建立的。克瑞自己的作品呈阶段性发展：在1925年法国的一战纪念碑，1932年费城的联邦储备银行，和华盛顿的莎士比亚图书馆中呈现出的完美均衡的古典主义；在费城2601大道上一栋住宅楼的设计中呈现出坚定的现代主义；与1940年为宾大化学系设计的一栋现代风格建筑。他的作品包含宾夕法尼亚大学的平面研究，和奥斯丁的得克萨斯大学的最初校园规划，同样包含许多美丽的结构。或许，他的学生们从克瑞身上学到最多的东西，除了精密和严谨的方法之外，即是平面和设计程序的首要性，与其结构风格表达的灵活性。宾大学生的学习生活中包含了关于建筑理论和实践的广泛发展，同时也是关于建筑中现代性的意义和表达在世界范围内的讨论的开始。克瑞简略地认为现代建筑即是包含现代程序的建筑。新的程序，是为那些服务于变化的文化和科技的建筑而生的，例如火车站、大楼、电影院等，它将会产生适应现代的新建筑。关于"现代性"的讨论在建筑出版物中十分丰富，并且克瑞也撰写了若干关于该主题的长篇幅文章。克瑞说道，"变得现代和做一个现代主义者着实是两码事，并且它并不是某个派系的特权。建筑的进步是所有人怀有美好期望的工作，并且总会是如此。"随着现代战争在20世纪30、40和50年代进入白热化，克瑞和其方法在美国的建筑院校中由于"派系"的缘故而黯然失色，尤其在第二次世界大战之后，哈佛的瓦尔特·格罗皮乌斯，和其他欧洲的现代主义者来到美国实践后。费城是这场运动中一项早期并且强有力案例的大本营，在1931年到1932年间建造的费城储蓄基金会大楼。它是美国第一座国际风格的摩天大楼，并且它那大胆的设计无疑在随后10年中享尽盛誉，并且迎合了欧洲的现代主义。一个在梁思成和保罗克瑞之间有趣的、新旧之间的、巧合的建筑案例可见于费城的亨利大道大桥。这座大桥，基于空腹拱的工程，在分水岭之上高高架起而展现出醒目的表现力。它似乎是1927年在梁思成和林徽因当时在保罗克瑞工作室所设计的。当梁思成回到中国，并且四处寻找古建筑时，他想起了一首儿童诗歌，诗歌包含了安济桥的描绘，这座桥在 17 世纪建成并且采用了空腹拱的设计——早在这些原则被西方所知的一千年之前就已运用。梁思成有条件去测量并且记录该结构，将其作为早期中国工程智慧和艺术的一个案例。

梁思成和林徽因渴望可以在现存的唐宋古建筑中，发现并且绘制所发现的真实性建构，这些建筑很多都可以追溯到 9 世纪。这些强有力的案例，包含有表现出的构造柱、梁、挑出的屋檐和精致的比例，都是中国古建筑之辉煌的证据。这些结构构成了后来的明清建筑（1368—1911 年），通常通过支架附加而并非结构性的，相比之下看起来僵硬并且人工痕迹强。他们也更加彰显出 20 世纪建筑实践中的混乱和不足。这一发现和记录的过程，非常令人振奋和令人满足，他们认为，一次博大精深地贯通连接过去的中国建筑伟大成就，可以帮助中国找到属于自己现代性的版本。在梁思成作为一名建筑师和教育家的诸多实践中，反对当时建筑师作品潮流中将一个中国的“帽子”扣在西式建筑上的做法，虽然他继续提倡一种弧线形的屋顶与其他传统特征，比如他在营造法式中重新发掘的严格标准下建造的框架结构和多层梁。他希望这种标准可能通过某种方式以一种新的途径结合进现代建筑中。这些观点有很多被结合进入一种中国“民族形式”的思想观念中，一直到 20 世纪 80 年代都被实践与维护着。梁思成在 1949 年担任一段时间的建筑师与规划师。他在 1946 到 1947 年间作为联合国总部设计顾问委员会的中国代表返回美国，该委员会是一个齐聚了勒・柯布西耶，奥斯卡・尼迈耶和其他国际知名建筑师的组织，并且他也成为耶鲁大学的客座教授。回到北京后，他完成了清华大学第一宿舍楼，并且提出了北京现代化和古城墙的保护计划，他提议建立一系列沿城垛高起的人民公园。然而被拒绝了，且城墙在 20 世纪 50 到 70 年代间被陆续拆除而林徽因于 1955 年去世，梁思成、林徽因最后一次的合作是中华人民共和国国徽与天安门广场中心矗立的人民英雄纪念碑的设计。当他们这一代中国留学生完成学业回到中国后，必定想知道如中国一般古典庄严的、并且或许已经是筋疲力尽的文化是否仍然能够在现代世界拥有一种卓越的地位。现代建筑是否能够保持和表达出地方的内容呢？并且也许更艰巨的问题是：又将如何表达呢？学生们回到中国建立有关传统形式和西方风格的实践、教学和实验。作为受雇于中国并与英国的公和洋行（巴马丹拿 Palmer&Turner 建筑事务所）合作设计银行的建筑师，在上海设计建造银行新建筑，即城市中最大的装饰派艺术风格（Art Deco）大楼（1937 年）。童寯（1927 年毕业）加入了赵琛和陈植，组成了华盖建筑事务所（Allied Architects），并且在 1949 年之前设计了许多上海和南京的建筑，包括南京的外交部大楼（1932—1933 年），大上海大戏院（1933 年）。童寯是一名很有影响力的教师，日军侵华前在沈阳东北大学任教，从 1944 到 1983 年去世前一直在东南大学任教，并且他也是一名多产的建筑家。而作为路易斯·康的同班同学的杨廷宝，是保罗克瑞（1920—1924 年）的学生及助手。他被其他宾大的学生描绘为一位建筑方面的天才，并且在宾大学习的所有中国建筑学生中进行了最长久和最多产的建筑实践。杨先生似乎意识到在现代和传统中国设计之间的差距并非是窘境而是一种机遇。他认为，任何在历史中存活下来的东西，我们称作“传统”。我们珍视它的精神，而不仅仅只是它的形式。“现代性”不是一种潮流，也不是一种一成不变的东西。它是工业化的积极结果。它在当代生活中为人民服务。杨廷宝在 1927 年于南京设计了沈阳火车站，它在布局和一些细节方面类似沙里宁的赫尔辛基火车站，并且通过各类项目发展他的建筑实践，包括从古典复兴（南京音乐台）到完全成熟的西方现代性（孙科住宅，1948 年），还有大屋顶民族形式（北京火车站，1959 年）。他在 20 世纪 50 年代到 20 世纪 70 年代间是东南大学建筑系主任，并且或许也是同代中最具影响力的教师；如果说他在中国被尊为列梁思成后的第二，他也当之无愧是南杨北梁的南方之首。他的许多学生散布于各个建筑院校，并且实践遍布中国，在香港和南亚其他地方也是如此。保罗克瑞的学生们很多成为 20 世纪中国最杰出的建筑师和教育家。通过他们，布扎的实践和方法在中国学生们中代代延续着。

在中国传统文化观念中，建筑被归类为纯粹的艺术作品，或仅仅强调其艺术美学。到了第一代建筑师出现的时候，建筑美学逐渐摆脱了纯粹艺术的影响，转向建筑本体和科学理性。梁思成、林徽因等建筑师受到维特鲁威的深刻影响，认为实用、坚固、美观是一座优秀建筑的三大要素，中国传统建筑的美不是单纯的色彩、雕刻或特殊形式，而是建筑的基本原则，标志着中国建筑美学开始从传统艺术审美向现代主义技术美学的解放。在很长一段时间，在中国的文化民族主义者试图在建筑的科学性与民族性之间，找到一个平衡和妥协。一方面，他们承认建筑技术的重要性，另一方面强调建筑风格的民族性和特殊性。但随着中国建筑师的科学理性精神的日益增长，他们更加强调建筑的普遍性和世界性价值。所以在 20 世纪 30 年代，面对国际现代建筑运动，中国建筑师接受了科学技术的普及和建筑文化的国际潮流，开始从混乱和摇摇欲坠的中国和欧美地区之间游走，传统和现代，确立了中国建筑现代化和全球化的主要方向。总之，由于对中国的现状和民族主义的高涨，“中国固有类型的年代达到了顶峰（图 10-1、图 10-2）。作为历史的产物，它把双方的利弊——伟大的内省，尤其是传统风格与中国宫廷建筑的功能、经济和时代的矛盾，给中国第一代建筑师留下了深刻的启示。现代主义所倡导的创新精神、科学理性和功能理性，逐渐被中国建筑师所认识和掌握。抗日战争爆发前（1937 年至 1945 年），参加“中国固有类型”实践的中国建筑师从根本上完成了现代主义的转向。中国建筑从西方传入现代运动，正式进入现代性。

图 10-1 中山陵，吕彦直设计（1926—1929 年）的中国古典固有形式，采用钢筋混凝土，大理石、水泥与砖等新材料

图 10-2 中山纪念堂，吕彦直设计（1929—1931 年）中国古典外观现代平面，采用钢筋混凝土、大理石、琉璃瓦、水泥与砖等新材料

第 11 章　中国近现代建筑的风格分类及风貌特征

近现代摒弃了中国传统的周期性历史观，取而代之的是西方的线性的历史观。中国知识分子认识到西方思想和中国思想的不和谐，试图埋葬曾将他们思想囿于过去的固有文化，并谴责自己被奴役的混乱理论。严复的译著在 19 世纪至 20 世纪的关键时刻，对中国理解西方的发展起到了重要作用，对中国的世界观与当代西方的世界观的调和起到了重要作用。1895 年，他对自己国家过时的立场发表了明确的看法：中西思维最大的、最不可调和的区别是，中国人爱过去而忽视现在，而西方人在现在努力超越过去。中国人认为，由有序转无序，由升到降，是天道和人情的自然之道。西方人认为，作为一切学习和治理的终极原则，在无限、日新月异的进步中，世道将不会陷入衰退和混乱的模式。

现代主义的起源和最终在欧洲内外的传播，有赖于那些率先使用新材料和新技术的杰出的工程师的贡献，这些新材料和新技术最终成为 20 世纪现代建筑的标志。19 世纪对金属、玻璃和混凝土的操作不是建筑师或设计师的专利，而是工程师和建设者的分享。典型作品如位于英国邱园（Kew Gardens）的棕榈屋（Palm House，1844—1848 年）和约瑟夫·帕克斯顿（Joseph Paxton，1803—1865 年）的水晶宫（Crystal Palace），1851 年伦敦世博会中心展品，大英博物馆的悉尼斯·米尔克（Sydney Smirke，1798—1877 年）阅览室（1854—1857 年），以及亨利·拉布罗斯特（Henri Labrouste，1801—1875 年）在巴黎的作品。

科学优先于建筑艺术可以说是一个建筑业正在经历快速和大规模变化的合理化的自然结果。建筑师们很难吸收这种变化，也很难用适合当时的方式表达出来，相反，他们争论的是风格和复兴的选择方面。相比之下，这项工程在很大程度上没有受到这种历史先例的影响，并对巨大的基础设施建设需求作出了灵活的反映，新的建筑类型和材料带来的机遇，以及无与伦比的社会动荡带来的后果。

11.1　中国近代建筑的风格分类

在中国，19 世纪末的情况丝毫不同。尽管在技术上不如欧洲发达，但在条约开埠口岸城市中心，开始经历类似的变化和发展压力。在中国漫长的历史上，城市化的规模在数量上是独一无二的。人口流动以及商业和工业活动需要崭新的和改进的基础设施，如交通、卫生和通信，以及新的建筑，尤其是新的建筑类型。尽管这些压力仅限于少数几个城市中心，但这些压力最终将对邻近城镇、城市甚至整个地区产生巨大影响。建筑师在地位上不断提高，在 19 世纪中国大多数的通商口岸都很活跃，而这一时期的发展主要还是工程师们的专利。因为工程师们最先在中国的豪华型饭店和银行建筑使用水泥、钢筋、混凝土于梁柱之上，并在屋顶、顶棚及吊顶，在室内墙壁和商店外观使用了铁和玻璃。

从 1840 年到 1911 年，西方建筑艺术在中国呈现的风格，是以殖民建筑形式为主要特征的。1840—1864 年是第一阶段，即外国资本主义侵入阶段；1864—1895 年是第二阶段，帝国主义更深入地侵入中国，洋务派创办了新式军事工业；1895—1911 年是本时期的第三阶段，外国资本在中国公开设厂，在中国建筑铁路，强占沿海要塞作军港。

由于 1840 年鸦片战争以后，外国资本主义的入侵，对于中国的社会经济起了很大的分解作用。为了巩固统治和满足各殖民城市的需要，一系列新兴的西方建筑类型与建筑风格在以开埠城市为首的许多城市中出现了，因为建筑常被用作城市发展的明证。有公使馆、领事馆、总督公署、巡捕房、工部局、兵营；有为经济服务的银行、洋行、海关、饭店、新兴商业建筑；有为交通运输及工业生产服务的码头、船舶修造厂、火车站、原料加工厂、仓库；有为生活享乐服务的娱乐性建筑、花园住宅等。

1893 年的上海嘉年华的外国人（Reverend William Muirhead）致辞："这些临街的洋行、住宅、银行和办公楼，产生出一种美感和秩序……我们很可能会指出我们在这里形成的英国家庭……这与我们所知道的中国家庭的特点有多大不同。我们惊奇地发现，最时新的、铺得很好的街道，宏伟的现代建筑、路灯、电灯、公共花园和音乐看台。难以想象是在中国，建筑物都不是中国式样的，铺得很好的街道两旁绿树成荫，远处河边的绿色草坪不是中国人；就在远处，在水边长廊的尽头，你看到一个小圆顶，就在环绕着美丽的公共花园的栅栏内；它们不是中国人……在河边，至少看不到什么东西可以告诉你是在中国，甚至是在东方。在这个城市里，我们有最好的机会来比较和对比东西方，中国文明和欧洲文明"。

"远处模糊的房屋群是本地的。这是一片低矮的、一层楼高的荒野，屋顶是变黑的瓦片，四周是五英里长的旧砖砌围墙，据估计大约有一百万居民。内部被车道或街道横穿，这可能被称为恶臭的隧道，充满了污秽，充满了悲惨和邪恶的人性。气味令人窒息，看不到任何吸引人或美丽的东西：肮脏贫穷、苦难、泥泞、恶臭、堕落、破败和腐朽无处不在。进入这样一个场景令人害怕，不敢驻足而匆匆离去。而一眼望去……欧洲人的上海郊区点缀着宏伟的别墅……所有西方生活奢侈品都与城墙内所提到的生活并行，这种对比是惊人的"。

当然，由于交通运输与商业贸易的发展，许多大城市的人口急剧增加，为满足市民居民生活需要，一种模仿欧洲联排式住宅的城市里弄住宅类型出现在上海，并很快在沿海和沿江的开埠城市中流行起来，并根据各地的城市环境而有一定的变化和发展。

在建筑风格上，当时并没有固定，一般而言，外廊式的殖民地式与折中式的建筑风格居多，在上海，1843 年建于外滩的旧英国领事馆和 1848 年建于金陵东路外滩 2 号的旧法国领事馆都是 2 层外廊式殖民地式建筑。上海开埠后很长一段时间，来沪的英国人数最多，具有浓郁英国风情的花园住宅便成为当时社会中上阶层人士的流行选择。英式小洋房，构成一处处别致的风景。建于 1908 年的著名宋氏老宅（图 11-1、图 11-2），建筑风格为英国乡村别墅式，是砖木结构，空间组织灵活、建筑形式自由，两坡顶与四坡顶灵活组合，错落有致。东边有一拱形内室，中间有活门开启；西边是一个后扩建的大客厅。二楼左边有间小房，正对楼梯处的房间卧室，二楼的两间朝南房间拥有大阳台。这幢宋家老宅不仅是当年宋家兄弟姐妹与母亲聚会的地方，也是宋家对外社交的重要场所。宋美龄婚前在此居住生活了近 10 年。之后，宋美龄在此开办了中国福利基金会托儿所。尔后，成为中福会临时办公地。

除了单幢的英国乡村式别墅，也有许多是以形成花园住宅群的形式风格出现在上海市中心，例如 20 世纪 20、30 年代为上海花园住宅建造的鼎盛阶段，巨籁达路（今巨鹿路）沿线就集中了多处风格鲜明的英式花园住宅，以英国乡村别墅式住宅为主。住宅群中最有代表性的是巨鹿路 889 号。1929 年竣工，原为亚细业火油公司高级职员居住的花园洋房，原有 9 幢，每幢 2 个单元，分门进出、独用庭院。单体为英式双毗连花园住宅，砖混结构。南立面底层为券廊，二层设大阳台，两侧做双坡三角形山墙，与四坡屋顶连接。山墙立面呈现，木框架外露，屋顶中间有棚式老虎窗。住宅外观小巧别致典雅。

伴随发展又有了古典式、罗曼式、哥特式、巴洛克式、欧洲村舍式和平房式。在开埠之初，19 世纪 40 年代和 50 年代所建造的西式洋房都只有 1、2 层，20 世纪 60 年代到 80 年代已出现不少 3、4 层的建筑，砖木结构、砖墙承重、木楼梯、木梁板，建筑物造型比例和细部装饰都不考究，外墙以青砖砌筑，夹有红砖水平线条装饰，墙的外表面不施粉刷。到 20 世纪初时，

图 11-1　宋氏家族（左）

图 11-2　宋氏老宅（右）

已经开始出现不少 5 层以上的建筑，在建筑艺术方面也要考究多了。墙外部已使用面砖、石块和水刷石粉饰外表，内部装饰也相应增加，建筑的机械设备也比较现代化，高层建筑应用了电梯。

20 世纪 20、30 年代，是上海的黄金时期，在城市中心城区里出现风格各异西式建筑，体现古典主义、文艺复兴、巴洛克、新古典主义等风格的居住建筑和公共建筑，营造出优美典雅的异国风韵与古典魅力。其中，起源于中世纪英国乡村木构住宅的别墅式建筑，外观简朴，带有悠闲的田野情趣，自 20 世纪初起逐渐在欧洲各国及美国城市得以普遍推广。建筑包含了社会、文化、艺术、经济和技术等元素。蕴涵故事的老房子，出自设计、营造名家之手的建筑精品，更是不可取代的文化遗产。在某种程度上，他们代表着城市的人文血脉，是城市气质的具象体现。

（1）法国古典式代表——康定花园，因坐落于城市中心静安区的康定路而被称为康定花园，是一幢建于 1923 年的法国古典式花园住宅，典雅庄重不失华丽。外立面装饰强调垂直向构图，简洁的几何纹样受当时西式装饰风格影响。主立面两侧前凸，形成中间虚两端实的格局，中间巨柱贯通 2 层。室外花园都设有喷水池（图 11-3）。

（2）法国文艺复兴风格的代表如意大利总会（Italian Club），1925 年建造，建筑为 3 层独立式住宅，砖混结构，原为旅沪意大利侨民的娱乐场所，现为上海市文联所在地。立面采用对称、分段等古典构图手法，空间层次变化丰富，装饰细腻。南立面中部层叠爱奥尼式柱廊，顶部山花巴洛克风格。散发浓郁的异国情调（图 11-4）。

（3）哥特式风格的小天主堂（Catholic Church of St.Teresa of the Child Jesus，Lisiux），建于 1930 年，是以法国圣女小 Teresa 名字命名的天主教堂，她是法国某圣衣院的隐修女，生于 1873 年，去世时年仅 24 岁。1925 年罗马教皇把她列入圣品。上海天主教界为对圣女敬礼而修建。建堂工程由法籍神父纪慕得设计督造（图 11-5）。

此外，上海也有古典式样的欧洲城堡式别墅，例如邱氏住宅，建于 1920—1930 年，住宅主人原为上海滩四大颜料商之一的邱信山、邱渭卿兄弟。后该楼作为民立中学校舍。原有 2 幢，现仅存东屋。建筑外观古典壮观，南立面二楼中部设券柱外廊，檐部山墙为巴洛克式，两侧原有对称塔楼，而北立面则有中国江南传统建筑特色（图 11-6）。

图 11-3　康定花园（左）

图 11-4　意大利总会（右）

图 11-5 小天主教堂(Catholic Church of St. Teresa of the Child Jesus, Lisiux)

(a) 外观；(b) 内部

20 世纪 30 年代的上海，正处于蓬勃发展公寓和独立式花园住宅建筑的时期，同时也在追求不同风格的表现，造型简洁、价格合理的西班牙住宅一时风行沪上。西班牙建筑风格发源于地中海西岸，由于建筑形体活泼，造价经济，一度在美国很流行。其中建于 1936 年的陈楚湘住宅为西班牙式（图 11-7），是一幢造型独特的西班牙式独立花园洋房，坐落于愚园路著名新式里弄涌泉坊弄底，原是我国近代民族烟草工业三大公司之一的华成烟草公司总经理陈楚湘的住宅。住宅由我国著名建筑设计师杨润玉、杨元麟、周济之设计，久记营造厂营造。住宅外设花园，布局精巧别致。高低错落的屋面别具特色，外墙以棕色拼花面砖，小券式檐口，螺旋形窗间柱，充满西班牙风情。

另外，具有西班牙建筑风格的花园里弄住宅，蒲园（图 11-8），因长乐路旧名蒲石路而得名。张玉泉设计，属花园里弄住宅，混合结构，1942 年竣工。住宅均为西班牙建筑风格，有独立式、双毗连式 2 种。有独立式、半独立式 3 层新式建筑 9 幢，平行排列于弄道两侧。浅黄色水泥拉毛墙面，饰螺旋形窗间柱，二层设挑阳台，有平缓的筒瓦四坡顶。每幢楼均有绿地面积 100 多平方米。

图 11-6 邱氏住宅（左）

图 11-7 陈楚湘住宅（右）

(a) 外观；(b) 细部做法

图 11–8 蒲园（左）

图 11–9 大胜胡同（右）

为世人所称谓的上海里弄，是兼具中西风格的海派里弄，其中的大胜胡同，是 1912—1936 年历经 24 年形成的新式里弄（图 11-9）。大胜胡同是上海著名的大型新式里弄住宅群，因业主是北京的神父，在北京称里弄为胡同，故取名为大胜胡同。有 3 层朝南向砖木结构房屋 116 幢，行列式排列，另有汽车间集中设置。住宅外墙为拉毛饰面，窗口、檐口、墙隅等部位镶拼清水红砖边饰，为装饰艺术派手法。建筑原是天主教会的普爱堂投资经营的产业，后为民宅。

同为新式石库门里弄的还有建造于 1922—1927 年的震兴里、荣康里、德庆里。建筑系砖木结构，新式石库门里弄，规模较大，行列式排列。沿街立面均采用古典装饰，强调线脚各异的三角形山墙。弄口均有巴洛克式门楼。震兴里为清水红砖墙面。荣康里是清水青砖墙面嵌红砖带式。德庆里水泥砂浆仿石砌墙面。特点为街面的牌楼与弄内的房屋连为一体，各弄首的牌楼上的雕石花纹各有不同，弄内房屋皆为朝南向的 2 层里弄房屋建筑，合计有房屋 9 幢，现为民居。

而兴建于 1927 年的新式里弄愚谷村，建筑由杨润玉和杨元麟设计。现主要为民居。20 世纪 20、30 年代，是上海租界经济迅速发展的时期，作为市中心主要道路的静安寺路（今南京西路）也随之不断向西拓展。位于南京西路与愚园路之间的新式里弄——愚谷村，正是反映这个时期社会风貌和特色的典型里弄住宅。

20 世纪初老式石库门里弄代表为张家花园，是上海著名的石库门旧里，因原址曾为无锡张叔和购得并扩展为园而得名。1919 年张家花园易主后，这里逐渐改建为里弄住宅。石库门的形成，取决于上海独特的文化与历史背景。上海开埠之初，西方人纷纷涌入，需要寻找居所。为了节省土地，并容易为中国人所接受，当时的房地产商采用了被西方人称为“联排房屋”的建筑形式。这就是最初的石库门建筑。当闲步的路人无意中步入其中，20 世纪 20、30 年代旧上海的种种印象立刻浮现在眼前。这里，无疑是再现那个时代的电影理想取景地，也是那些追忆旧梦的人们的精神家园。从石库门里弄，到新式里弄，乃至花园里弄、公寓里弄，这些中西合璧、上海风情的里弄住宅，形成了上海近代特有的建筑文化和建筑风格。拥有新式里弄最多的静安区，洋溢着海派建筑的独特风情。

进入 20 世纪初，以德国人沃尔特·格罗皮乌斯为代表的建筑师开始积极倡导一种超越国际、随时代发展变化的现代建筑设计思想，更加注重实用性。装饰艺术派一词，起源于 20 世纪初的法国。其特征为强调几何形体的造型，充满线条装饰的门窗和墙面细部等。上海装饰艺术派建筑的流行，与美国几乎完全同步。20 世纪 20 年代，随着技术的发展，上海的现代风格的建筑杰作层出不穷。其中著名设计师邬达克在上海留下的多处代表作至今为人称道。其中建于 1934 年的贝氏住宅，为装饰艺术派风格（Art Deco）的建筑，钢筋混凝土结构，细部采用中国传统装饰符号。住宅的外墙、围墙以釉面砖饰面，拼贴成横竖相间的水平线条纹式，简洁而考究。门楣、阳台、屋顶等多处饰有风格鲜明的线条和图案。贝氏住宅由主楼、副楼、花园组成。主楼为中国式的三间两厢传统式平面，楼梯间则采用西洋式圆形平面。住宅南面的花园随地势起伏，精致的设计了太湖石假山、小桥、池塘、凉亭等。从贝氏住宅内外的诸多细节可以发现，这幢建筑完美的将西方风格与中国传统结合在一起，反映出当时流行的中西合璧设计理念。

艺术装饰风格，发源于法国，兴盛于美国，是世界建筑史上的一个重要的风格流派。立面趋于直线、强调对称梃拔，大块渐成的风格。1930 年左右，上海几乎和纽约同步出现了大量的装饰艺术派风格建筑，如今天的和平饭店、国际饭店、福州大楼、上海大厦、国泰影院、百乐门、美琪大戏院，以及衡山路附近一些高级公寓。上海作为世界上现存装饰艺术派风格建筑总量第二位的城市仅次于纽约，目前已经成为世界装饰艺术派风格建筑的圣地之一，引起国外建筑专家的关注。

而另外一座名人周信芳故居（图 11-10），则是 20 世纪初的花园住宅。作为与梅兰芳齐名的京剧艺术大师，周信芳在上海戏剧舞台上赫赫有名，是海派京剧的杰出代表，也是“麒派”表演艺术的开创者。20 世纪 30 年代末，周信芳买下位于长乐路的这幢花园住宅作为住所。住宅造型简洁，带有现代主义风格。前后有院子，四周筑有围墙，围墙大门是铁质。穿过客厅是过道，右侧楼梯，柳桉木台阶，扶手柚木雕花。二层西南是卧室。住宅后面有 1 排 2 层楼房子，靠东楼上的曾是书屋，据说主人经常在东窗下吊嗓子。后院还有一个简易小剧场，供周先生的儿子练功学戏用。

图 11–10　周信芳故居

现代主义风格是 20 世纪初中国现代建筑发展的最主要、最重要的趋势，是指 1949 年后大多数建筑的风格倾向。

先施公司大厦为西式风格；外滩中国银行大厦为折中主义风格，屋顶是一个平缓的屋顶，屋檐用石头装饰，窗户也有传统的装饰图案。建筑正在重新诠释传统的中国元素，如屋顶扶手和栏杆；大都会酒店由一个平面和一个包裹着"U"形的物体组成，这座建筑强调了现代主义的垂直元素。此外，还拆除了一些必要的装饰，进行了简洁的处理。

20 世纪 20 年代直到中华人民共和国成立，西方现代主义建筑的文化和思想在中国各地传播。当时上海跃升为亚洲最大的贸易、金融和工业城市，吸引了许多外国建筑师在上海从事建筑业的工作。建筑形态发展模式主要有西方古典与折中风格，体现在金融设施和学校设施、商业、文化和销售设施等地方，还有体现现代性的西方古典主义与折中主义；20 世纪初，许多新建的建筑在现代办公、文化和销售设施方面有了新的用途，在此之前，主要是政府办公、宗教建筑、银行和学校。1920 年到 1940 年之间出现了办公室、文化和销售设施，这一建设是由于开放带来的快速经济活动的结果。建筑风格与建筑的使用息息相关，20 世纪初中国现代建筑中，古典建筑多见于上海的金融设施，折中形式多见于公共办公设施，上海的现代建筑多见于销售和文化设施。

11.2　中国近代建筑的风貌特征

学术界对于风貌并无统一严谨的定义。从文字含义上分析，"风"即为民风，体现文化，展示社会生活、民俗习惯、文艺活动等非物质的传统积淀，"貌"即为面貌，从有形的建筑及构筑物到无形的城市空间及行为等，展现城市总体环境。

在中国建筑中，立面由 3 个部分组成：底座、主体和屋顶，其中屋顶最为重要。中国早期现代建筑所用的大部分新材料都是从国外进口的。20 世纪初，中国的新型建筑材料逐渐发展起来，建筑结构开始由砖石结构向钢筋混凝土结构转变。20 世纪下半叶，人们开始使用砖木结构。西方多是独栋建筑，而中国是群体建筑。西方人关注的是在一栋建筑内创造大型的集中空间，中国人不仅关注建筑内部空间，还关注建筑的外部空间。西方重视三维空间，中国重视平面空间。

中国近代建筑风貌特征，将从建筑外观、空间、肌理以及其他 4 个方面进行展开，主要以上海海派建筑的风貌特征作为论述的主体。海派建筑，主要是指上海近代建筑。20 世纪初期的上海，是个中西合璧、南北交融、人才荟萃的社会，建筑作为人们生活所需的空间，同社会生活息息相关，海派建筑风貌必然呈现出多元化的特征。

各式风格的老洋房建筑是近代上海发展史上的宝贵财富和重要见证。在开埠之前也即是未城市化之前，房屋多为砖木结构，立柱单墙、低矮平房，随着资本主义的扩张，使得以英法等国为首的资本主义国家，急于将自己的资本转移到中国。五个口岸城市的开埠，都是因为具有优良的地理优势，既临江又可以向腹地内发展，近代中国口岸城市的发展并非如传统中国城市向县城区域逐渐演化发展形成，而是以城外租界为基础发展而来，并带动旧城的逐步现代化，是租界由城外逐步城内而后又一再向外扩展并不断再逐渐城市化的过程。

原本的建筑风貌逐渐被西式住宅所取代。以上海为例，公共租界工部局的设立，与法租界公董局的设立，体现了租界之间管理上存在严重利益冲突，但本质上是上海的西方人能立即将西方资本主义的立法、行政、司法“三权分立”的政权组建模式引进租界的结果。

城市化首先反映在城市基础设施的建设上。以主干道路带动支路修建的方式进行城市化。最早的路面是由石子铺设，质量不佳，大雨时容易积水，大量的生活垃圾混着雨水散发出恶臭，因此西方人开始关注道路排水，将马路修成一定的坡度，并且修筑地下阴沟系统，臭水得以排出，卫生情况改善。此外，租界规定居民每天早上将房屋及门前的路面用水清洗干净，并集中堆放垃圾，禁止马车在道路上奔跑，禁止居民将玻璃碎碗片倒在路上，禁止在窗台或高处放置物品以防坠落。

19 世纪 60 年代，各口岸租界使用的煤气由亚细亚煤气石油公司（分公司）提供，道路采用煤气路灯照明。1870 年前后里弄住宅作为中西建筑融合产物开始建造。直到 19 世纪 90 年代，电灯开始逐步代替煤气灯。此时开始兴建高级住宅，居民对煤气水电的需求持续增加。老式的里弄石库门住宅在 20 世纪初演化成新式石库门住宅，大大改善了通风采光，住宅开间数减小，保留前院，并采用了新型材料和卫生设备。

20 世纪初的静安寺路（今南京西路），已铺设了有轨电车，一直通到外滩。而附近的常德路原名叫作赫德路（Hart Road），从静安寺路（Bubbling Well Road）也就是今天的南京西路开始，一路向北延伸，但是赫德路的精华地段，仍然是最南端介乎于静安寺路与爱文义路（Avenue Road）之间，而爱文义路也就是今天的北京西路。

20 世纪 30 年代时，大量的公寓建筑拔地而起。以常德公寓为例（图 11-11）。1936 年，在原赫德路近静安寺路上，建成了爱丁顿公寓（Eddington House），也就是今天的常德公寓。爱丁顿公寓的出资建造者是意大利人，其建筑风格采用了 20 世纪 30 年代在上海流行一时的典型的装饰艺术派风格。居住者多为当时社会中上层人士。公寓一共 8 层。平面呈“凹”形，每层 3 户，户型有二室和三室。每户客厅较大，设置壁炉，卧室均有小贮藏室和卫生间，厨房沿西外廊布置，双阳台连通客厅和卧室。底层和夹层布置 4 套跃居住宅，每套住宅上下有小楼梯连通。第八层为电梯机房和水箱等用房。

而位于威海路的合院式多层公寓的太阳公寓（图 11-12），建于 1928 年，太阳公寓原为房地产商孙春生以其姓的英文音译命名。卡拉特莫尼工程顾

图 11–11　常德公寓

图 11–12　太阳公寓

问公司设计，混合结构、合院式多层公寓。平面为回字形，临街面为深浅相间的面砖饰面，主入口饰竖向尺度高大的拱券，窗楣为白色平券装饰。1976 年加建 2 层。

第 12 章　中国近现代建筑的价值

12.1　价值研究的基本观点与讨论

价值在当代社会中是诸多讨论的话题，在这样一个后现代的，后意识形态的，后民族国家的时代，对于价值和意义的探索成为一个迫切关注的问题。在文化遗产保护领域，价值成为决定保护什么的关键因素，也即是何种物质产品将代表我们，以及代表我们的过去并传承给未来一代，价值也成为决定如何保护的关键因素。即便是对一个典型保护决策的简单考虑，就展现了很多不同的价值观在起作用。例如，考虑一座老建筑的艺术和美学价值，以及其所关联的历史价值，再加上与其使用功能捆绑在一起的经济价值等。简而言之，价值在保护领域的当下实践以及未来前景中将是一个重要和决定性的因素。价值以及价值判断的过程，在我们试图进入保护领域的努力之中起到非常重要的作用。无论是艺术，建筑还是民族学文物，物质文化的产品总是有不同的意义以及为不同个体与群体所使用。价值给予一些物品超出其他物品的重要性，因而将有些物件或场所转变成为“遗产”。保护的终极目的并非是保护物质其本身，而是保存（及形成）由遗产所体现的价值——以物质的干预或处理，是朝向这一目标的许多方法之一。

文化遗产的产生及其社会功能：文化遗产的产生，很大程度上来自人们记忆遗产、组织遗产、回想遗产，并且希望使用过去，以及物质文化如何能提供一种媒介来达到这一目的。蕴含与承载在物品，建筑和景观之中的个人或者是集体的故事，构成了稳定遗产进行文物交易的货币基金。欣赏已经存在的价值和稳定并提供附加值之间的细微差别存在于识别判定某物为遗产这样一个简单行为的干预和解释方面。给某物某地贴上一个遗产标签，是一个价值判断，以使其因此特殊原因而区别于他物与他地，由此而为此物和此地增添了新的意义和价值。在个人，机构或社区决定了某物或某地值得保护。通过将物品捐献给博物馆，或者通过将一座建筑或一处遗址指定为遗产名录，这些个人或社区，无论他们是政客、学者，还是其他，都会积极地创造遗产，但是这还只是创造和维护遗产过程的开始。遗产是通过各种方式进行价值评估的，由不同的动机所驱动，包括经济的、政治的、文化的、宗教的（精神的）、美学的，和其他许多的方面。每一种都有相应的不同的理想，道德，和认识论。这些来自不同方面的价值判断又导引出保护遗产的不同方法。例如，根据历史的——文化的价值来保护一座历史房屋，将会令人最大程度地将此地用于通过讲述故事的方式满足其教育的功能。在此情况中的主要受众也许是本地的学生及本地社区人士，他们与这里有联系，而这些故事对于他们的集体认同具有非常重要的贡献。相比之下，保护同一个遗址，以最大程度地提高经济价值可能会导向一种保护方法，有利于收入的产生和旅游交通过程中实施教育和其他文化价值的实现。因此，遗产建筑的部分将被发展用于停车、旅游纪念品以及其他游客支持性的功能，而不是解释和保护这个遗产的历史景观或考古元素，整体的保护策略将是由创造一种公众的市场体验所驱动，而不是创建一个专注于学生为目标受众的教育使用功能。

为了达到文化遗产具有社会功能这一目标，即是说，遗产是对于未来一代人具有意义的并且会令他们受益，有必要检视一下遗产为何以及如何得到价值判断，是有何人赋予的价值。文化意义就是这样的一个词汇，保护工作者经常用来概述归于物品，建筑或景观的多元价值。然而这种价值判断的过程既不奇异又不客观，甚至在物品成为“遗产”之前，价值判断就已经开始了。所产生的物质文化的或者是一些由社会所继承下来的美学的或实用的片段，通过指定已经被定义或认同为遗产了。这是如何发生的呢？并没有一种观点可以被看成优于或更适于其他，因为“适宜”是依据社区或者涉及的专业人士，公众及政府层面等的利益共享者们所划定的优先价值，以及这些努力所在的文脉来决定的。狭义的保护定义，被公认为是遵循遗产指定行为的——也即是一个地方或物品已经被认为具有价值之后的一种技术回应。存在一种潜在的信念，即保护性的处理，不应该改变遗产本体的意义，然而，传统的保护实践——即保护遗产本体的物质肌理的实践——事实上积极主动地解释和维护着遗产本体。物质遗产的保护在现代社会中起到重要的作用。对于遗产物与遗产地的收集与关爱，是一种普世情感与跨文化现象，是每一个社会组织使用物件及描述与演示所承载的共同记忆所势在必行之事。然而，对于文化遗产为何对人类与社会的发展至关重要，以及为何保护似乎在文明社会中似乎是一个重要功能，研究甚少。文化遗产的益处已被视为一个信仰问题。遗产不属于过去，而是属于现在以及更好的未来。人类对世界有多种认知角度和逻辑，并在认知的基础上创造出智慧。根据 DIKW 模式，学识可以分为四个等级：数据（Data）、信息（Information）、知识（Knowledge）以及智慧（Wisdom），不同领域、不同深度的知识反映人类对世界规律的理解，也同样蕴含着人类自身的特性。人类历史上从未如今天这样，所有民族的人拥有同一个“现在”。一个国家的历史事件无论其重要与否对其他国家来说都不是巧合；几乎每个国家都是其他任一国家的即时近邻；每个人都会收到发生在地球另一端的事件的影响。然而，这真实存在的共同“现在”不是建立在共同的“过去”上，并且也不太可能达到同一个“未来”。这又从一个侧面揭示了快速城市化进程的今天与传统建筑文化遗产的昨天以及面向未来而进行保护的明天之间的种种疑问。因此，如果我们扩展建筑遗产保护的范围至更广泛的建成环境，那么我们必须追问：这些理由也即建筑遗产保护的价值要素究竟是什么？以及它们为何重要？在成为遗产地的过程中，这些遗产要素起到什么作用？正是这个疑问，引出了价值研究讨论。

12.2 国际社会对遗产价值的阐述与评估

从里格尔（Riegl）的著述，到布拉宪章（Burra Charter），这些价值已经得到了有序的分类，诸如美学价值、宗教价值、政治价值、经济价值等。通过不同学科的，知识领域的或使用上的价值分类，保护工作者们（广义地定义）试图抓住许多情绪方面的，意义方面的以及功能方面的相关性质。识别和排序的价值，用为一种媒介，为关于如何更好保存这些物质或场所的价值进行决策依据。虽然不同的学者和学科的类型各异，然而每种都代表一种还原论的方法，来研究文化意义的非常复杂的问题。每一个保护决策——如何清洗一个物体，如何加固一个结构，使用何种材料，等等。这些影响着那个物体或地方将如何保存，理解和使用，并且传递给未来。尽管有最小干预原则，可逆性原则以及真实性原则，决定进行一定的保护干预，给予了遗产本体优先权以及某种意义和一系列的价值。例如，在考古遗址的管理决策，可能包含稳定一个结构但通过在底部早期的另一个结构来进行挖掘。每一种决定都影响着参观者如何体验这个遗址，以及他们是如何解释并赋予建筑形式与元素价值的；这些决定同样反映那些负责照顾和保护的人对于建筑形式与元素的解释和赋值。在文物保护的领域，遣返的问题也捕捉到这样的竞争价值。例如那些民族志的历史对象经常是存储在博物馆中。这些物件受到保护、储藏、展示以抑制住衰败，这样就可以得到学者们和公众的研究与观赏。这一行动过程以提供关于某种民族文化信息并从其文化本身的外部来理解这种民族文化的方式，捍卫了物品的价值。然而依然有很多人提出应该将物品归还原出土处，这样才能根据其蕴涵的宗教精神信仰而被更好理解。这些观点反映了不同的价值体系：一种是给予物品的使用的优先权，以此作为保护文化传统的方法，另一种是给予其物质形式的优先权。价值同样也向政策决策提供信息。不同文化组群和政治派别具有他们各自因政府政策所准许的相关记忆和信息。增加复杂性的经济价值也许胜过了这些竞争性的文化价值——一些项目值得投资，合乎逻辑，仿佛这些可以在经济上自立一般。这些例子清晰表明个人和社区的价值——无论他们是保护者、人类学家、民族群体、政客还是其他——形成了所有保护的层面。而在保护过程中，这些价值正如在物品或场所中所展示的那样，并非仅仅是"保护"而是得到了修正改进。物品和场所的意义被重新定义了，有时同时又产生了新的价值。这样的洞察力用处何在？以解析的方法，可以根据讲述何种故事就可以理解是何种价值正在起作用。所有关于意义的分析，也即是文化意义的分析，因此提供了一种重要的知识来补充哪些在物质处理中物质条件的补充和分析。然而，文化意义的评价在规划保护干预时却常无法进行即使进行了，也经常受限于由考古学家、历史学家或其他专家们的意义陈述的一次性构成。为何文化意义的评价不能更具意义地与保护实践结合为一体呢？

正如前面所述，因为大量的信息和研究日程都主要聚焦在物质条件方面，保护教育很少包含培训如何评价复杂的意义和价值，何人将涉及这些评价之中，以及如何就接下来的决策进行磋商协议。依然是技术的层面多于社会层面的努力，保护由此未能吸收重要的来自社会科学的介入。正如前面所提，尽管越来越多的政策涌现出来提倡以价值驱动的保护管理的规划，然而关于保护在社会中如何起作用的知识体系还十分有限，特别是关于文化意义如何能够作为一个公共和持久的保护过程的一部分而得到评估和重新评估。为了保护决策制定的文化意义，决不能纯粹只是一个学术建构了，而是一个在许多珍视物品或场所的专业人士，学术团体以及社区成员这些利益相关者之间的协商议题。由于当今社会的复杂性，很有必要认识到潜在的利益相关者的多样性，其中包括但并不仅局限于个人，家庭，当地社区，学术团体或专业团体，民族或宗教组织，地区的、国家的以及更大而宏观的组织等。在这些利益相关者之间对物质遗产的稳值或贬值的动机各不相同。更广泛的文化条件和动力（诸如市场化、技术进化、文化融合）影响着这些相互作用。连续性和变化性、参与性、权力性和所有制都在文化被创造和进步的方式中被捆绑起来。文化变化和进化的这些现象的效果在遗产保护领域非常鲜明地显现出来。在这个技术化的时代里，快速的转化经常在连续性和变化性的双重力量方面产生显著的影响，在利益相关者中家具政治紧张局势。例如，在美国历史保护过程中"郊区化扩张"所凸显的作用，以及随着旅游地与旅游业的全球发展所带来的诱惑与压力，在保护过程中有明显的展现。这一困境可以变得更糟，因为决策者必须在更短的时间框架内采取行动影响遗产，以免当地选民以及未来几代人的利益轻易地从考虑中消失。在所有的保护决策中，首先要看谁在进行文化遗产的价值维护以及为何维稳。政府的估值是一个方面，精英民族团体是另一个方面，他们又与当地民众，学者或生意人士有所不同。要知道何为最好的文化遗产保护策略，我们需要理解这些团体的每一个都在想些什么，以及这些团体之间的关系怎样。作为保护专业人士而言，最好是达成某种协议，或者理解这些不同的利益相关者们对于一个物品或场所的文化意义的理解，这是通常的做法。理解利益相关者们的价值——即什么决定了他们的目的并驱动其行动——以从私人和公众方面对遗产资源提供长期的策略性的真知灼见。保护，在某种程度是与我们此时此地的社会相关的，我们必须理解价值是如何协商和决定的，分析和架构文化意义的过程如何可以得到增强。超出保护与我们自己时代相关的东西之外，也有一个平行的义务即是保护那些我们相信对将来一代有意义的东西。保护的本质以及保护的前景，就是为将来一代记录下过去的物质记号，将过去以及当下的故事和意义集中融入物质遗迹中。文化是流动的、变化的，是一系列过程和价值的演变与进化而不是一系列静止的事情，文化遗产保护必须增强文化固有的流动而非忽视这一不可改变的世代责任。

我国世界文化遗产价值与评估：在经验的层面，我们需要知道，个人和社区的价值是如何因文化遗产而建立起来的，这些价值又是如何通过文化意义的评价而再现出来的，以及文化意义的概念在保护政策和保护实践中如何更为有效的通过更好的谈判决策而制定并展开的。广泛地说，我们没有任何概念或理论概述，来建模和映射遗产保护所处的经济、文化、政治和其他社会环境的相互作用。以广泛的保护视角及其所涉及的不同领域活动的起点为出发点，该案例将在保护的社会影响上，提出一个理论以描述（虽然不是预测）遗产是如何创造的，遗产是如何被赋予意义的，以及为什么遗产是有争议的，以及社会如何形成遗产，并由遗产所塑造。案例将概述社会过程的变化，包括共同记忆，民族主义；通过艺术，设计和视觉媒体创造认同感，文化融合及影响和再现文化变化的其他方式，市场动力机制与文化商品化，政策的制定，国家政治与地方政治等。没有一个单一的理论将充分解释遗产的创造。事实上，目标不应该是建立一个单一的遗产创作理论，或者认为视觉文化和文化遗产是以一种特殊的方式产生的。非常重要的一点在于，遗产和视觉文化的理论以一种特殊的方式产生，可能意味着有一个特定的和最好的方式来保护它或达到保护决策。否则，研究和专业经验告诉我们，在现实中有许多途径连接社会过程和保护工作。尽管文化相对论的现实存在，但仍然有共生与复发的主题，在遗产创作和保护的过程中，提出了明确的模式，可以通过概念和实证研究相结合予以揭示。因而，确定一些基本的想法和概念，将有助于这样一个框架的发展：确保所有保护工作的社会相关性，应努力整合文化遗产保护各领域相关背景；当我们将遗产保护的各个领域相关联时，我们必须继续认识到，遗产物与遗产地并非因其自身而具有文化遗产的重要性，他们之所以重要，是因为他们有用，而人们给予这些物品使用时附加的意义以及他们所展示的价值，这些意义、使用和价值，必须作为社会文化过程更广泛的领域中的一部分来加以理解；保护应该作为一种社会活动而制定框架，不仅是一种技术框架，由各种社会科学与人文学科的范畴社会过程以及文化和视觉艺术的所有方面所约束和成型。这一框架使得保护领域意识到支持一个文明社会并以平衡的知识结构体进行教育下一代保护专业人士是至关重要的；作为一种社会活动，保护是一个持久的过程，一种达到目的的手段而非目的本身。这种过程是创造性的，是由个人、机构和社团等赋予的价值所驱动和支撑的；遗产的价值是各种各样的，有时是相互矛盾的。这些不同的赋值方法，影响各利益相关者之间谈判由此形成保护决策。保护，作为一个领域和作为一种实践，必须整合这些价值（或文化意义）的评估，在其工作和更有效地促进这样的谈判，以文化遗产保护在公民社会中发挥有效的作用。

从可持续发展的角度，分为这四个方面：

①近现代城市建筑对当地经济发展产生积极影响，即为建筑所产生的经济价值，例如带动一些旅游经济的发展（从本身的建筑属性出发）；

②近现代建筑对人们物质生活影响；

③近现代建筑对环境产生影响；

④近现代建筑对人们精神生活影响等。

第 13 章　中国近现代建筑转型为世界文化遗产

13.1　世界文化遗产的突出普遍价值的概念

国际古迹遗址理事会（ICOMOS）1964 年发布的《威尼斯宪章》指出，遗产的价值可以用作利益的等价或者对财产的认可，平凡的作品随着时光的流逝可能拥有特殊的价值。为了合理评估遗产价值，联合国教科文组织 1972 年通过的《保护世界文化和自然遗产公约》，作为世界遗产的遗产地，应当是“从历史、审美、人种学或人类学角度审视具有突出普遍价值的人类工程或自然与人工合成工程以及考古地址的所在”。

世界遗产委员会所通过的《实施世界遗产公约操作指南》中，提出了“突出普遍价值（OUV）”的明确定义：“突出普遍价值指文化和（或）自然价值之罕见超越了国家界限，对全人类的现在和未来均具有普遍的重大意义。因此，该项遗产的永久性保护对整个国际社会都具有至高的重要性。”世界遗产委员会将这一条规定，作为遗产列入《世界遗产名录》的评估标准，用于评估遗产所蕴含的、最具代表性的文化和（或）自然价值。如一处遗产地被评定为“世界遗产”的关键条件，就是要具备对于人类的现在和未来都具有非常重要的普遍价值。符合世界遗产委员会特定的价值标准，同时通过比较研究，证明它在与世界范围内同样符合相应标准的其他遗产地相比，具有突出和不可替代的地位。《实施世界遗产公约操作指南》所规定的世界遗产的突出普遍价值标准（OUV）：

①人类创造精神的杰作；

②在世界某个历史时期或文化区域内人类价值观的重要交流，对建筑、技术、古迹艺术、城镇规划或景观设计的发展产生重大影响；

③能为延续至今或业已消逝的文明或文化传统提供独特的或至少是特殊的见证；

④表现人类重要历史阶段里的一种建筑形式、建筑或技术整体及其景观的杰出范例；

⑤是传统人类聚居地、土地利用或海洋开发的杰出范例，代表一种（或几种）文化或人类与环境之间的相互作用，特别当其受到不可逆变

化的影响变得脆弱的时候；

⑥与具有突出普遍意义的事件或生活传统、观念或信仰、艺术或文学作品有直接或实质性有形的联系（本条标准最好与其他标准一起使用）；

⑦极致的自然现象或具有罕见自然美和美学价值的地区；

⑧地球演化史中重要阶段的杰出范例，包括生命记录和地貌演变中的重要地质发展进程，或显著的地质或地貌特征；

⑨突出代表了陆地、淡水、海岸和海洋生态系统及动植物群落演变和发展的生态和生理过程；

⑩包含生物多样性原地保护的最重要、最有意义的自然栖息地，包括从科学或保护视角来看具有突出普遍价值的濒危物种栖息地。

突出普遍价值的若干条标准，自 1972 年至今，经历了多次修订，其中的第六条评价标准，作为其中非常特殊的一条，具有一定的代表性。遗产地本身作为非物质价值的载体，通过对其进行提名和保护，可以达到保存与其关联的非物质要素的目的。由于这条标准着眼于遗产本体中所蕴含的观念和人文活动，不可避免地使其成了颇具特别性的标准，常常涉及各国家和民族认同层面的复杂问题，因此是世界遗产发展过程中备受关注的一条标准，修订非常频繁。其中原因包括有文件质疑凭借标准 6，尤其是与某一国家和文明的历史事件和人物相关的遗产提名，强烈地受到了民族主义和特殊主义的影响，不符合《保护世界文化和自然遗产公约》的要求，一个提名地仅仅从国家视角考虑其遗产价值是不充分的，需要在国际层面上考虑其"突出普遍价值"的代表意义，而非容易引发争议的"突出历史意义"。1980 年改版的"操作指南"中，将"历史"改为"普遍"，旨在引导缔约国将关注点从遗产对国家的民族重要性，转移到其在世界范围内价值的普世性；强调了非物质价值载体的明确性以及关联程度的紧密性。之后在 1994 年版的"操作指南"中的标准 6，提出了文化景观的设立：它强调人与自然之间的相互作用关系，改善了历史局限下自然遗产与文化遗产长期割裂的状况，成为世界遗产的里程碑。世界遗产文化景观分为 3 个类别，其中第三类关联性文化景观的价值体现为宗教、艺术或文化等非物质人文要素与自然之间紧密联系并相互塑造。其中将"与具突出普遍意义的事件、观念和信仰存在直接或实质的联系"改为"与具突出普遍意义的事件、活的传统、观念、信仰、艺术和文学作品存在直接或实质的联系。"曾任英国国际古迹遗址理事会前主席的贝纳德·费尔登（Bernard M. Feilden），提出了历史建筑的情感价值问题。"简言之，历史建筑就是一个能给予我们惊奇感、并令我们想去了解更多有关创造它的人们与文化的建筑物。它具有建筑艺术的、美学的、历史的、记录性的、考古学的、经济的、社会的，甚至政治的、精神的或象征性的价值，但历史建筑最初给我们的冲击总是情感上的，因为它是我们文化认同感和连续性的象征——我们遗产的一部分"。更具体而言，情感价值，其内涵包括："①惊奇；②认同感；③延续性；④精神和象征价值”。贝纳德·费尔登没有单列社会价值，他认为社会价值主要包括情感价值，同时与对一个地方或一个群体的归属感相关。而《中国保护准则》将社会价值单列为一项。但无论是作为与艺术价值关联的情感价值，还是作为与社会价值关联的情感价值，都说明了这样一个事实：文化遗产带给人们认同感的主要源头来自情感价值。就建筑遗产而论，主要表现为建筑对人情感的影响，即“古建筑及古建筑群从整体有益于人的心理、呼应于人的情感作用标准。”众所周知，评价建筑遗产的价值，不仅看它的物质功能，而且在很大程度上要看它所表现的思想性与艺术效果。由于建筑的物质性相对而言一般具有客观的评价标准，而建筑的社会性或艺术性，往往很难有统一的看法，它涉及如何认识建筑价值观的问题。要解决这一难题，必须首先从建筑理论上加以认识。用不同的理论来衡量建筑遗产，就会得出不同的价值标准。然而，这并不等于说建筑的社会性或艺术性就没有标准，不过它是相对的标准，是在特定条件下的标准，是某种文化意识形态和建筑理论的标准。只有这样来理解和评价建筑遗产，才是比较客观的态度，辩证地思考。对建筑物质性的评价，具有“显”形的标准，而对于社会性艺术性及文化性等的价值判断，则是“隐”形价值观的体现。多元的时代必然导致多元建筑遗产理论的出现。建筑文化遗产呈现出多重性、多元化的价值要素，尤其是当代国际遗产界对遗产价值认识已有了多方面扩展，则是不争的事实。在申遗专家与研究者的被动接受与主动面对过程中，鼓浪屿的内涵逐渐被揭示，并与世界遗产标准产生某些契合。然而，目前对鼓浪屿的价值认识还比较肤浅，尤其是未能充分利用鼓浪屿丰富而系统的历史文献资料，深入揭示其固有的“突出普遍价值”。

13.2 作为世界文化遗产的鼓浪屿之价值

对照世界遗产“突出普遍价值”评估标准的描述，鼓浪屿的遗产价值，可以归纳出许许多多。鼓浪屿因其深厚的历史文化底蕴与秀丽的自然环境，以及依然不断有机演进的多元文化元素，于2017年由中国官方推荐申报世界文化遗产。

与具有突出普遍意义的事件或生活传统、观念或信仰、艺术或文学作品有直接或实质性有形的联系（本条标准最好与其他标准一起使用）；除了申遗专家与学者外，一般民众对鼓浪屿遗产的价值认识还比较肤浅。为此，我们必须充分利用鼓浪屿丰富而系统的历史文献资料，重新还原鼓浪屿文化建构的历史过程，进而达到对鼓浪屿进行整体的、本质的描述。针对作为中国近代城市建筑特殊典范的鼓浪屿，究竟有哪些潜在价值及其涵盖的文化内容值得更为深层的探讨呢？在以突出普遍价值为蓝本的基础上，将从鼓浪屿上的遗产建筑在形式设计、材料质地、使用功能、传统工艺、位置环境以及精神情感6个方面，对遗产地在生态价值、建筑价值、艺术价值、历史价值、社会价值、科学价值、技术价值、城市景观价值、关联价值、年代稀有价值、文化价值、经济价值、教育价值、情感价值、景观价值、政治价值、公共价值、宗教精神价值、象征价值等若干层面，进行展开研究与探讨。

13.2.1　鼓浪屿遗产的历史价值

鼓浪屿是浮现于碧波之上方圆 $2km^2$ 的著名"圆洲仔"小岛。礁石铭刻着历史的印记，远至宋末元初，也只是有渔民居住于岛上。原只是位于中国福建省南端的一处海湾地带一个港市厦门西南的平凡小岛，它有自己的居民，有成型的村落，还有明末清初郑成功驻兵的遗迹。1903 年公共租界的设立，独特的治辖环境，吸引了大批富裕的华侨，兴建了近代化的新式住宅与公共设施，形成了有别于历史旧城镇的近代化新社区。对于鼓浪屿历史价值的再追寻，就其学术架构的历史地理范畴而言，鼓浪屿在中国的海疆史研究中具有重要的历史价值。无论是鼓浪屿的人文特征，还是其人文形态，均构成为海疆史学术体系中不可或缺的核心环节。围绕鼓浪屿构筑相关历史时期的海疆范畴与其历史价值，成为中国尤其明清时期海疆史学术体系中不可或缺的核心环节。从中国海疆史研究的视野而言，鼓浪屿的自然地理范畴应包括海岸线、海岛、和海域。1982 年通过的《联合国海洋公约》第 121（1）条规定："岛屿是四面环水并在高潮时高于水面的自然形成的陆地区域。"鼓浪屿岛的历史价值，来自其人文形态，与其相邻的闽南金三角陆地人文形态具有不同点，又有相似处。集中表现在物质遗存和文化遗存两个方面。其历史的叙述多散见于地方文献资料与历史资料中，经过了历史学者或地方史学者的解释而呈现在各类二手书籍中。

然而其在中国的历史古籍文献的描述中究竟是怎样的？带着这个问题，通过对现存国家图书馆古籍文献馆藏资料检索，发现在现有的电子版古籍文献中，录入"鼓浪屿"竟然自动生成近千条的原始数据——关于中国古籍文献中对于鼓浪屿的有关论述以及背景资料。由此一手数据资料，运用考据方法，对古籍文献中出现的鼓浪屿及其语义进行研究、考核、辩证，以期确凿有据地建构鼓浪屿在中国历史中的历史剪影与民族之根，并呈现出所具有的历史价值。

据国家古籍文献资料馆藏电子版，以鼓浪屿为关键词的古籍文献现在已经搜集到的 173 篇，其中史书类 84 篇，占 48.6%，位居首位。诗集／文集类 26 篇，占 15%，位居第二。专著类 20 篇，占 11.6%，位居第三。战事 14 篇，占 8%，位居第四。地方志文献 11 篇，占 6%，居第五。传记类 10 篇，占 5.8%，居第六。杂文 4 篇，游记 4 篇，各占 2%，并列位居第七。关于鼓浪屿的文献，是鼓浪屿的历史素材，我们可以通过对文献的区分、组合，寻找其合理性，建立其关联性，从而对鼓浪屿作出整体的、本质的描述，揭示其真正的"突出普遍价值"。以上文献，主要研究的是鼓浪屿及其历史、军事、物质载体、如摩崖石刻寺庙。根据突出普遍价值与遗产本体所具有的5个价值学说（历史、科学、美学、社会、文化）为学科背景与理论基础，探寻鼓浪屿被推荐为世界遗产的真正原因，进一步揭示鼓浪屿有别于其他同类型遗产地所具有的“突出普遍价值”。基于此，首先梳理了鼓浪屿现代百多年的简史，对鼓浪屿在时空上的相互演替做了总结，由此辨明我们究竟应该如何揭示鼓浪屿的时代意义？如何揭示遗产地与景观之间的关联性？如何揭示现存景观与那些遗失景观之间的联系？

福柯在《知识考古学》序言中，对“历史遗迹与文献”的关系做了深刻的分析，对我们颇有启迪意义。他认为：“就传统形式而言，历史从事于‘记录’过去的重大遗迹，把它们转变为文献，并使这些印迹说话，而这些印迹本身常常是吐露不出任何东西的……在今天，历史则将文献转变成重大的遗迹，并且在那些人们曾辨别前人遗留印迹的地方，在人们试图辨认这些印迹曾经是什么样的地方，历史便展示出大量的素材以供人们区分、组合、寻找合理性、建立联系，构成整体……历史只有重建某一历史话语——对历史重大遗迹作本质的描述——才具有意义。”

13.2.2 鼓浪屿遗产的使用价值

建筑除了满足基本功能需求外，样式风格，具有非常特别的规划布局与设计，结合或代表某种风格，内部壁画装饰，原建筑材料依然清晰可见，且状态良好，具有建筑美感。形式随从使用功能的时代特殊表达方式，且是该类型的建筑的典型表达、工艺水准，建筑已经被当作“艺术品”，表现了建造的技巧，建筑物坐落何处？与功能相关的它对于环境的视觉影响。

建筑物在文脉中的美，旨在愉悦生活者以及来访者。这些都证明着历史建筑的功能价值；建筑设计样式是财富的表达，再利用可以保护资产价值，在带动旅游同时也使资产增值，代表了具有经济价值的历史建筑存在的合理性；代表建筑或规模建造过程，使用某种尺度的建筑材料，用于室内设施，有生命的建筑是环境发展及生活与服务设施间关系的一种表现，是社区进行的社会交往的一部分，建筑表现了使用某种工艺和技术的小规模的建造过程，建筑位置在环境发展中具有战略性地位，对当地社区而言，常作为正在进行的社会交往的一部分，建筑承载的群体记忆与集体认同，是公众情感纽带，常与事件或节庆发生关联，因而具有社会的价值；建筑样式作为政治符号，材料使用作为权力的表示，与政治密不可分为政治家们服务，权力决定使用何种传统工艺，政治决定建筑在环境中地位，历史上哪段时期何种建筑具有价值，完全体现了政治作用之下的政治价值。

13.2.3 鼓浪屿遗产的文化价值

建筑如石头史书，具有记录与纪实作用，建筑的设计对于过去一个时期各个方面提供信息；方法与材料，工艺和技术的使用，在文化传统中继续起作用，而具有历史价值，一些建筑图案，也许可以用到其他装饰设计中；因为是地区或类型很少的遗迹之一，或孤例，无可替代的物质证据，原建筑材料来自不同地区，表现使用古老方式且不再生产这种材料，建筑曾经是区域体系之一部分，是该地较少几个幸存案例之一，其年代久远，是独一无二百里挑一，稀有建筑材料决定其各自独特的风貌特征，某种区域之内某种特殊功能，使用地方材料制造工艺或建筑技艺，建筑使该处环境与别处不同而具有稀缺性，极具有考古价值；美学的象征的；反映生活方式及建造过程，建筑是其时使用制度的一部分，并且表现了各功能在其时如何运作，一些技艺用来实施，作品表现了一个时期的建造实践，设计及比例尺度等的示范性品质，建筑物对每日生活质量具有贡献，因而具有建筑价值；建筑设计与形式顺应自然气候环境，就地取材尊重顺应自然并保护自然环境，从以自然为中心到人为中心转为人与自然和谐共处功能定位，绿色传统制造工艺与技术，例如生土材料，竹藤工艺，与自然和谐共存、协同发展天人合一、道法自然，对天人关系认知、感悟和道法自然精神境界的实现，建筑用于处理与文化景观关系，参与到一个特定的历史时期历史事件之中的实证，组成城镇景观一部分，建筑并非孤立于所处的环境，一组建筑或街道或城市设计构成整个景观的一个有机部分，材料与景观形成视觉的连续，建筑是重要的导视系统，工艺构成人造传统景观，建筑成为环境中一个不可分割的组成部分，景观形成整体的情感记忆，一组建筑的价值超越其个体建筑而构成地景以及生态价值；原形式、类型，原型演化等实物的留存，可作为类型或特殊结构研究素材，对遗产兴趣者可以考证建筑所用材料和技术痕迹，材料包含某时期建造过程所包含信息的科学性，原匠艺与空间，代表技术发展与其形状密切关系之科学痕迹，建筑技术信息提供科学研究参考，以往技术和工艺的可能性，木工技术、木雕砖雕技术，具有科学信息，该建筑位置关乎其使用及技术发展信息，借此进行科学调查，设计与样式可以作为范本教育资源，建造复制品，可以用作为教育工具来使用。科学价值与教育价值是联系在一起的。可以为儿童到老年等各年龄段提供大众性的培训。

鼓浪屿历史建筑遗产持续至今的关键作用是其文化价值。所谓遗产建筑的文化价值，就形式设计而论，设计对于过去一个时期各个方面提供信息；在材料质地方面，材料在当下文化传统中，继续发挥作用；就使用功能而言，有些建筑图案，也许可以用到其他装饰设计中；就传统工艺而言，工艺和技术的使用，在当下文化传统中继续起到作用；就精神情感而论，反映了生活方式及建造过程。 鼓浪屿是朦胧诗诞生之地，同时，鼓浪屿丰富的物质与非物质文化遗产，促生了岛上许多的历史建筑，再利用为博物馆。当下，遗产自然生成博物馆的实践，已经无处不在地改造着当地的社会、经济和文化生活，并且塑造着当地人的认同感。例如鼓浪屿八卦楼，作为历史遗存建筑又是鼓浪屿地标性建筑，本身折射了社会变革和历史事件以及鼓浪屿本土文化，从这个层面上说，该建筑极其具有文化价值。正是基于这一属性，该遗产建筑，一直从私人公馆转变为公共的厦门博物馆，而今再度华丽转身为鼓浪屿的风琴博物馆而对全社会开放，是国内仅有的以风琴为主题的博物馆，对于风琴艺术品和工艺的传播有着一定的作用。吴氏宗祠，则承载着闽南的地方匠艺。正如世所公认的，闽南民居营造技艺发源于福建泉州，始于唐五代，是闽南地区古建筑技艺的代表。2009 年，该营造技艺作为"中国传统木结构营造技艺"之一，入选人类非物质文化遗产代表作名录。但随着时代的发展和人们居住观念的改变，现代建筑正严重地挤压着传统木结构建筑以及相应的营造技艺的生存空间。吴氏宗祠，改造再利用为福建漆画工艺博物馆，响应了遗产和博物馆的热潮，正日益挑战代表本土文化走向外面世界的方式，同时，保护和保存本地的本土文化价值，紧扣政府自上而下的遗产政策与操作方法，声明拥有自己的文化传统的鼓浪屿，时下正以遗产与博物馆旅游带动消费。

伴随着贸易必然产生文化交流，而为该地创造出独特的人文底蕴与文化价值。一座住宅的风格、一个家庭的气氛，无不体现着主人的品格。最初对于装饰风格的选定，是与个人的文化修养有很大关系的，同时，也是他的身份、地位及当时的社会流俗与时尚的间接反映。风雨的侵蚀，日月的积累，使住宅的内与外都会不自觉地产生出一种氛围，而这种氛围的产生，当然有它的自然因素，然而更为重要的是人文因素的渗透。例如吴氏宗祠的核心价值，突出表现在其文化价值上。建筑可以归为其突出的闽南文化代表价值。宗祠建筑本身承载了闽南传统建筑文化；宗祠的社会地位也承载了闽南传统生活的记忆与闽南祭祀文化记忆。

13.2.4 鼓浪屿遗产的情感价值

包含建筑本身的新奇样式令人感动，产生奇妙感觉；使用建筑的人，会被建筑空间艺术所融化，从而在情感上，建筑与人相互之间或许有所附属，产生相互的身份认同；参观建筑的人会被空间艺术的连续性所感动；建筑工艺艺术成就具有精神意义；建筑设计与样式，成为象征符号，具有象征意义。或者因纪念历史某个时期的事件，随时间推移，建筑或场所具有象征意义。

根据国家文物局与美国盖蒂保护所、澳大利亚遗产委员会 2014 年底修订编制的《中国文物古迹保护准则》，可以包含有五大价值说：历史价值、艺术价值、科学价值、社会价值和文化价值。随着时代变迁，对遗产价值的强调各有侧重。建筑遗产，指具有一定价值的有形的、不可移动的文化遗产，不仅包括历史建筑物和建筑群，也包括历史街区和历史文化风貌区等能够集中体现特定文化或历史事件的城市或乡村环境。情感价值就形式设计而言，建筑本身的新奇样式令人感动；就使用功能而言，主要指使用建筑的人会被建筑空间艺术所感动；就传统工艺而言，建筑工艺艺术成就令人感动；就位置环境而言，在情感上建筑或许有所附属；就精神情感而言，参观建筑的人会被空间艺术所感动。

鼓浪屿堪称中国最美之雅憩所在。岛上有过民族英雄郑成功的足迹，有过弘一法师李叔同的足迹，有过华侨领袖陈嘉庚的足迹，有过文学巨匠巴金的足迹。林语堂其在岛上故居历经童年与青年时代的生活滋润，撰写出他一生的生活的艺术。在辞藻矫饰的世界里，保持住了生活的朴实真挚。鼓浪屿还是女诗人舒婷的诗歌灵感的来源之地，是钢琴家殷承宗的音符，也是鲁迅写给许广平情书中的言语。所谓生活的艺术如此简单——享受悠闲的生活，只需要艺术家的性情，在一种全然悠闲的情绪中，去消遣一个闲暇无事的下午。鼓浪屿曾经是一座悠闲而与世隔绝的虚静淡泊的小岛。其文化遗产呈现出多重性与多元化的价值。在鼓浪屿的许多人文情怀浓郁的人们心中，鼓浪屿，以场所感为人们创造出强烈的认同感与精神象征作用。

13.2.5　鼓浪屿遗产的史料价值

人们在鼓浪屿岛开展社会活动的文化遗存，被文字记载在多种历史文献资料中。因此，从历史研究的学术视野，对国家档案馆中的历史文献进行系统研究和深度解读，对于发展鼓浪屿旅游文化、推进申报世界遗产工作，具有认识论意义与实践价值。

起源于新石器初期的中国东南沿海及台湾海峡各岛屿，沿海水域成为"进化的渔人"的自然环境。考古学家将福建省厦门附近金门岛的地点命名为"富国墩"，那里发现有非常多的贝壳和蛤，至少已经发现了与之密切相关的文化或组群，沿着大陆海岸，受到更为内陆的文化影响，丰富多样的地方文化，在同样的时间范围内得到发展，最终形成后来的新石器文化模式。中国海疆史研究表明，早在公元前后的汉代，中国人民已经开始在海上航行，并逐步开辟了以沿海各地为基点，通向东南亚各国、印度洋以及波斯和红海等地的海上航线，这条航线被后人誉为"海上丝绸之路"。作为中国走向世界的黄金水道，它在联系中国与世界、促进东西方文化交流中所发挥的作用，绝不亚于陆地"丝绸之路"，在某些历史时期，海上"丝绸之路"的地位甚至超过了陆地"丝绸之路"。与陆地丝绸之路日渐衰落形成鲜明对照的是，唐代，远离帝国遥远的一个角落，即今日的福建，因为与远至印度洋国家的海外贸易，而有着特别的发展。蜿蜒的海岸线和很多具有深水港的海湾，为沿海城市的发展，提供了特别好的条件，至唐代海上丝绸之路迎来了它的黄金时代。这一带，航船和贸易是最为重要的职业。

除了已经是几代的主要海外贸易中心的广东外，福州、泉州和漳州这样的城市，成为极具重要性的地方。在福建省九龙江上的船，与广州的泥塑模型几乎是同样的类型。而到了宋元两代，海上丝绸之路更是达到了其鼎盛时期。"古航道"集纳了古代中国物质文明与精神文明的多种人文元素，是海岛人文形态中不可或缺的组成部分。宋元时代，泉州作为东方大港，在海上丝路贸易与文化中起到关键作用。明代初始，朱元璋实行闭关自守的"海禁"政策，就是禁止明代之前私人船只出海进行民间的海外贸易，以往由官方许可派船进行官方海外贸易也受到严格限制。"海禁"影响了私人船只以及官方船只出海贸易，外国商船也禁止来华。中外物品交换被严格限制在规模甚小的朝贡贸易范围内。明永乐年间，因为郑和下西洋而海禁政策有所松弛，鼓浪屿与外界海上交易也渐有发展。正德年间开始抽分制，明廷在海外贸易中有了税收，从而改变了海禁局面，西方殖民者陆续东来，私人海外贸易得到较快发展。以葡萄牙为主的西方商人与中国商人曾有过悄悄的海上贸易，鼓浪屿及厦门周围诸岛，都曾是这些交易的海上地点。

在《海国图志》卷一中，有对于福建的泛论："福州泉州地域，水流湍急，涨潮可以通船而退潮时容易搁浅，所以半日内不能直达，所以敌军大船不敢闯入。守卫的地方只有厦门，厦门有鼓浪屿作为其屏障，大船入港可以进虎头关，小船可以到税关。之前在口设置炮台，不足以制服敌寇，仅能自守。"

13.2.6 鼓浪屿遗产的科学价值

所谓建筑遗产的科学价值，主要指遗产建筑中所蕴含的科学技术信息。建筑技术或建筑材料，令建筑包含该时期建造过程所包含信息的科学价值。反之，这些信息又为保护提供参考意义。作为近现代历史遗迹和遗物的鼓浪屿建筑，当时建造、制作的目的是人们实用。从布局、形式、用材、装饰等方面，都能提供历史借鉴，具有科学研究所需要的史料价值。一个时代的建筑遗产，在某种程度上一定代表着当时那个时代的技术理念、建造方式、结构技术、建筑材料和施工工艺，进而反映当时的生产力水平，建筑物建造过程中的技术体系与先进的建造技术贡献，成为人们了解与认识建筑科学与技术史的物质见证，对科学研究具有重要的意义。作为文化遗产的鼓浪屿岛上的建筑，演变发展至今所蕴含的科学价值，实际上也是建筑遗产所携带的历史信息的一部分，岛上的遗产，是宝贵的实物依据。从建筑形式设计的角度来谈科学价值，建筑的原形式、类型、原型演化等实物的留存，可以作为类型或特殊结构研究素材。以鼓浪屿核心要素建筑八卦楼为例，这座建筑是西方古典复兴式风格与本地建筑形式的结合，八卦楼本身的防潮层设计契合了本地建筑传统形式和生活方式，是西方建筑形式与本地文化融合结果，并且其具有十字中轴线的平面布局穿插了中国古典"八卦"的元素，在强调了轴线元素的同时，体现了中心性，八角的空间也是西方建筑中所罕有的。

从传统工艺的角度来谈科学价值，以往技术和工艺的可能性以及传承。并且宗祠中存在诸多濒临失传的传统匠作作品。从位置环境的角度来谈科学价值，探讨该建筑位置关乎其使用及技术发展信息，借此进行科学调查。再以鼓浪屿的八卦楼建筑为例，该建筑坐拥鹭江，成为鼓浪屿的名片与象征性符号，其西方古典复兴式风格，具有极重要的研究价值，西方古典复兴式风格中柱式的形式和建筑的比例和尺度也是值得在本土语境中研究的内容。从精神情感的角度来谈科学价值，探讨建筑物是精神与情感的寄托，失去便是巨大的情感缺失，是与教育价值联系在一起的。以岛上的海天堂构建筑群为例：海天堂构主楼采用清水红砖做法，极大地体现了闽南人对红砖的热衷，而这种热衷是感性与理性的交融。感性——闽南人热衷于富贵的追求，红色是中原汉文化的一种宫廷庄重、喜庆色彩，红砖建筑正是闽南人在不同的经济条件下对宫廷居住观念的一种曲折表达。理性——闽南人对财富的理性支配，闽南石材建筑分布广泛，选用石材是在闽南地域、气候、资源、材料性能等因素综合最经济、合理的选择，选用红砖作为建材，也是在于其具备了石材的优势，同时弥补了石材在颜色上的弱势。从使用功能的角度来谈科学价值，原匠艺与空间，代表技术发展与其形状密切关系之科学痕迹，建筑技术信息提供科学作为研究参考。

第 14 章　鼓浪屿当下诗意的栖居

14.1　昔日的鼓浪屿

在国家古籍文献中，其中有 175 篇幅中出现有鼓浪屿字样。这座宋元时期荒无人烟的岛屿，在大航海时代，曾经起到了举足轻重的作用。欧洲人对于远东的遥想，来自意大利旅游家马可·波罗笔下那如梦似幻的 Cathay，一个现实与神话融为一体的国度。直到 16 世纪海上丝路贸易的发展以及葡萄牙人在澳门的落地生根，东西方的文化交流才沿着海岸线拉开并延展她的丝丝缕缕。16 世纪末，随着在远东以罗马天主教传教士们的频繁传教，耶稣会所采用的特殊策略，最终消融了中国人由于长期以来的自我中心，或自大和自闭于西方世界的局面，原来东西方之间意识形态间的壁垒慢慢消融，明清两代，传教士们已经在朝廷中穿堂入室，执掌朝政。这些精心培育和准备的罗马教廷的传教士们，或带来欧洲的宇宙天学、数学科学，或传授西方的艺术、宗教、与文化，他们成为福音的传播者，从欧洲到中国，从中国到欧洲。传教士们送回欧洲的中国形象，是一个与西方文化完全可比的具有深厚文化和传统的国度；而他们带来的令中国人耳目一新的，是欧洲文化与科学的发展与进步。当宫廷中人或上层富裕人士，把玩着欧洲制造的器皿时，也许并未意识到，早在明末清初之交，基督教传教士们就已经润物细无声地将传教使命渗透到中国社会的宫廷上层，最高级别的受洗天主教基督徒是明代末年的大臣徐光启。基于神学和道德的文化，以及与科学技术及艺术相结合的潜移默化，因而这批传教士在中国人眼里，被看作为西方学者。西风东渐，岛屿成为西方殖民者在中国东南沿海首选的居住地。在大自然伟力作用下诞生的鼓浪屿，经过了若干个世纪的人们在岛上的活动，沧海桑田，几经变迁。该区域独特的地理因素与生物圈，构建了她的地质动力。的确，鼓浪屿永远是飘逸的、流动的，宛如钢琴家指尖的音符。在《存在与时间》中，海德格尔关于人类的无核生存论述中，试图以无核心的人类身份模型，证明人们不是作为离散的点或彼时插入世界的成堆的人类生活来存在的。相反，通过加入人类活动的潮流从而意识到我们是谁，在这个过程中我们学会拥有一个团体和身份。一个不参与某个共享的人类生活的孩子是会死掉的。我们无法想象人类生活，能够不以内嵌于一个共享的文化或不被一个共享文化构成。根据岛屿在中国文化与自然环境乃至在城镇历史语境下，在探讨共享的遗产文化价值之前，很有必要先就鼓浪屿在突出普遍价值与中外文化交流可能涉及的名词与概念进行一下探讨。对于鼓浪屿来说，传统意味着流动。无论是在历史上大量外国殖民者来此居住，还是当地居民出海谋生，抑或华侨家族和台胞亲属的往来穿梭。如果说，鼓浪屿留给我们什么的话，从物质层面看，环岛的无垠沙滩与海岸，突兀的岩石与山丘，异国风格纷呈的各类建筑，以及丰富的国际人群与全球网络。在非物质层面，鼓浪屿的琴声飘扬过海，海之韵与鼓浪屿之歌，一直伴随着世代人的记忆，飘荡在人们的脑海与心中。

她是基于动态相互作用的众多现象复杂的融合。 基于密度的增加，社区邻里与居民间的连续合作，往往使得社会经济得以改善。十几年来，人们生活水平不断提高发展，全岛的基础设施有所更新改善，在岛的生产与消费，主要依赖其“国家级风景旅游区”的名称资源。这一资源，不单是因为“她”有着秀美的自然山水风光和独特的人文景观，还因为“她”所独有的宾至如归的亲切感觉与环境象征与仪式，都远远超出中国社会所能反射的城市景致。鼓浪屿因特殊的历史与自然环境所形成的独特社会关系，也是一笔丰厚的财富。正是自然与人文这两者共同的因素，构成了这座小岛的风情。中外建筑文化的交融源远流长。中国的历史上，出现过若干次的中外文化与艺术的交流。作为历史的见证，至今在我国的很多城市和地区，还留有昔日的建筑遗痕，有些，则成了城市里的重要景观。鼓浪屿虽然仅为弹丸之地，然而确如麻雀一般，五脏俱全。岛屿在形态层面、人口层面、经济层面、社会文化层面、管理层面，以及规划等层面，有许多的向度足以令我们今天进行更为深入地探索和研究。社会学者与地理学者经常对所选地进行彻底调查并经常将其归结为一个整体，但经常只见森林不见树木，忽略整体中的象征性向度及其相关解释。而另一方面，建筑学者与人类学者，对于符号与仪式等有所关注，然而却只关注细微的符号与仪式，只见树木不见森林。如何弥补学科间隙，成为当代城市人类学、特别是文化遗产领域的关注点。聚焦于所选地的文化向度，朝向以建立符号和仪式的分布和意义及其与文化环境的关系。其中心内容，是研究社会生产与再生产，以及象征和仪式的消费。仪式是意义建构框架内经常性的行为规范；而象征相比标志而言，是一个意指其他别的什么的东西，其蕴含所承担的外在价值，特别是世间百态在城市空间中的分布以及对其现象的描述与分析，包括贯穿不同的现象而呈现与表达，例如，一地的布局、建筑、雕像、街道与地名、诗歌及礼仪、节日或节庆，当然也包含神话、小说、电影、音乐及网站，这些都可称为是符号承载体。 一个浑然一体的鼓浪屿，其中包括符号与仪式等在内的文化维度，很少也很难被确定为科学。

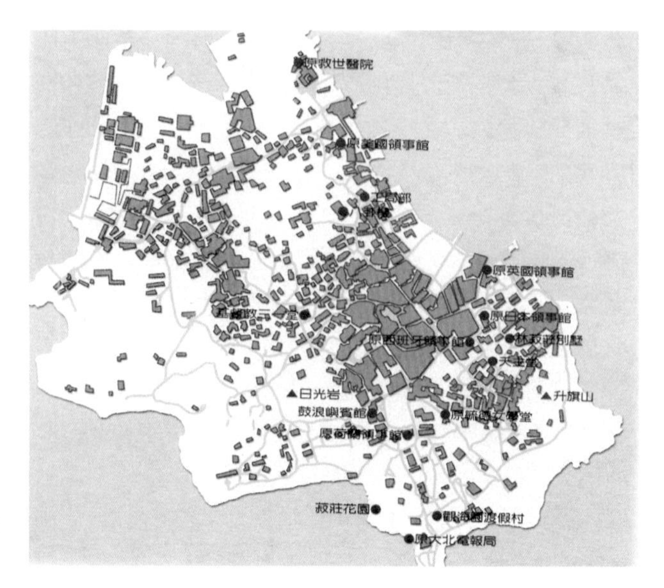

图 14–1　鼓浪屿全图示意（先有宅，后有路）

外国殖民者在《南京条约》后，近半个多世纪的居住并占据岛屿，在 20 世纪初，联合组织了“道路墓地基金委员会”，环绕自然业已形成的、遍布岛屿的住宅，修建了道路，并沿着道路两边栽种了各种树木。但这些道路依然是没有经过规划布局的、支离破碎的道路片断。 道路形式是岛内最常见的道路形式，蜿蜒、曲折、高低起伏。建筑完成后的空地上自然形成了路，因而道路非常不规则，宽窄不一。这是先有宅，后有路的结果（图 14-1）。

《南京条约》与《厦门鼓浪屿公共地界章程》：1843 年后，厦门根据《南京条约》开辟为通商口岸。鸦片战争时期，英军曾占领鼓浪屿，《南京条约》后的五口通商，使海上交易变为公开合法了。从 19 世纪中叶开始，各国来厦门贸易日趋频繁，而鼓浪屿成为西方列强的首选居住地。日本在甲午海战后占领台湾，为避免日本进一步觊觎厦门，清政府决定请欧洲列强“兼护厦门”。1902 年，英国、美国、德国、法国、西班牙、丹麦、荷兰、瑞典挪威联盟、日本等国驻厦门领事与清福建省兴泉永道台延年在鼓浪屿日本领事馆签订《厦门鼓浪屿公共地界章程》，由此鼓浪屿成为公共租界，次年 1 月，鼓浪屿公共租界工部局成立。因各国势力以及口岸贸易目的，清政府认可鼓浪屿于 1903 年被正式划为公共租界，确立了多国共管的自治管理制度。

在随后的 20 世纪 20 年代，一些游历海外的归国华侨与百姓投入了大量的人力、物力、财力和聪明才智于鼓浪屿的筑路活动中。这时候的道路建设更注重寻求新秩序，同时侧重于提高道路的质量。为了能够连贯整个岛屿，先后出现了开山、填海、征服自然的举措。但鼓浪屿丘陵起伏，岩石丛生，复杂的自然地形条件，限制了更为城市化筑路方式和可能性，但却形成今日这种纵横交错的自然道路格局（表 14-1）。

鼓浪屿建筑大事年表 表 14–1

建造时期、年代	发展过程、事件	建筑名称
Ⅰ：17 世纪—1840 年	1646 年郑成功将鼓浪屿作水师基地；1820 年后英国商人大量涌入厦门	日光岩寺，种德宫，黄氏宗祠，传统闽南大夫第，红砖四落大厝，郑成功相关历史遗存
Ⅱ：1840—1860 年	第一次鸦片战争 1840 年厦门开埠	
1844 年		英国领事官邸
1844 年		英国伦敦差会住宅
1844 年		廖宅
1845 年		英商和记洋行
1846 年		和记洋行仓库遗址，和记码头
1850 年前后		西班牙领事馆
1850 年		山雅各别墅
1850 年		伦敦公会男校
19 世纪 50 年代		林语堂故居
1858 年		西班牙天主堂
1859 年		榕林别墅
1860 年		法国领事馆
1860 年		厦门海关税务司公馆
Ⅲ：1860—1895 年	第二次鸦片战争	
1863 年		协和礼拜堂（原英国礼拜堂）
1864 年		美国领事馆
1865 年		厦门海关副税务司公馆
1867 年		海关总巡公馆
1868 年		厦门海关升旗站
1869 年		大北电报局（兼丹麦领事馆）
1869 年		英国领事馆
1869 年		德国领事馆代办处
1870 年		英国副领事公馆，厦门海关“帮办楼”
1873 年		汇丰银行行长公馆，汇丰银行职员宿舍，林祖密故居，林氏府
1875 年		日本领事馆（1896 年翻建）
1876 年		万国俱乐部
1877 年		怀仁女子学校
1878 年		英国汇丰银行厦门分行
19 世纪 80 年代		毓德女子学堂，田尾女学堂，德记洋行
1883 年		厦门海关理船厅公所，灯塔管理员公寓司公馆，海关同仁俱乐部
1888 年		缉私舰长住宅
1889 年		养元小学
1890 年		比利时领事馆
1894 年		救世医院

续表

建造时期、年代	发展过程、事件	建筑名称
Ⅳ：1895—1903 年	1895 年甲午战争日本占据台湾，大量台胞和华侨归国	
1898 年		救世医院及附属护士学校，英国英华中学，怀德幼稚园，吴添丁阁
Ⅴ：1903—1927 年	1903 年，英图、美图、德图、日本等十国驻厦领事与清政府代表签订《厦门鼓浪屿公共地界章程》	
1903 年		鼓浪屿工部局，洋员俱乐部
1905 年		会审公堂，福音堂
1907 年		厦门电话公司经营处
1908 年		八卦楼，闽南圣教书局
20 世纪 10 年代		中国银行，美孚石油公司办公楼
1913 年		菽庄花园
1917 年		天主堂
1918 年		日本博爱医院，观海别墅
20 世纪 20 年代		黄家花园，黄荣远堂，瞰青别墅
1921 年		厦门电话股份公司，中南银行
1922 年		厦门电话电报公司（附设海底电缆）
1926 年		美国毓德女中
Ⅵ：1927—1941 年	华人力量崛起，华商从事房地产经营，投资私家住宅和公共设施	
1927 年		三丘田码头，黄仲训公馆，亦足山庄，船屋，时钟楼，仰高别墅，金瓜楼，美园，殷承宗旧居，西林别墅，东升拱照，番婆楼
1928 年		日本领事馆扩建（增设警察署和宿舍），私立宏宁医院，延平公园，延平戏院
20 世纪 30 年代		杨家园，观彩楼，迎薰别墅，汝南别墅，李家庄，海天堂构
1933 年		三一堂，春草堂，海关电讯发射塔
1934 年		美国安献堂（美华学校），博爱医院
1935 年		自来水公司
1936 年		“三一堂”落成
1937 年		荷兰领事馆
Ⅶ：1941—1945 年	太平洋战争爆发，城市建设停滞	码头区临时建设大量难民营
Ⅷ：1945—1949 年	国民政府接管鼓浪屿，近现代建筑史结束，进入当代建筑发展阶段，保持原有城市格局功能分布	私有住宅少量增加

14.1.1 鼓浪屿的 17 世纪—1840 年的历史建筑

鼓浪屿岛上丘陵遍布，逶迤起伏，最高峰龙头山与厦门的虎头山隔海相望。虎踞龙盘，把守着厦门的进出港口。攀上龙头山顶峰的那块巨大岩石，你将会第一个沐浴在霞光里。人们因此将“日光岩”这个美丽的名字赋予给它。鼓浪屿素有“海上花园”之称。岛上生长着亚热带的奇花异果、珍稀林木。鸟语花香、风光旖旎。1573 年，日光岩上首现石刻“鼓浪洞天”。因岛的西南端一个海蚀溶洞礁石而得名，每当海涛冲击，发声如擂鼓，礁石因名“鼓浪石”。1586 年，日光岩上建了莲花庵，因坐落在鼓浪屿的最高峰日光岩上而得名“日光岩寺”。明代正德年间（1506—1521 年）建寺，也正是西方世界地理大发现的航海时代，面对“全球化”的西风东渐，以陆九渊和王阳明发展出来的“陆王心学”，一方面主张“心即宇宙”以及“心即理”，断言天理、物理、人理皆在人心。正德是历史上多位君主的年号，而正德皇帝明武宗精通佛学与梵文。内忧与外患，天风与海涛，日光岩上极目远眺是无边的海洋，依山而建的莲花庵，因荷花的根茎多种植在池塘或河流底部的淤泥上，荷叶浮出水面，花色从雪白、黄色、淡红色、深黄色、深红色，莲子千年不衰，繁殖力旺盛，正释出了人们期待鼓浪屿出之淤泥而不染的心性。万历年间（1573—1620 年）再次修建，直至清同治年间，增建圆明殿、弥勒殿、八角亭，近代以来，接受海内外信众捐赠，翻修了大雄宝殿、新建了山门、钟鼓楼、平台、法堂、僧舍、膳堂，历代僧人络绎不绝于此，弘一法师李叔同曾在此闭关坐夏数月，写作观音菩萨正文，以岩壁镌刻铭志。

鼓浪屿岛的历史，正是伴随着福建的海疆史而发展起来的。与郑成功的海上浮沉更是密不可分。郑成功海上称雄，1646 年将鼓浪屿作为水师基地，1650 年在日光岩安营屯兵，操练水师，抗拒清兵。如今，日光岩上尚存有当时建造的水操台、石寨门、拂净泉等故址。这些都是与郑成功相关的历史遗存。

此外，鼓浪屿还有民间历史上的种德宫寺庙与宗祠（图 14-2、图 14-3）。庙宇与宗祠具有浓重的闽南地域性与民族性；与比邻的种德宫一起，在鼓浪屿成为闽南传统地域建筑的代表，也是保存和展示闽南传统文化的载体。与民间庙宇相比，宗祠更加严肃与朴素。与传统闽南大夫第及红砖四落大厝相比，种德宫及宗祠更具民俗色彩，在鼓浪屿“万国博览”称号中成为中国古代地域建筑的代表，成为保存和展示闽南传统文化的载体，直至 1820 年后英国商人大量涌入厦门。

14.1.2　1840—1895 年鼓浪屿的历史建筑

第一次鸦片战争后，鼓浪屿这美丽的岛屿沦为“万国殖民地”。德国的领事馆也尚存遗迹（图 14-4）。在此时期，由西班牙人设计了天主教堂。与西方教堂相比，体量小，造型相对净化。吸引着众多的天主教徒（图 14-5）。

图 14-2　鼓浪屿的原始景观民间庙宇　明信片（一）（左）

图 14-3　鼓浪屿的原始景观民间庙宇　明信片（二）（中）

图 14-4　在鼓浪屿的德国领事馆（右）

图 14-5 鼓浪屿天主教堂（上左）

图 14-6 鼓浪屿圣三一堂（一）（摄影，梅青，1987 年夏）（上右）

图 14-7 基督教圣三一堂（二）（下左）

图 14-8 早期传教士兴建的教会学校 （摄影，梅青，1987 年夏）（下右）

基督教圣三一堂，建于 20 世纪初，平面为正十字形，4 个立面基本一致，严格按照古典的建筑模式。教堂的屋顶屋脊正交处设计有内部为钢骨架的穹隆顶，采用当时十分先进的钢骨穹隆顶，它出自中国的土木工程师之手，其结构技术是十分先进的。外观完工于 20 世纪初。立面为古典形式，山花及檐口均采用西式做法，所用建筑材料为闽南盛产的红砖。此外，还有分散在鼓浪屿各处的教堂，为适应当地文化而采用中式外观及细部装饰。至今，各教堂都有祈祷仪式。鼓浪屿的教徒，始终是全国各地教徒人数比例之最高者（图 14-6~ 图 14-8）。

传教士们还兴建了教会学校，有小学、中学，也有专设的男女分校。这些教会学校的建筑大多采用不同于其他建筑的材料，以区别于别种类型的建筑，多为粗质暗红色毛面砖，造型厚重，区别于鼓浪屿其他类型的建筑用材。古朴大方，并运用了中国建筑的屋檐符号。外观不做刻意的细部处理，体现着庄重和威严。教会医院建筑，同样以统一的风格和朴素的材料而区别于其他类型的建筑。

14.2 今日鼓浪屿及其生态学

无论旧时还是今天，“她”都是处在中西方文化艺术（包括建筑）交汇的前沿。多少年来，一直饮誉海内外，备受世人的青睐。鼓浪屿的建筑，是受到古今中外建筑影响而形成的折中主义风格的建筑的代表。既有古希腊、古罗马的山墙柱式，也有文艺复兴的立面檐口，既有西方建筑的堂皇威严，也有东方建筑的端庄秀美。这些建筑，带着昨日的辉煌，屹立在世人的面前。鼓浪屿不仅有建筑，还有诗、画、音乐。山川钟秀，人杰地灵。这人文荟萃的岛屿，正一天天展现“她”的魅力。而鼓浪屿的人文景观，包括断瓦残垣，尤其是她那些古老的、优美的建筑物，更是鼓浪屿的内在精神。这些不仅是鼓浪屿的文化遗产，也是中国的珍贵遗产，更是世界乃至全人类共同的遗产及智慧结晶。

鼓浪屿的生态，主要指建筑设计与形式顺应自然气候环境，就地取材尊重并顺应自然并保护自然环境。从以自然为中心到以人为中心，转变为人与自然和谐共处的功能定位。采用绿色的传统制造工艺与技术，例如采用生土材料与竹藤工艺，与自然和谐共存，协同发展，天人合一，道法自然。表现为对天人关系认知、感悟和道法自然精神境界的实现。

鼓浪屿岛位于东经 118°，北纬 24° 的厦门西南方碧波荡漾的海面上。在宋代本是一个沙洲，或称“圆洲仔”。明朝始称“鼓浪屿”并开发岛屿。渔人、农人行走出来的田间小路，自然地反映着岛上地势的高低起伏、丘陵的地貌特征。形成了纵横巷陌如世外桃源般适宜生活、居住的环境。这是一个 1.78km^2 的椭圆形岛屿，常驻人口约 2 万，东西 1 800m，南北 1 000m 的岛屿，陆陆续续出现了高低错落、依山而筑的渔村农舍。传说中的某个时候，一只白鹭飞掠海面，她栖息的地方，诞生了大大小小的岛屿。鼓浪屿及厦门附近诸岛屿都是她的儿女。鼓浪屿与厦门之间相隔 700m 的海峡，也因之得名鹭江。

从 20 世纪初留存的旧照片来看，这些住宅之间隐约可见的道路是随坡就势、高低不平的土路。在住宅通往渡口及公共地带，人工铺筑的石板路依稀可见。由于鼓浪屿的道路常常是在住宅建成后留出的空地上自然形成的，她正像是一种生物，慢慢地分泌着自身的结构，将这个生物隔离，她便从形式上根据自身生长规律，长成了自己的形状，就如环绕她的鹭江与海湾的水一般，柔软、蜿蜒、随性，充分显出未经规划的有机秩序。而当你行走其间，仔细体验与观看，其微妙的细节，她微妙的结构，她的某种对称性，仿佛生物与其形体之间必然发生的环节。这种道路网络自内而外生成的机理，颇似树叶表面所呈现的脉络。岛上的社区已经形成了她的外壳。无论是建设、改造，还是再建设、再改造，一切都是根据其内在的生命需要。

自然环境对岛上建筑群落组团布局有很大的影响。沿海一带，多是较松散的布局，多为当时的外国殖民者占据，此外，华侨及富人也占据山坡，修建公馆、别墅。百姓的聚集区多为不靠海的“内陆区”，建筑拥挤，建筑密度高，居住条件相对较差。鼓浪屿与厦门的联系，主要靠摆渡鹭江的航船，因此，船只是鼓浪屿进出往返的唯一交通工具。直至目前，鼓浪屿依然是一个以步代车，兼具居住生活、商业街市及文化娱乐的区域，是一个自给自足的，超然物外的桃花源。这种有机组织的隐喻形式——纯粹的街道与建筑物的成块集结这看似简单的形式，为小城区规划，提供了一个颇为有机的，以自由生长、舒适方便为理由的具有科学价值的规划版本。

与中原、江南某些地方封闭性较强的民居性格相异，这里的民居十分开敞、明朗，向着阳光，迎着大海，色彩明快而俗艳。鼓浪屿是一个受传统文化影响较弱的地方，因而，建筑文化并非完全与中原相同。一般建筑平面布局原型为一进三开间式。中间为厅堂，是住宅的核心，设有供奉祖先神明的牌位并且有接待宾客的功用，两侧分别是卧室和厨房。宅前多有开阔的场地，供家人室外活动及收拾渔具、补织渔网、晾晒谷物。富裕的人家，则按此原型朝着纵深方向发展至几进，中间设置天井或院子，两边有护耳相连。鼓浪屿现存最早的民居建筑，是燕尾两落双护龙红砖"大夫第"，这种纯熟的砖砌艺术与艳丽的色彩，是闽南传统建筑文化的特色。而那种平面细长且一进一进向后延伸的建筑群落，则是在此基础上，由于受到早期商业街道限制的影响而形成的另一种格局。

这种一进一进的院落式闽南大厝，在鼓浪屿保存下来的不多，比较完整的仅有 2 处。也许是因为自然的影响，如台风侵袭，使房屋倒塌，也许是因为人为的影响，如洋人与华侨带入新的建筑形式，百姓拆旧换新的相互攀比而使然。但是，这两处民居或多或少都可说明，闽南式的传统民居式样，就是鼓浪屿民居的原型（图 14-9、图 14-10）。

这里的百姓，以海为生，对大海寄寓了深情厚望。海是他们生存的基础，生命的希望。由于处在中华版图的边缘，又较早接受来自西方的商业文化理念，因而风水的东西在此并不十分盛行。在他们选择房址和墓址时，对大海充满依赖。百姓们普遍认为，地有地气，水有水气，人有人气，气旺则生气勃勃。选择住房和墓址的朝向，就是寻求海之"气脉"所在，并将其纳入他们的住宅与墓地的考虑之中。依山面海，是首选，同时，请风水先生将户主的生辰岁时结合进罗盘推演之中，以决定房子的最终朝向。所以，在鼓浪屿岛上，同一地形、同一位置，竟能衍生出那么多有所偏差的

图 14-9　历史上的厦门鼓浪屿（The Getty Research Institute，照片中心为现存的闽南式大厝照片。四周翻盖了新宅及西式住宅，很多随意添建的住宅亦损害了其完整性。）（左）

图 14-10　街区鸟瞰（右）

图 14–11　笔山路 19 号(左)

图 14–12　笔山路 9 号（右）

房屋朝向来。这细微的偏差，是因建造住宅与风水流年有密不可分的关系。甚至在同一座府第中，先建的门楼与若干时间后建的房屋之间，都会发现有轴线的偏移。但是，一旦住宅的朝向与面海的愿望有矛盾时，如遇到朝西、日晒等情况，住宅主人也宁愿选择面海而不选罗盘暗示的朝向，这表明了人们对大海的尊重与眷恋。

此外，在营建住宅时，百姓对经济上的考虑也很周全，尽量做到充分利用地形，对于基地最好是不填、不挖，或少填、少挖，以减少土方的挖掘和搬运，充分利用每一寸土地、每一隙空间。在地形有高低差时，常把低处设计成地下室，作为储藏和防潮空间，以与高处找平。否则，若将高处夷为平地，就需要耗费大量的人力、物力和财力了（图 14-11、图 14-12）。

14.2.1　鼓浪屿建筑中的生态学

也许人们会问，相对于闽南民居的传统格局，鼓浪屿的宅屋有何革新？这些建筑，除了与其地理、社会与历史的文脉相适应外，建筑与海滩、山坡及岛屿特殊的生态是如何呼应的？尤其是当今人们开始考虑建筑生态的本质是什么时，这些建筑，是否为中国建筑中的另类建筑？革新与创造，是如何体现在这些居屋上的？

生态一词的词根〝ECO〞，来自古希腊，意味着房子；或拉丁词根，意味着住户。这似乎隐含着生态本意，是关乎人及其活动如何影响着我们赖以生存的房子与环境。在生态学语境中，适应性，指某种生物的生存潜力。适应性是指生物体与环境表现相适合的现象，它是通过长期自然选择形成的。其中一种表现形式是使生物适应环境。

不难发现，遍布全岛的居住建筑大多呈现的是外廊式模式。据历史考察考证，亚洲的第一座三叶状外廊式建筑布局图形的外廊式居屋，来自鼓浪屿。当地工匠在外廊原型基础上，适应了突兀的山顶地形，而在山顶上建造的类似风车图形的外廊式建筑。追溯历史，外廊的原初形式源于印度广泛存在的合院，外廊空间最初是坐落在建筑内部的、类似于院落或天井的开敞空间，后来由于贸易与交换的需要，内部开敞的空间被移至建筑外

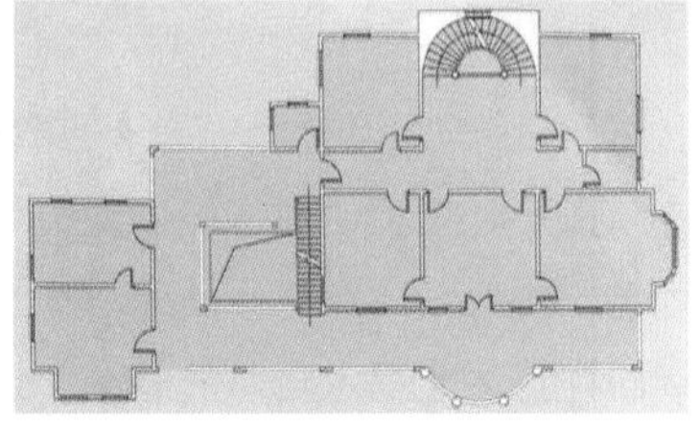

图 14–13 坐落鼓浪屿山顶的三叶状外廊式别墅（一）（上左）

图 14–14 坐落鼓浪屿山顶的三叶状外廊式别墅（二）（摄影，梅青）（上右）

图 14–15 泉州路 82 号别墅（下左）

图 14–16 主楼辅楼分离的建筑平面（下中）

图 14–17 主楼辅楼分离的建筑立面（下右）

部，因此形成了新的建筑类型的出现，建筑的三面由外廊环绕，有时四面都绕外廊，为的是适应热带及亚热带气候，以高度的适应性将建筑向四周开敞变为外廊式。后来，当地居民因扩大居住空间及夏季台风等因素的考虑，将建筑再次进行改造，可以视作一种气候适应性与社会适应性建筑体系发展的生态学脉络与经济学解释（图 14-13~ 图 14-17）。

14.2.2 地方建造中的生态智慧

闽南一带的传统民居主要以混合构造为主。所谓混合构造，即外部为承重墙，内部为柱梁构造。因此，外观造像，除了体量的构成与尺度的把握外，在很大程度上与外部砌筑所用的材料有关。鼓浪屿的住宅，除继承闽南的构筑方式外，还有一些发挥。如将柱子脱离墙体之外，形成柱廊，建筑外墙所用的材料多为当地生产的砖、石。建筑具体做法是，底层（或地下室）部分完全以石材砌筑，石块加工成基本上相同大小的样子，然后横平竖直，规矩方正地砌筑成墙，墙厚有时达到近 1m。所用的石材多为附近盛产的花岗石，经过惠安石匠之手，加工制成各种建筑构件，用于建筑物的各个部分。殷实人家则选用青石或泉州白等上等花岗石材料。建筑物的底层砌好后，上层接着用红砖来砌墙。砖墙的砌法又分为平砌和组砌：平砌即为普通砌法，所用砖材比较普通，完成时，砖墙表面也不需要磨光；而组砌则会依据砖材的优劣、匠师的技艺高下而有不同的艺术效果。一般选用表面有釉的暗底花条纹砖，根据需要按着纹路拼砌成有规则、有韵律的图案。当住宅建成以后甚至若干年后，外墙面始终都是那样洁净、清爽，给人一种经过洗涤的感觉。在阳光的照耀之下，显得格外的文雅、精致，透着书卷气（图 14-18、图 14-19）。

图 14–18　地方匠作（左）

图 14–19　地方匠作（右）

鼓浪屿匠人营作以许春草最为代表。这位出身贫寒的泥水匠，聪颖好思，以其对于建筑风格、材料、细部和尺度以及与环境的关系等建筑因素的极度敏感，于 20 世纪 30 年代开发了鼓浪屿笔架山顶的荒地，兴建了 3 座住宅，其中一座为自家居住的"春草堂"。

这座临崖面海的西式小洋楼，朝迎旭日，暮送彩霞。建筑地上部分为 2 层，地下部分做找平处理。二层的中部设计为客厅，客厅前面为宽敞的敞廊，明显是模仿西式的别墅。两厢为居室。厅后为膳堂和厨房。这座建筑的外观，充分表现了匠师擅长各种材料之间的组合与搭配，以闽南特有的花岗石作墙基、墙柱和廊柱，而用清水红砖砌筑墙体，产生材料两者之间质地、色彩与砌筑纹理的强烈对比。

鼓浪屿的山情海趣，曾使无数骚人墨客为之倾倒。生活在其中的鼓浪屿人，将自然融进生活、融进血液。匠人们用巧手将自然之美融进建筑之中。菽庄花园的建造，可谓是其中的一个实例。这座花园的建造，这座花园，妙在巧于因借。它地处海边、背倚日光岩。在临海处，架起了游龙般的小桥，收放曲折，将海水、沙滩揽进怀抱。远处的海天一色，也成为从桥上观赏的远景。这一因借，使园中有海，海中有园，相互映衬，相互烘托。在靠山的部分，则通过开凿扑朔迷离的山洞，增添小巧宜人的山地建筑与小品，将山柔化成颇具人情味的园林景致。以日光岩为背景，借助山势，高低错落组合了一些园林建筑。这座花园的建造，既具有自然山水之趣，又具有人工雕琢之妙，既有中国古典园林建筑的韵味，又有别于中国古典园林，是一个闽南海上园林的佳品（图 14-20）。

为何说它有别于中国古典园林呢？首先，从"園"的象形文字看，中国古典园林一般都有围墙环绕着，上部象征着亭子或厅堂的屋顶，中间是池或水塘，下部是树木花草。因此，最基本的三元素是围合起来的水木清华。

图 14–20　菽庄花园

而这座菽庄花园的营造却是开合有致，以自然山水开辟了景观建筑的先河，与西方造园有某种契合，然而更多的是继承了中国园林的山水写意，扩大了墙内丘壑的营造尺度，反映了沿海人文生态的物象与心境。

从哲学层面思考，整个世界就是一座园林。自然之美——浮云、朝霞、如诗如画的落日余晖、明晰的月光、清新的海风——这是每一个人的共同财富。即使身居简单朴素的房子里，一样能够享受到拥有这海上花园的美妙。

事实上，即使是传统的古典园林，也并非就是中国土生土长的发展，而是经历过许多次的外来影响而发生变化。最早是来自印度佛教的影响，并经历了汉化的过程；其次是外国的产品例如玻璃制品的引入，玻璃替代了以往以纸或以丝为窗户的材质的做法。虽然最初的玻璃以及玻璃器皿，只是出现于皇家建筑或宫廷苑囿之中。直到西方传教士们大量在教堂类建筑中使用玻璃与彩色玻璃，园林中建筑的窗子才发生了根本性的变化。在门、窗、天窗、屏风等都出现了玻璃或彩色玻璃图案与装饰。这在 17 世纪和 18 世纪中国受到基督教影响时期极为多见，而鼓浪屿正是其中的典型。

仁者乐山，智者乐水。巧于因借地形地势的例子，还有不少。特殊的地形，塑造了特殊的建筑。岛上的住宅多拾级而筑，纵横错落于浓荫绿树之中，清雅温馨，静谧宜人。依山而建的房屋，地势低的部分以地下室找平，隔着挡土石墙。大多数房子都是局部地下室做法。当房屋入口位于有地下室的一面时，便设计踏步直通入口平台。这是利用地形较为常见的一种方法。由于岛上潮湿，地下室亦兼有地下隔潮作用，这是补山做法之一。

郁郁葱葱的鼓浪屿，万绿丛中的点点红色，是掩映在满山绿树丛中建筑物的屋顶。这些屋顶的材料，均是当地生产的红瓦，在绿树浓荫中，尤为显眼。由于岛上丘陵起伏，在高低错落的山冈上，视线所及，大多为房子的屋顶，即经常被人们称呼的建筑“第五立面”，因而，拥挤的建筑布局中，屋顶的美观与否显得格外重要，每个屋顶的处理似乎都是格外用心的。最为常见的屋顶处理是四坡红瓦屋顶，有些则在坡顶的一周，由于观景需要及蓄水需要而增加了平屋顶。过去，岛上生活用水奇缺，一些屋顶上部的天台，常常四周埋设水管引至地下室的蓄水池，承接的雨水经过滤作为日常使用。正是鼓浪屿特殊的自然条件，促成了建筑第五立面的成熟的处理。屋顶的色彩与造型，丰富了鼓浪屿的山坡丘陵，这是补山做法之二。

在鼓浪屿的大自然中，渗透着建筑，同样，在建筑之中更渗透着自然。二者相互包容，相互依存，在很大程度上也依赖于建筑外廊的广泛使用。鼓浪屿建筑的外廊软化了建筑物的内外界面，使其具有灰空间的特性。外廊，把建筑与自然联系起来，使建筑中的“生气”与自然中的“生气”在廊中相互转换，相互渗透。外廊的运用，将人的生命与宇宙中的生气画上了等号。使流动着的生命元素——自然，融入了建筑的血脉之中（图 14-21、图 14-22）。

同样，建筑内廊的运用，也是鼓浪屿大型住宅的特色。如鼓浪屿某宅，其外观体量庞大，由主楼和配楼组成，中间设置一座天井。从功能上来说，

图 14-21　鼓浪屿鸟瞰一（左）

图 14-22　鼓浪屿鸟瞰二（右）

便于通风、散热，很适宜鼓浪屿的气候条件。同时，主楼主要供家人活动使用，配楼一般多为厨房、卫生间或雇工生活之用。这样，在功能上减少了相互干扰。中间连接主楼和配楼的天井，一般为镂空的，四周是连续的回廊。如果遇到地势有高差的情况，一般在天井的连廊处设置踏步或楼梯。

遇山开山，遇海填海，这是人类的一种改造自然、征服自然的豪情壮举。补山藏海，则是因借自然、依据自然巧于利用的又一种手法。鼓浪屿的先民们，正是通过在青山秀水的环境的感召下，对自然的理解有着自己的独到之处。他们所创造的建筑与环境，体现了中国传统的"天人合一"的宇宙观，认识到了人与自然关系之真谛。

第 15 章　鼓浪屿的物质文化遗产保护

15.1　建筑遗产保护的伦理、情理与法理

保护就是为防止衰落所采取的行动，它包括那些延长我们文化和自然遗产寿命的所有行动，目的是为呈现给那些能用建筑本身所包含的人和艺术信息的眼光来使用与观看建筑子孙后代。历史建筑保护的基础，是建立在通过列出建筑物和废墟名单，通过经常性的检查和记录，通过城镇规划和保护手段等一系列基础之上的。而建成环境的保护范围，包括历史建筑，城镇规划直到摇摇欲坠的文物保护或加固。所需要的技能包含极广泛的领域，包括城镇规划师、景观建筑师、评估师或房地产经纪人、城市设计人、保护建筑师、多种专业工程师、施工技术员、建筑承包商、与材料相关的匠人师傅、考古学家、艺术史家和古董收藏家，还要有生物学家、化学家、物理学家、地质学家和地震学家等的支持。而最重要的是建筑保护学家。正如以上多学科所表明的，建筑保护以及该领域的工作人员，应该理解保护的准则和目标，因为除非大家的概念是正确的，否则在一起工作是不可能的，也难以产生保护行动成果。

在建筑保护与艺术保护之间，是有一些根本的不同之处的。尽管目的和方法有相同之处。首先，建筑保护涉及以一种开放的和实际上不可控制的环境——即外在的气候的方式来处理材料，而艺术保护者们却可以控制艺术品的最小程度退化，建筑保护者们却难以做到，必须考虑到时间和天气的影响；其次，建筑业务的尺度和规模要大得多，而在很多情况下，由艺术保护者们所用的方法，因为建筑物的尺度及肌理材料的复杂性而变得不实际；第三，同样也是因为建筑的尺度与复杂性，各种各样的人，例如合同人、技术员、工匠们，实际上涉及各种保护功能之中，而艺术保护者只靠自己既可以完成。因此，理解保护对象本体，沟通和监管，是建筑保护最为重要的方面；第四，也有那些区别与不同之处，源于建筑必须是作为一个实体构筑存在，无论是为活着的当下，还是死去的过往，必须提供适当的内部环境以及防御某些灾害，例如火灾和肆意破坏；最后，在建筑保护和博物馆中的艺术和考古艺术品之间也会有所区别，因为建筑保护，

涉及其所在地点环境以及物理环境等方面因素。

建筑保护，基本上是植根于欧洲基督教文物古迹传统，即证据及科学方法作为优先目标。以建筑与历史兴趣为出发点，这些影响，包括了如画运动与罗曼蒂克运动，并且从 18 世纪晚期，循序渐进地对于革命和战争做出反应，影响到单体建筑类型和对整个城市的干预措施。

在过去几个世纪中，建筑保护从一种在主要风格时期几处主要文物古迹的一种精英兴趣到一种广泛的学科，即在一种建筑形式的谱牒和时代中，认识价值，从乡村的民间建筑到历史城市的一系列尺度中认识价值，并且对于其地域文化的丰富性赋予重要意义。

首先是年代，它是使一个建筑具备“历史性”因素之一，其他因素还包括建筑学上的和历史性方面的影响，以及与重要历史人物和历史事件的关联性。然而，建筑物越老，与其同类的幸存的实例就越少，因此，老建筑享有珍稀的价值。

在近几年，不光是历史久远的建筑，对近时期建筑的保护也同样引起了人们越来越多的兴趣。那些包含着人们生活记忆的建筑，已经被认可具有特殊建筑学上以及历史性方面的影响。一些国家，对于那些历史少于 30 年的建筑，只有当其被认为具有杰出地位时才被列入保护名单之列，而那些少于 10 年的建筑，由于距离我们现在的时代太近，而被拒绝。

其次是时代与目的。处于特定历史时期同时代的建筑，由于其同代的支持者而被看作极大的优于之前的建筑。而且接下来的几代人反过来蔑视前时代的建筑，然而，他们似乎又在培养一种对先前岁月物品及形象保存与保护的渴望及需求。

在广泛的生态学意义上，保护和可持续发展，作为现代城市规划的主流，享有共同的生成基础。因工业革命所产生的力量，以及人与自然世界失去平衡所带来的严重的环境问题。对此问题关心之出发点有很多，包括现代战争，人口增长，毁林荒漠化，栖息地、动物种类以及生物多样性的丧失，干旱与饥饿，自然资源储备的减少，有毒废物及空气污染，工业造成的意外事故，酸雨和臭氧层耗损，全球变暖与气候变化，健康和全球公平等。对以上这些的反应变化不一。一种是似世界末日般的宿命论狭隘视野，一种是乐观的整体性的解决问题的途径和方法。

托马斯·马尔萨斯当世界人口还仅 10 亿的时候，就有著名的人口原理，预测人口增长终将超过生活资料所能支撑，并最终导致灾难。1968 年的时候，当世界人口到达 35 亿时（而截至 2007 年 6 月，人口达到 65 亿，并且还在增长）。美国生物学家保罗·R. 尔埃利希在他的人口爆炸理论中，又再次点燃了这种观点。在整个的 20 世纪 50 年代，自然主义者不断将公认的注意力引向与栖息地相关的以及与许多野生物种相关的生态问题。在接下来的几十年里，他们更强烈地表达了其他物种具有在地球上栖息的同样权利，并与人类一样享有生命的质量。而各物种都是唇齿相依并相互支撑的生态系统的不同部分。同时，在 1952 年，伦敦见证了历史上最严重的空气污染事件，并对于城市污染的原因与后果敲响了警钟。20 世纪 60 年代来自北美的"花的力量""制造爱而非战争"，以及其他非暴力和公民权运动，以及日益增长的环境意识的观念表达。《寂静的春天》发表于 1962 年，首先将关注点指引向环境的有限能力，1969 年在美国成立了"地球的朋友"，1971 年成为国际网络，现在阿姆斯特丹有其国际首脑机构。1971 年在加拿大成立的绿色和平组织。其绿色和平的目标，就是确保地球能够养育其丰富的多样性之生命的能力。1968 年成立罗马俱乐部，成员包括科学家、经济学家、商人们、管理者们和政客们，旨在引起个人对于整个世界社会的提升尽到责任。系列报告出版于 1972 年。生长的极限，建构了一个动态的交互模型，主要是关于工业生产、人口、环境危害、食品消耗以及有限自然资源的使用，并且预言经济的增长肯定不能持续。1973 年石油危机为此提供了可信度。直到 2000 年的可持续发展计划的 10 年，其中，资源的概念，生命圈的概念，生物多样性，宜居的概念，健康和安全以及社会公平等，将保护环境逐渐列入日程。

在当下全球化、技术先进、人口流动，以及参与式民主和市场经济蔓延的环境中，对于宽泛的保护社区来说，已经变得非常明显，那即是这些和其他的社会潮流与趋势正在深刻而迅速地改变着文化和社区。保护领域未来的挑战，将不仅来自文物对象和遗产地本身，而且来自孕育这些遗产的文脉。人们从这些文脉之中提取遗产的价值，定位将服务于社会的遗产本体的功能，以及赋予遗产的新的利用，这才是遗产意义之真正的源泉，也是全方位保护的真实原因。随着社会变化，保护的作用以及保护以形成和支持社会的机缘也在变化。

鉴于这些直接的挑战，许多保护专业人士和组织已经认识到，在保护领域，需要更大的凝聚力，连接和整合。保护的领域，不应该是一个杂乱的序列，而应该更好地整合嵌入到其相关的文脉之中，以便确保保护依然与永远变化的文化条件相呼应。在过去的十年到十五年里，特别是那些关乎建筑保护和考古遗址保护领域，以整体的方式应对这些挑战，已经取得了重要的进展。通过全面规划保护管理、整合，跨学科的方法来保存建成环境，已经发展来解决当代社会的变化条件，并且健全了政策用于综合保护管理，采用价值驱动的规划方法，试图更有效地将价值具体化到保护决策的制定之中。然而尽管具有这些优势，广泛整合保护领域的政策和实践却一直很慢。这绝大部分时由于支撑保护工作的知识体系是片段的不平衡的，也由于在不同学科领域的工作的专门化。作为一个保护领域，我们知道了一些方面（诸如科学的、文献编辑的、名录的），在其他方面，我们知之甚少（例如，经济的，或者以遗产作为认同与政治斗争的陪衬）。在文化遗产保护领域，我们不断面临三个方面的挑战：①物质条件的：材料和结构系统的行为，质变的原因和机制，可能的干预，长效处置等；②管理语境的：资源的获得与利用，包括资金，受过训练的人员、技术、政治和立法的要求和条件，土地使用等；③文化意义和社会价值：为何一个物品或场所有意义，对谁有意义，为谁保护，干预措施的影响涉及遗产是如何被理解或被感知的等。

保护的情理，探讨的是保存过去的情感与原因。保护必须保存或者可能的话增强文化资产所具有的信息和各种价值。这些价值，有条不紊地建立了决定提出干预之前整体的及个别对待的优先原则。优先级值分配不可避免地反映每一座历史建筑的文化环境。例如，澳大利亚 18 世纪晚期的一座小型木构房屋，可能会被当成国家级别的地标性建筑，因为它源自国家兴建之时，也因为那个时期的建筑很少留存下来。另一方面，意大利数以千计的古迹，同样这么一个房屋，在整个社区的保护需要中，也许就会处于相对低的优先等级。配给文化资产的价值，可有以下几个主要的价值层次：

保护必须考虑以上这些主要的价值因素，同时，历史建筑或与环境或与人所产生的交流联想而具有关联价值；建筑设计为公众广为喜爱并模仿，建筑由此形成公共空间，遇威胁时公众会起而捍卫，将新公共价值赋予建筑或其环境，因而建筑具有公共价值；建筑物建造过程中的技术体系与先进的建造技术，具有技术价值等。对于可移动文物来说，价值问题通常更为直接。在建筑保护中问题通常是因为历史建筑的使用，而在经济上和功能上有很多的因素需要考虑。而其文化价值与经济价值有时会有不平衡之处。

文化是不断地流动的，从本土流向全球。随着社会与文化变化的增强，更大的需要保护遗产作为抵御那些不该有的变化，甚至作为影响变化的方法。遗产是文化、艺术和创造力的支柱之一。在任何情况下，文化环境都宣示出保护以及保护所承担的风险，这是我们当下的环境，这种洞见来自社会理论，历史的追寻及政策，关于当代社会的性质的相关研究表明，保护领域只有与最近的潮流同步才是遗产与保护的核心。反观在后现代时期大量的社会科学与人文学科方面对于文化的研究，遗产应该被看成是一个流动的现象，相对于一个静止的具有固定意义的物件而言更是一个过程。建立在这样一种洞见之上的遗产保护，应该被看成是一系列与其他的经济的政治的和文化的过程相互交织的高度政治化的社会过程。

文化遗产在社会中的存在和功能，历史地看一直是习以为常的。社会应该留下旧物，接受过去并尊重过去，这些原因并未太仔细地审视过。宣称某物堪称为遗产是非常固定的，观点主要来自诸如“杰作”“固有价值”“真实性”。然而，在之前的一代，文化常常由政治取代。遗产的核心是政治化的，因此保护也不应躲在真理的、传统的、哲学的、伦理之后。

物品、收藏、建筑和场所，通过特定的人和机构的有意识的决定和潜在价值而被看作为遗产。在当代多学科的遗产研究的核心理念是：文化遗产是一种社会建构，也即是说，文化遗产来自特定时代与场所的社会过程。过去几代对于文化的研究强调了一个观念，即文化是一系列过程而不是一些物品的收集。文物并非文化的静止体现，而是通过借助媒介，认同感、权利和社会得以产生或者再生产。文化遗产是认知建构，而且，文化遗产的概念包含生活的任何方面，即每一个个人在他们的各种不同规模的社会群体中的各个方面，显性或隐性地成为他们自我定义的一部分的思考。尽管如此，后现代主义将文化遗产仅仅减少为只是一个社会建设的趋势，违反了广泛共有的理解，即文化遗产事实上被赋予了某种普遍、内在的品质。

保护是一个复杂和连续的过程，涉及是什么构成了遗产？遗产是如何被使用的、受到爱护的、如何解释的，以及由谁和为谁而进行的以上相关方面的决定。关于保护什么以及如何保护绝大部分是由文脉、社会潮流、政治经济力量所决定，而这些是继续变化的。文化遗产因此是一个社会组织（家庭，居于某地的社群，族群、学术或专业团体、整个国家）以及个体不断发展的价值观的一种媒介。社会组织嵌入在某些地方和某段时间，作为一个常规的事情，使用物品（包括物质遗产）来解释过去预示未来。在这个意义上，保护不只是一个拦阻过程，而是一种创造与再创造遗产的方法。

通过这种广为接受传统观念与保护挑战的视角，作为保护领域的专业人士开始认识到我们必须整合遗产并使其情境化。保护是一个持续再创造其文化遗产的过程，积累世代传承的文化标志。因此，文化遗产必须置于其更大的社会背景之中，作为更大文化圈中的一部分，作为公共话语的基本现象，作为一种不断重塑的力量如全球化、技术发展、市场意识形态的广大影响、文化融合和无数其他方面的社会活动。这种在我们的领域未来的相关性的保护模式，是值得指导实践，形成与分析政策，理解经济力量并真正确保保护在社会层面是至关重要的。

法理层面，对于保护一直存有正面与反面的争论，也许关键还是保护这个词汇本身。在字典里，保护（Conservation）与另一个保护（Preservation）不分伯仲，但是，当涉及历史建筑及建筑学时，就发现两个词汇的不同，而不仅仅是语义学上的解释。

保护（Conservation），是包容了变化的更为广义的保护，而后者的保护（Preservation）却保留了其原有的封藏般的原样保存。这种区别，在涉及保护领域的法律定义中，最为明显，被定义为特殊的建筑或具有历史兴趣的一些领域，其建筑性格或外观，允许通过增加或保留，而使其更好、更美，因此，动态的保护概念，即英语 Conservation，是随着变化和发展而生的。同样，制定保护清单，并不意味着一座建筑永远保留其原来的状态，虽然有一种反对改变的设想与假定。列入保护的建筑，允许适当改变或添加，特别是当这种改变或添加，能够增进保护建筑的机会。正如后面章节会列举的，几乎出现了一种旧建筑再利用的新生产业那样，犹如旧瓶装新酒。

早期的保护立法或保护法规，仅仅考虑封存意义上的保护。但是，社会发展的速度与强度，迫使我们有必要或是继承现有建筑以适应新用途或新标准；或是彻底清除这些旧建筑。保护无数宪章及相关文件的主题，显示建筑保护，首先是建立在与建筑历史相关的价值判断基础上的一系列宪章，遵循一条依据地方和时间而出现的逻辑顺序和序列，并且透露出各种尝试，将建筑保护与其他兴趣，放置并相调和的位置之上，即在建筑专业内与现代运动与其后续继承者之间的调和。

1877 年成立的古建筑保护学会（SPAB），是第一个建立起来的保护古建筑的组织。之后，其他许多团体也紧随其后成立起来。18 世纪的建筑受到 1937 年成立的乔治亚组（Georgian Group）的拥护，19 世纪的建筑，受到 1958 年成立的维多利亚学会（Victorian Society）的拥护，本世纪的作品，受到 20 世纪学会（Twentieth Century Society）的拥护，而更近期的现代主义运动的作品，则被成立于 1990 年的 DOCOMOMO（Documentation and Conservation of the Modern Movement）所称赞。对特定形式和类别的建筑物或遗址体现出的兴趣及关注，经常作为对同时代误解与忽视的回应。SPAB 的“风车部”（Windmill Section）成立于 1929 年，并于 1948 年改为“风与水车部”（Wind and Watermill Section）；其“民间建筑组”（Vernacular Architecture Group）成立于 1952 年；“园林历史学会”（Garden History Society）成立于 1965 年；“产业考古协会”（Association for Industrial Archaeology）成立于 1973 年；“剧院信托”（Theater Trust）成立于 1976 年；“建构历史学会”（Construction History Society）成立于 1982 年；“历史性的农场建筑”（Historic Farm Buildings）成立于 1985 年。

立法是对保护历史安全需要的回应。英格兰及威尔士对历史性财产体系是“基于 1990 城镇和国家规划法案”以及“1990 规划法案”，其中列举了保护建筑和保护地区。古代纪念建筑由于“古代纪念建筑和考古地区法案”而被立法保护。政府对于有关历史性环境的引导在规划政策导则中体现，取代了历史建筑与保护区域——政策和程序。有关古代纪念建筑在规划政策导则——考古与规划中提及。

虽然立法以及法律所承担的职责，给建筑保护提供了一个防止破坏或毁坏变化的可能，但建筑自身能够导致其进一步的危险与衰败。在对建筑用途可选择性的限制、地理位置，以及拥有者和居住者的涌入，对建筑自身的衰败有着强烈的决定性。英国濒危遗产建筑 1992 年调查的数据显示，登记在册的超过 36 000 栋历史建筑由于被忽视而处于危险之中（这些是英国 500 000 栋登记在册的历史建筑的 7.3%），并且 14.6% 的建筑被认为易受到破坏。

这种被忽视的原因在很多层面与所有权有关，这一点通过列举建筑等级，所在位置，经济因素以及其原本的建筑类型体现出来，同时与其使用者是否拥有所有权或是仅仅拥有居住权的层面，有极大的关联性。这样的一种关系同样可以在 1991 年英国住宅情况调查中发现，虽然其中似乎呈现相反的情况：登记在册的建筑与国内住房的平均状况相差无几。但英国住宅状况调查的确在建筑修缮与家庭收入之间建立了一种联系状态。

通过近期以建筑保护信条为代表的调查显示，建筑所有者同时又是居住者的这类人将他们对家的修缮及维护工作建立在对建筑的破坏及腐蚀作出反应，而不是对预料之中的失败提早进行计划工作。人们不情愿将钱花在修缮工作上是一个主要因素，同时改进措施被认为比不重要的修缮工作更有意义。所有权的更替，在资产长久的未来扮演着重要的角色。

在过去的几十年中，公众改变了对历史财产的感知及兴趣。由于国家信托，历史住宅协会以及相关机构在合作和教育中加大了投入，与原先相比，现在我们对国家的过去更熟悉、知识面也更加宽广。在历史性建筑里停留，其中包括地标性的提供节假日短期住宿以及乡村住宅协会提供的在退休期间的长期居住，都越来越受到欢迎，同时，其也满足了人们对于舒适而坚实的周围环境的需求。

建筑及纪念物由于与其相关联的历史时间和地点而有意义和目的。这样的历史可以说明解释过去发生的事件，如修道院的解体或是工业革命。建筑可以被看作是历史的文献，因此其对历史的记录以及试图解释说明在调查测量中所揭示的特征有重要意义。建筑物是我们文化遗产的一部分，同时在不同层面上，被看作是教育、传承和贸易的载体。进而，历史性建筑的拥有者和居住者开始意识到他们的财产的重要性。

同样，对近代建筑越来越多的关注也体现了观念的转变，之前对近代建筑的保护被认为是不重要的。这些转变导致加快了对 20 世纪 80 年代建造的登记在册建筑的再次测量的进程。

历史建筑或结构的价值并不单单从它作为一个重要的建筑学组成部分而体现出来。它们与人，事件或是革新的关联性已足够值得去被保护。在这方面的社会学纬度上的证据便是建筑饰板上面记录着前一个居住者的工作和生活。

对一栋建筑的这种关联和特殊的认同性，可能是它们自身能够幸存下来的原因。那些图画般的，或是对地域特征有贡献作用的建筑，经常会产生趣味性及协助作用。公众对磨坊、铁路工程、学校，以及其他特殊建筑类型的热爱往往就是这些建筑能够幸存下来的原因。

特定的材料与结构形式会被那些缺少理解和尊重的人认为是劣质的，从而认为不值得去保护。木框架的结构形式就曾经一度被这样认为，从而被肆意的拆除或变更。生土结构，如土砖、夯土墙，以及抹泥隔墙，现在仍被那些未受过教育的人认为是劣质的，由于这些人坚信这种结构不能再起作用，导致他们对其的忽视及所采取的不适当的措施而使结构极易破坏。

夯土墙经常被现代的砖墙所取代，同时水泥代替了石灰被用作砂浆及抹灰打底，这些仅仅是因为与之相关的知识跟材料的不易得到。建筑的拥有者，他们的咨询顾问以及建造者的教育对于消除这种偏见是十分重要的，这可以通过给予准确适当的建议，提供信息簿，或是组织实际的示范活动来实现。

无论是 1931 年的雅典宪章还是后来直接继承的 1964 年的威尼斯宪章，都支持使用现代材料和技术，结果，钢筋混凝土这种在现代运动中备受青睐的建造技术，在整个战后的欧洲修复性项目中得到了广泛的应用。今天更为通常的是与环境不相容的现代材料和技术，以及对于传统之建成的历史建筑之中的结构真实诚信得以确认，而且采取步骤避免其使用。在历史古迹环境之中以及在历史区域中，关于新建筑的设计问题亦经常发生一些各类宪章之间明显的不一致现象。

物质遗产在当代文化与社会中具有重要的功能，因此，遗产保护是一个基本的社会功能。价值与评估过程关乎理解文化遗产的重要性及其命运，关乎构成它发现其意义的社会与社会组织，而遗产保护本质上是一项集多学科知识的行动。文化遗产和其他文化表达并不是静止的，因而是有社会关系，过程以及来自全社会的（而不仅是保护专业人士）各个相关部门共同产生并持续产生的过程。协商与决策制定过程对于理解社会中的遗产作用极为关键；我们需要学习并更多了解这些过程，一般而言，更为广泛的社会参与到这一过程中来是必不可少的。

历史建筑的生存，必须具有被认同、理解和重视的文化或商业价值。但是维修和保养的费用经常超过其拥有者或者机构的基金。在此情况下，用于历史建筑遗产的花费，需要在经济和社会上有看得到的回报。近期，鼓浪屿列入遗产地核心建筑名录的房产，因为遗产地申遗的目标与愿景，将可以同新建筑一样发挥作用。这便吸引了租户，从而获得了同其他种类房产相当的租金增长额度。然而限制性的规定和不确定的因素仍会使长期的投资和价值的增长受到阻碍。对于那些可以获得令人满意的商业回报的建筑类型，不论是其原本的角色还是改造之后的，它们的价值可以毫不费力地被评定。对于那些无法改造或者再利用的建筑，它们本身提供的用于教育、娱乐和休闲的有价值的资源尚需讨论。这样的建筑需要宽容对待。

15.2　鼓浪屿的文化遗产价值解析

鼓浪屿以其独特的中外交流历史背景以及在中国近现代城市建筑环境文脉中的独特风貌，赢得世界文化遗产桂冠。遗产是一种植根于民族和国家的现代概念。在全球范围内，遗产似乎涉及国家与社会关系并具有类似的模式。然而，仔细观察表明，因各种文化、民族和地理环境的特殊性而产生各种变化。换句话说，遗产在不同的时空背景下，在不同的时代和地域，具有鲜明的特色。像许许多多的全球化过程一样，遗产可以在不同的地方和不同的社会，具有完全不同的表现。遗产的呈现，也揭示了各种公共及私人团体面对晚期现代全球挑战的各种不同的回应，包括民族主义的、多元化，国家与社会关系以及不断壮大的中产阶级的影响。遗产既是一种物质或非物质的存在，也是一种整个社会的想象，被人们用来定义一种集体认同。但是人及理念与技术的全球流动，正在挑战已经建立起来的组织、社区、民族身份以及获得授权的遗产的性质与重要意义。遗产的认识，是如何在一个集体身份正经过重新塑造的时代发生着变化，那些来自外部的概念与理论，正影响着中国的典型案例的遗产话语及其文脉，也影响着遗产的决策观念和做法。 鼓浪屿遗产的决策，是一个文化生产的过程。通过此过程，鼓浪屿的人们以及与其相关的那些海外亲属的生活世界更具有意义。在各种公共场合及遗产领域，那些遗产理论家们策略性地发出的遗产话语权，直至传输到鼓浪屿的当下，令本地人在其中找寻到了自己的立足位置。

作为决策与文化生产过程，遗产生成也是一种表演性行为，是一种个人及社区积极情感的表达，更具有政治观点的表达，遗产概念与意识话语，希望被听到、承认和重视，并以民主化的方式出现，以对抗不同社区的复杂性与生活的不确定性。在此过程中，人们通过选择、表达及改变其根本身份，使得早已存在的遗产世界，依然在其社会的、经济的、和政治的控制之内。通过遗产话题，外部群体以传输方式与本地建立沟通，表现文化或亚文化的差异，也同时阐明他们与自己的家、地方、国家政体的关系。鼓浪屿遗产活动的受益人，以外人角度看，通过考察民族、种族和亚文化团体在鼓浪屿遗产制定行动和项目，旨在了解这些活动作为全球化中的一种现象，锁定因为人们的迁徙或边缘化而带来的身份认同与主体性，这些或许是由于社会、文化和政治生态意义而塑造。

在初始时期，物质文化产品——无论它是一个物品或一个场所——当被认作是“文化遗产”时，事实上已经是遗产创造或遗产生产过程的开始了。无论是通过学术话语、考古发掘、社区运动、政治或宗教趋势，兴趣产生于对于物品或场所的质疑，由此也成为动力基础且其力量日渐加大。简单地说，历史建筑就是能够给我们一种非现在时的奇妙感觉，并使我们想更多了解产生这些建筑的人们以及文化。它具有建筑的、美学的、历史的、纪实的、考古的、经济的、社会的、政治的、精神的或象征性的价值。但第一次冲击却总是情感的，因为它是我们文化身份与连续性的象征，这是我们的遗产之重要组成部分。如果建筑的使用性已经克服各种危害而存活了 100 年，那么建筑物就可以被称为是历史建筑。从建筑被创造出来的那一刻始，通过其至今的漫长时日，历史建筑具有关于人与艺术的信息，这可以通过了解建筑的历史而获得。可以说，包围着一座历史建筑的是一种复杂的思想与文化，而这些思想与文化也反映在建筑之中。任何对于历史建筑的历史性研究，都应该包括对于作为委托人的甲方，以及他委托该项目的目的，以及对项目成功实现后评估与评价的研究；研究也应包括建筑兴建时期所涉及的政治、社会和经济方面，并且应该给予建筑生存历史向度上一系列事件。应该对建筑设计者的名字和姓名有所记录，更应该分析与建筑相关的美学原则以及构图与比例概念；还应该研究建筑的结构和材料状况；建筑物不同时期的建构或后来的添加，任何内在或外在特色以及建筑物周围的环境文脉等相关方面。如果建筑物所在为历史区域，还需要有一些考古的检查和开挖，因此当要规划一项保护项目时，需要充足的时间来进行如上的认识研究。在一座历史建筑衰落的所有原因中，最通常或普遍性的原因是重力或说地心引力，接着是人类的各种行动，接着是各种气候和环境的影响，包括植物、生物、化学和昆虫等影响。人类所产生的危害是所有影响中最为巨大的。人为的衰落原因需要仔细评价，因为这是工业产品所带给我们富裕繁荣的副产品。人类所产生的危害实际上是最为严重的，只能通过远见以及国际合作来加以减弱。对于历史建筑忽略和无知，大概是人们毁坏一座历史建筑的主要原因，常伴有肆意破坏公物或者火灾事故等，有时发生纵火事件，常常令历史建筑遭受灭顶之灾。建筑遗产是一种"文化产品"，例如通过指定为一个历史遗址或者由博物馆收购，例如纽约大都市博物馆中收藏有中国的江南园林与皖南民居遗构。这一步骤，经常涉及个人或小组工作，例如策展人，遗产委员会等，他们会评价文化产品的重要性与意义。接下来是那些拥有或具有产品责任的人（包括藏品管理人、遗址地管理人、资产拥有者等）负责总体的管理。这可能导致一种干预或处置的计划，也可能没有计划以保护物品或一个场所的肌理，其中涉及保护者、建筑师、科学家等。而且，这也包含与社区和其他利益相关者所进行的磋商，或者是由政治家与投资人所做的决定。保护政策与实践遵循一系列的步骤，而每一步都涉及专业人士与参与者们一个单独的领域，经常在各个领域之间有微妙的相互作用。特别是，干预本身变成特别的非常明显的领域，绝大部分聚焦在遗产的物质方面，并经常忽略对以前的各领域的处置上的相互连通的视野。

鼓浪屿文化遗产的艺术价值，主要是指遗产本身的品质特性是否呈现一种明显的、重要的艺术特征，即能够充分利用一定时期的艺术规律，较为典型反映一定时期的建筑艺术风格，并且在艺术效果上具有一定的审美感染力。具有艺术美感的样式风格，工艺水准或建筑内壁画装饰等，让人欣赏、令人愉悦。包含对于使用或参观建筑的人，或许会被建筑空间艺术所感动，对建筑本身的新奇样式或艺术与工艺的艺术成就而感动，在情感上对建筑或许有所附属。

遗产是否具有艺术价值，主要看遗产本体的品质特征是否呈现一种明显而重要的艺术特征，能充分利用一定时期的艺术规律，较为典型地反映一定时期的建筑艺术风格，并且在艺术效果上具有一定的审美感染力。往往会通过点、线、色、形等形式元素，以及对称与均衡、比例与尺度、结构与韵律等结构法则，从而能使人产生美感，并使遗产达到崇高、壮美、庄严、宁静、优雅的审美质量，以体现出艺术价值。与艺术价值相关联的一个当代概念，是所谓的美学价值的审美概念。关于建筑遗产所体现出的审美价值，主要包括不同时代的建筑风格、建筑工程结构与建筑艺术元素方面的审美特色。建筑文化遗产的审美价值，其内涵注重的是建筑的形式元素和结构法则所体现出的审美质量，比较忽视审美意象层面的阐释，因为审美意象难以转换为具体的评估标准。而其中一种解释为："审美意象是一种在审美活动中生成的充满意蕴和情趣的情景交融的世界，它既不是一种单纯的物理实在，也非抽象的理念世界，而是一个生活世界，带给人以审美的愉悦，并以一种情感性质的形式揭示世界的某种意义"广义而言，建筑遗产的艺术功能和社会作用，也在一定程度上属于艺术价值的范畴。

然而，讨论遗产的艺术价值，不能将其从环境中孤立出来，还应该考虑其与周围的环境与氛围。"对于每一座建筑、每一种城市风景或景观，我们都必须根据存在于建筑物内部以及该建筑物与其更大环境之间的功能适应关系来进行欣赏。若不能如此，便会失去许多审美趣味与价值。"就遗产建筑的形式设计而言，建筑的样式风格，具有非常特别的规划布局与设计，结合或代表某种风格；就材料质地而言，建筑内部壁画装饰，原建筑材料依然清晰可见，且状态良好，具有建筑美感；就其使用功能而言，形式随从使用功能的时代特殊表达方式，且是该类型建筑的典型表达；就传统工艺而言，就其工艺水准方面而论，建筑已经被当作"艺术品"表现了建造的技巧；就建筑的位置环境而言，建筑物坐落何处？与功能相关的建筑造型对于环境的视觉影响是怎样的？就精神情感而言，建筑物在文脉中的美，旨在愉悦生活者以及来访者。

1. 核心建筑案例八卦楼的艺术价值分析

构成鼓浪屿文化遗产风貌肌理的核心建筑物，集多元艺术审美价值观并反映各单体建筑遗产的艺术审美情趣，为不同使用者带来不同的艺术享受。正是众多的单体历史建筑或建筑群的艺术价值，汇聚为构成鼓浪屿文化遗产风貌的底色。

八卦楼建筑大体为西方古典复兴式与中国传统元素结合的建筑样式，以及极具纪念性的柱式和装饰细部具有较高的艺术价值，八卦楼建筑本身运用了多种材料（包括外来材料和本地材料的结合）都为其增添了极大的艺术性。

屋顶，历来是闽南传统建筑的精彩之笔。不论官式建筑，还是民间建筑，匠人们对屋顶的建造从不敢怠慢。在闽南的传统民居中，最为常见的是两坡的硬山屋顶，且有阴阳之分。民间对于住宅的封顶一事看得很重，通常是选择良辰吉日，邀亲朋好友，摆设酒席，举行盛大的仪式以示庆贺。可见，屋顶，在人们的观念中是多么重要。鼓浪屿住宅或别墅的屋顶，与闽南民居的屋顶有很大不同。前面已提到，由于受到外来文化的影响，人们的观念有了很大的改变。民居外观形式的洋化，自然也包括屋顶形式的洋化。许多西洋式的屋顶被套用，甚至教堂常用的穹隆顶形式也被用于民居上。一些较为大型的住宅，屋顶常以化整为零的方法，各种屋顶穿插组合，变换折中。也有为标新立异，以奇特的造型来塑造屋顶的。台湾板桥林鹤寿在 1895 年台湾被迫割让给日本以后回到鼓浪屿。他在鼓浪屿笔架山麓兴建的大型宫殿式别墅，屋顶以红色圆形的穹隆顶模仿西方古典主义的宫殿式建筑。红色圆顶以八边形的八角平台承托，上有八道棱线。穹隆顶的鼓座呈四面八方的十二个朝向，因此而被称为"八卦楼"。有些别墅的屋顶，俯瞰像一面旗，有的采用拜占庭式的洋葱头形，也有的住宅中间为四坡顶，外围为平顶。有些欧式别墅，配上传统的中式歇山屋顶。此外，闽南式屋顶上的那些传统装饰依然被安放在这些洋化了的屋脊屋檐处。以往传统屋顶的象征性在鼓浪屿建筑中，由于各式各样屋顶形式及材料的选用而被淡化了。当然，在鼓浪屿住宅中，首选的屋顶材料是红色的板瓦和筒瓦，也有的选用铁皮或其他新材料漆成红色。少数富户采用琉璃瓦。因八卦楼的坐落位置以及高耸的建筑艺术造型，建成之初便成为鼓浪屿的名片。乘船过鹭江，是唯一进入鼓浪屿的途径。轮船的慢慢驶近，使人尽情浏览鼓浪屿秀色。而八卦楼超然的姿态，令人联想到建筑艺术所独创的人间仙境。

2. 吴氏宗祠的艺术价值分析

吴氏宗祠是一栋闽南传统风格的中式木构建筑。在全岛范围内保存完善的闽南传统样式建筑也是很少见的。吴氏宗祠的位置与建筑风格，是区分它与其他周边历史建筑的标志物。吴氏宗祠，显示出中国传统木构建筑体系中独特的闽南分支特有的建筑结构体系，重要建筑的梁柱、柱檩交接处保留了斗栱的节点构造，形式变化较多，这是中国传统抬梁式及穿斗式无法相比的。并且宗祠中存在诸多濒临失传的地方传统匠作。优美的屋顶曲线造型以及结构细部构件及构件上的图纹彩绘都极具观赏与保护的价值。闽南传统建筑为了增加艺术效果，显示财力与地位，这类构架的雕饰较为繁复，梁端、随梁枋、瓜柱等皆是装饰重点。

在鼓浪屿上的吴氏宗祠的表现出情感价值。祠堂是族人祭祀祖先的场所，有时为了商议族内重要事务也用作聚会场所。现今原本的功能虽已不能延续，但建筑仍承载人们对传统生活的记忆。宗祠的社会地位也承载了闽南传统生活的记忆与闽南祭祀文化记忆。相反，原日本领事馆的建成时期及其在历史中的实际使用功能，无论如何依然呈现出一种对本土民族情怀的刺痛。尤其是警察署的地下关押监狱部分，残存的被囚志士所留受困、受辱和抒怀痕迹，不论在文物保护要求还是真实的道德情感怀都显示出它们必须被予以真实保留。然而，在保存下这些未必完全积极意义的历史物证与情感痕迹之余，改造设计仍增添了民族文化和工艺中引人自豪的作品和结晶。其目的还在于指出倡导对民族特色文化工艺的复兴传承和革新发展，作为情感价值的补充。建筑本身含有的精神意义随着历史意义或者功能不同，相应的它也被赋予了政治、文化、民俗等不同意义，而海天堂构的情感价值涉及建筑上民族情感的投入及在鼓浪屿这个环境中所具备的特殊意义。以时间线为依据对三幢不同建筑进行情感价值比较，中心建筑第一阶段作为外国人俱乐部，情感价值最弱；在第二阶段作为鼓浪屿华侨建筑的典型代表，有一定的情感价值，但这种价值是后人赋予的；第三阶段主楼改造成为鼓浪屿建筑展示馆，具有明确的纪念展示价值，展示内容突出了情感价值核心的部分，如鼓浪屿宏观上的建筑概述，以及具有影响力的历史名人，人们对这幢建筑有了情感上的一种认知，它包含了某种“鼓浪屿”独有的情感，这时候它具备了最大程度上的情感价值；而中轴线两侧的两幢建筑，在第二阶段均作为住宅，第三阶段经过合理的改造分别修缮成风情咖啡馆以及闽南民俗文化展示馆，咖啡馆在后期经营不佳，但闽南民俗文化展示馆通过展示南音和木偶戏文化，让这座建筑具备了相当的情感价值，将鼓浪屿别具特色的非物质遗产展示给游客。从情感价值分析的角度来看，两幢的功能发展赋予了旧建筑新的意义，并且合理地将展示成果结合到特殊背景的建筑中，因此在调研结果和课题进展中，这两座建筑都应当保留现有的展示功能，在现基础上改进展示方式，让它的“建筑文化展示”和“非物质文化展示”更好地展现出来。

3. 海天堂构建筑群的艺术价值分析

建筑文化自身含有特定的艺术价值，例如建筑外貌、色彩、实用性与公用性等，这些因素体现了建筑的艺术价值，建筑的艺术价值能够体现当时的建筑背景甚至是更多信息，目前经修复开放的“海天堂构”老别墅是中西方文化结合的典范之作，门楼是典型中国传统式样，重檐斗栱、飞檐翘角。前后两侧的楼宇，普遍采用古希腊柱式，窗饰大都是西洋风格，但墙面和转角又是中国雕饰，这样有趣的建筑特色是海天堂构区分于其他建筑而独有的，在洋派建筑众多的鼓浪屿是鲜少见到的，这也是海天堂构其最大的艺术价值。就时间来说，海天堂构建筑群包含为三个阶段：第一阶段：海天堂构在黄秀烺将其旧址购买下来进行重建之前，时间约为 1921 年以前；第二阶段：海天堂构建成之后到 2006 年之间，经历了建筑状态由完好到废弃使用，内部居住功能衰退，久而久之疏于管理，到亟待进行更新；第三阶段：2006 年鼓浪屿——万石山管委会推出“老别墅”认养新政，而海天堂构以有偿认养的方式出让给相关机构进行修缮和改造，在改造后到现在课题的介入，作为它的第三阶段。第一阶段海天堂构旧址不具备艺术价值；第二阶段是建筑保存最完好，各建筑细部都有着较好的状态的时期，其艺术价值达到最高；第三阶段海天堂构经历时间，建筑不少部分有损坏，修缮也不能完全还原细部，例如一些门窗和损坏的地砖，这个阶段海天堂构的完好程度虽然有所降低，但是艺术价值依然没有减弱，它所反映的是那个时代的风貌和建筑特色。

遗产的社会价值，如果就具体的建筑而言，在建筑形式设计方面，意指代表该建筑类型或该规模村镇建造过程，使用某种尺度的建筑材料；在材料质地方面，代表建筑或规模建造过程，使用某种尺度的建筑材料，用于室内设施等；在使用功能方面，有生命的建筑是环境发展及生活与服务设施之间关系的一种表现，是社区进行的社会交往的一部分；在传统工艺方面，遗产建筑表现了使用某种工艺和技术的小规模的建造过程；就位置环境方面，建筑位置在环境发展中具有战略性地位，对当地社区而言，常作为正在进行的社会交往的一部分；就精神情感方面，建筑承载的群体记忆与集体认同，是公众情感纽带，常与事件或节庆发生关联。

鼓浪屿遗产的社会价值：鼓浪屿有一种特殊的氛围透过人们的视觉、听觉、触觉、味觉、嗅觉及心理感觉而体验到。概括起来，有 4 种类型的象征符号承载系统：物体的、语言的、标志的，以及行为的。世界遗产突出普遍价值的第六条标准，主要强调与遗产实体相关的非物质要素的价值对人类文明的发展和见证具有非常大的意义。在鼓浪屿生活着的特殊群体及他们的生活习性与文化，对鼓浪屿的人文内涵并由此形成的非物质价值具有重要意义，并真切地影响到其物质价值，即其生活与文化的载体中。首先，一个重要的群体是本地原住民。鼓浪屿的内厝澳一带，是岛屿原住民的主要生活居住区，如今却成为岛上发展最为落后的地区。这是相对安静的区域，其中吴氏宗祠正是位于其中。吴氏宗祠位于内厝澳地区康泰路上，位于邻近内厝澳码头的居民区内部，形成一种略带神秘感的氛围。宗祠原为吴氏家族祭祀的地方，后因家族迁出海外而没落。吴氏宗祠的位置与建筑风格，是区分它与其他作为民间生活载体的传统建筑的标志。宗祠具有浓厚的闽南地域性与民族性，成为保存和展示闽南传统文化的载体。其价值在于闽南特有的家族凝聚力，并对于海外华侨社区产生了深远的影响，成为中国地域建筑的杰出代表。其次，鼓浪屿是最早接受西方文明的居住社区，社会生活方式与传统有别，家庭关系因为受到西方教育而最早出现西化，并成为现代家庭关系国际化潮流在中国的领航者。虽然，其中一个重要的群体是外国殖民者。在国家古籍文献资料中，对于自 18 世纪起英国人与中国口岸的贸易往来，也有翔实的史料文献记载。

以鼓浪屿几座遗产核心建筑的社会价值分析阐释如下：八卦楼目前作为展示馆，具有公共建筑的属性，必定会产生相应的社会价值。另外八卦楼本身作为城市地标性建筑和城市主要印象元素，寄托了本土身份认同感和精神需求，从这个意义上说具有一定的社会价值。吴氏宗祠在民国时期为吴氏家族的家族祭祀宗祠，中华人民共和国成立后家族全体搬出，宗祠变为公有，现被租用给厦门工艺美术学院的研究所用作漆画作品的临时展厅。宗祠的使用性质随着时代的变化发生改变，印证着历史的变迁。不同的建筑类型，不同时期的建筑产品，都能一定程度上地体现当时的社会背景，它甚至能够与社会责任感相关联起来。海天堂构现在作为一个具有展示馆意义的建筑物，其社会价值是面对公众它产生了一定的影响，如为公众提供了信息来源，以及激发了其思考，并培养其美学趣味，和博物馆以及别的纪念馆一样，为广大群众提供了鲜活的环境背景，对公众敞开。海天堂构对于鼓浪屿而言，具备着使这座岛更具吸引力的宗旨，面对现代电子传媒和物质文化的传播正在普及到世界上的各个角落，而海天堂构提供的是一个让公众近距离地从建筑氛围中感受文化传承的契机，让公众在参与到这几幢建筑中时，可以在短时间内感受到这座岛的过去和现在，这便是海天堂构从一个传统住宅建筑经由改造成为现在的展示馆其具备的特殊意义，然而距离它在公众中发挥更大的作用还有一定的距离，与现在展示各方面的不完善有关。从三个阶段来看，海天堂构的社会价值是在逐步增强的，从具备私密性的住宅到对外开放的纪念馆，它慢慢在鼓浪屿全岛占据更重要的地位。鼓浪屿与一系列影响中国文化开放和文化进步的本土精英、华侨、台胞，及其相关作品、思想的产生有着直接联系。他们不仅是向西方社会介绍中国传统文化的早期尝试者，其相关作品突出地体现了东西多元文化共同影响；而且他们还积极参与当地和东南亚的政治、社会活动，对于该区域多元文化交流与融合具有重要作用，符合申报列入《世界文化遗产名录》的第六条标准。

就建筑形式设计而言，建筑的设计样式是财富的表达；就建筑的使用功能而论，建筑的再利用可以保护资产价值；就精神情感而论，遗产建筑能够带动旅游同时也使得资产增值。

鼓浪屿八卦楼所带有的经济价值分类两种，一种是八卦楼建筑本身经过整合改造和再利用后作为展示馆对公众开放时所产生的经济收益，包括观展门票的收益和纪念商品的经济收益等；另外一种是八卦楼作为城市地标性建筑和城市主要印象构成元素之一时所带来的旅游效应的经济价值。

吴氏宗祠现已成为鼓浪屿旅游资源的一部分，成为闽南传统文化展示馆，有利于提升全岛的艺术文化氛围。由于管理和制度要求必然导致的对公众参与的限制，原日本领事馆缺乏文化和商业交往带来的城市社区活力。这一点将在改造后的展示馆伴随引入当代经营策略而有所改变。展示馆的商业性经营和自由度较高的展品售卖流动提供了吸引经济活动的目标和平台，与此同时，仍旧保留作为文化旅游景点的场地之一，希望游客与居民的参与强度能够提升和保持这种吸引力，形成可持续的经济效应。在现代社会的发展中，建筑除了艺术价值之外，也不免具备了相应的经济价值，甚至可以说，经济价值和艺术价值是相辅相成的，建筑在现阶段某种意义上也可以作为一种产品来说，建筑艺术也具有了价值，而这种价值可以给相应开发商带来一定的利润，对于保存较好的建筑，相应的经济价值能够提供建筑的持久保存，并且维持它的活力，而对于保存不佳的建筑，合理地发现其经济价值能够改善其现状，赋予其新意义，让“失活”的建筑得到更新。

而海天堂构在 2006 年进行革新时便是考虑到其经济价值，一个原本失去活力的住宅建筑要如何重新回到人们的视野之中，首先是要赋予其新的意义，开发商合理地将休闲和观赏、建筑文化和非物质文化遗产融入几座建筑中，让颓废的建筑焕然一新，成为鼓浪屿“旅游链”上不可或缺的一个节点，这样的一个改动，让海天堂构具备了经济价值，能够维持自身长远的运作，也让人们能够重新了解这座建造精美独具特色的建筑。就经济价值而言，第一阶段旧址作为外国人俱乐部时，具备一定的经济价值，但相应很弱；第二阶段海天堂构成为住宅，是不具备经济价值的；在第三阶段它的内部做了一个更新，从对外开放的三座建筑来看，都具备了一定的经济价值，但是平行相较来看，作为展示馆的两座建筑具备了更为突出及稳定的经济价值，而作为咖啡厅的两座似乎联系较弱，其经济价值也相应较弱。

在中外贸易交流中，闽商在东南亚乃至与欧洲和北美以及南太平洋的贸易网络中，起到了非常重要的引领作用。事实上，早期欧洲传教士们对于中国的造访，留下了许多科学、文化与艺术遗产。明清两代大多数的欧洲传教士多为欧洲天主教耶稣会会士（Society of Jesus，Rome，1540 年—？）。他们对于科学和文化的孜孜追求，在中国也发挥了很大作用。早在 1678 年，比利时天主教耶稣会修士、神父南怀仁（Ferdinand Verbiest，1623—1688 年），得到康熙皇帝首肯，致信给在欧洲的天主教耶稣会神父们，敦促在欧洲的耶稣会士们来中国传教。当他的信件辗转到达欧洲时，已经是 1680 年了。当时适逢欧洲也正酝酿此事。法国国王路易十四有意识地应对清朝皇帝对于科学、文化、与艺术的喜好，精选了一批耶稣会士，并根据他们的学术造诣是否能满足康熙的兴趣而挑选由法国耶稣会会士洪若翰（Jean de Fontaney，1643—1710 年）率领其他招募的 6 位传教士受路易十四派遣到中国传教，并因为以奎宁治好康熙的疟疾而受到皇帝赐房赐地的厚待。

当康熙皇帝赐予皇城内的房屋给法国传教士的那一刻起，就为异国元素融入本土环境首开了先河。伴随着皇家在土地、材料、与资金方面的慷慨捐助，传教士们开始在异国土地上兴建起欧洲风格的建筑与园林，包括康熙时期教堂的兴建与改造，北堂附近皇家玻璃工房的兴建，以及最为著名的雍正时期圆明园中的各式西洋建筑西洋风景的营建。直到鸦片战争之前，这种西方文明的渗透，一直得到包括鼓浪屿在内的各地的回应。对于某一处场所精神的人文营造，是来自当事人本身所具有的传统、文学、与各人的记忆与联想。植物的气味与对植物的观赏，令人回想过去曾经的某个瞬间，同时也存储起来作为未来的回忆，或者将人们与诗情画意联系起来，这也正是海上花园鼓浪屿与其居者的世纪故事。常见一些中式外观的住宅，内部却是西式的，设置有壁炉。爱奥尼风格的柱头，科林斯风格的壁柱。一些室内楼梯的栏杆雕花，有的模仿欧式做法，带有矫饰的痕迹。相反，一些西式外观的别墅，内部却完全是中式布局，明清风格的桌椅、床榻，传统的落地罩和博古架，以及古色古香的中式屏风、古董器玩。而往往更为多见的是一般家庭中的那种中西混合的家具陈设。与鼓浪屿住宅艳丽的色彩相比，室内则较清爽、质朴，在豪华的别墅中，家具以色调凝重的为主，也有以本色出现的。彩色玻璃偶尔用作局部的点缀，装饰在家具上，门、窗及屏风隔扇等处。

少数人家依然受到根深蒂固的习俗影响，保留着闽南传统生活习惯和生活方式，正厅中供奉着祖先牌位和神灵塑像，因此，正厅常具有祭祀和接待的功能。室内的气氛，除了受装修和家具等影响外，家庭的生活方式、风俗习惯、人员构成及内在素养都起很大的作用。鼓浪屿人在很多方面继承了闽南人的传统习惯，在另一些方面，则因为条件、环境的影响而西化了。这些西化的生活方式，必然也在室内的气氛之中有所表达，使鼓浪屿住宅的室内风格与传统闽南式风格相比，发生了实质性的变化。室内的装修，显示了鼓浪屿人特殊的背景和品位。即使是地地道道的鼓浪屿本土人，也由于久居于中西生活方式混合的环境氛围中，室内装饰远离了正宗的闽南式室内风格。地面，常见的是用本地生产的地砖铺砌，分有釉面砖和无釉面砖两种，一些地砖带有暗花图案。这些地砖有很好的防潮功能。木地板和花岗石地面，则见之于豪华的公馆、别墅中。室内墙壁四周，有的人家做了木墙裙，规格更高的则全部装修成木墙，天花也做成木制吊顶，有传统的平綦、平两种做法。更为豪华的家庭则用上等木材制楼梯、门窗、壁炉等陈设，雕刻十分精致，线脚笔梃、油漆质朴，亮泽。家具陈设，根据各家的需要、爱好和口味而有所不同，但几乎每家每户都有钢琴，由此，使鼓浪屿被称为钢琴之岛，培育了大量的钢琴演奏家。

第 16 章　中国近代建筑遗产关联与保护

16.1　建筑遗产保护的学理

遗产保护的漫漫长路：保护，可以定义为避免遗失损耗废弃或损害而进行的维护。从最初开始，包括 19 世纪引起约翰·拉斯金（John Ruskin）义愤填膺地对于历史建筑颇有争议的所谓修复。这个领域拓展至包括伟大遗产更加科学的保留以及那些虽称不上伟大，但足以令我们及后代享用的年代较久的建筑物。

第二次世界大战后的一段时间不仅经历了保护技术的迅速发展，而且相应地经历了保护哲学与保护伦理学。在这同一时期，保护这个词汇也被用来专指各门专业结合应用，包括科学、艺术、工艺、和作为保护工具的技术等学科的结合。历史建筑或具有遗产价值的建筑的保护，因此发展成为一个特别复杂的过程，涉及一支包含多专业的队伍，还涉及专家、经营者与工匠们。保护过程常因为这个社会对于最新科学和技术产品的迷恋而遭受威胁。我们常发现，在最新奇妙产品物理与化学变化，严重地反向影响到历史建筑材料，而这竟然常常是以保护之名施加于历史建筑之上。一旦原有材料受损，这将是不可逆的。而新产品很难在不损坏原有予以保护的材料的情况下移除。由于知识不足而导致的技术误用和不利行动。专业的保护工作者，已经采用伦理准则和保护导则，这本身就是职业渐趋成熟的表现。有两个基本的与现代技术和材料使用相关的问题，以完全摧毁及防止眼下和未来的退化。首先，为了完全根除和避免退化，必须全面理解材料、现象、过程和其相关的宏观和微观环境；其次，必须预测原有材料与保护过程中加上去的新材料的未来行为。因而，许多最好的保护主义者，追随涉及传统的使用、技术和材料的保护。即使那种方法在面临日益变化的现代环境时，也证明是不够的。这证明材料与过去的传统、工艺、文化的结合是不完全的。

建筑保护包含针对建筑物建成环境和自然环境进行的纯粹的保留或者再生利用的保护。针对历史建筑、纪念物或者纪念性建筑而言，保护被看作是回应不利环境条件作出的积极重要举措。因此保护包含了诸多评估建筑情境的行为。然而，建筑保护的名声并不好，一方面它被视作是代表一小部分建筑物和纪念物利益的极端运动，一方面它被视作一种缺乏合理程度的灵活性的糟糕的管理政策。尽管许多人不愿意承认，但是这就是建筑保护的现实地位。令人欣慰的是，越来越多的人认识到保护对于维持孤立的或者联合成整体的社会景观的独特性是十分重要的。起到这样作用的建筑物包括一般的民居，工业纪念建筑和现存的历史建筑。建筑保护包括对已经废弃的或者还在使用的，完好的或者毁损的建筑物的保护。建筑不是孤立于社会时代之外存在的，它们是社会变化的记录者，并且与当地的人们和地域密切相关。任何一座建筑物都是其所处时代的产物并且应该在后世继续存在。人们当今面临的建筑保护的许多问题和困境，都是由妄想去断定过去对现在和将来的重要性的行为造成的。随着对于能够支撑工作过程中决策的信息的需求的提高，新一代的保护工作者综合运用艺术和科学领域的知识技能。专业人员，雇主以及大众必需被教导和培训，以满足人们对建筑保护的需要。建筑保护的历史，可以溯源至意大利文艺复兴时代的基督教与人道主义的汇流时代。当时，对古典古风的认知是既看作是过去一个重要的时代，同时也看作是文化延续与创造力的起搏器。古迹无论毁坏与否，都因其固有的建筑与视觉品质以及其历史和教育价值而变得弥足珍贵。

18 世纪启蒙运动时期，在欧洲，因为科学的发达及日益增长的对古希腊与古罗马古迹探险兴趣的日益增长，直接发展了从原始资料确认事实的方法论，并且奠定了现代考古学与艺术史的学科出现。基于可靠的信息源基础上的真实性概念，成为现代保护哲学和保护实践的基石，就是那个时期的产物。同样在 18 世纪，受到罗曼蒂克绘画以及描绘古迹景观的版画影响，伴随对于中世纪怀旧日益增长并兴起的举世瞩目的“如画”运动，尤其在英格兰的风景园中有所表达。而且为了“如画”之价值而保存、修复，不断重建复制品或假古董与废墟。今日，废墟专门与历史建筑分开来，而冠之以古迹之名，继续因其如画的价值而备受珍惜。到了 19 世纪，与欧洲浪漫主义运动与民族主义涌现的同时，文化多样性与多元主义得到认知重视。对于民族的区域的以及本土的认知的重要性日渐增强。而这需要依靠于历史建筑的保存，艺术品及其个性化、区域化、文化认同的表述。在 5 个世纪的时间跨度里，对于历史建筑的兴趣已经从古典古风与文艺复兴早期的文物扩展为其他多种形式，包括传统园林、居住建筑、民间建筑，以及城市历史街区。从国家所有的古迹古物到私人所有的资产以及多重产权的聚落。在区域地理层面，扩展至非欧洲文化的各地本土聚落。同时扩展了传统建筑材料、建造技术和匠艺，并且包含在历史建筑中持续关注那些历史建筑的使用，保留真实性，在欧洲文化语境中是一种广为接受的戒律。建筑保护部分地从教育启发、部分地从浪漫主义及思乡怀旧情绪演化发展而来。许多政府与非政府组织，草拟制定了无数宪章、公约、声明、宣言。同时，特别是在城市历史区域，包容居住聚落同时面临一些大幅延展核心区域而带来的问题。因而，建筑保护实践中，包含一系列具有特别意义并随着时间变化的关键词汇。

首先是遗产这个词汇。从词源上说，遗产即祖宗留下的资产，标志着那些遗传和传承的财产和传统。联合国教科文组织比较宽泛的定义，"遗产是来自过去的留给后人的东西，也即是我们今天赖以生存以及我们将继续传承给后代的东西。"在这个定义中，遗产既没有限定于时间，也没有局限于物质实体——无论是历史遗存、历史建筑、古迹古物或其他。遗产被解释为是现在的基础，是未来的起搏器，以当下一代作为保管人并作为具有创造性地连接通向未来。 然而，遗产有更多层面的有限意义。例如，"是过去的文化、财产和特点"或"是当今对过去事件模式的知觉"，以此，遗产已经变为一种建设，一种不仅与历史相关的可以用于教育和旅游并且是脱胎于生活的概念。

其次是保存、修复和保护这些词汇。即使在建筑保护语境中，这些词汇经常被互换使用。并不仅仅因为保护这个词，在今日讲英语的世界中是最为时髦的词汇，并没有很好地被翻译为其他词汇。其使用最常限定为在博物馆环境中对于艺术品和其他物品的看护。

修复的概念，至今依然受到青睐。而保存在从业人员中是一个时尚词汇，直到 20 世纪 80 年代被保护一词取代。越来越多的人将三者关系确认为：保存 + 修复 = 保护。这一简单的公式来自 1979 年。澳大利亚古迹遗址理事会（Australia ICOMOS）在南部矿业城市布拉召开会议，确定澳大利亚遗产地保护的基本原则和程序，制定了保护地方文化意义的文件宣言，并公布为布拉宪章（Burra Charter），它接受威尼斯宪章中体现的哲学和概念，但以一种在澳大利亚更实际和有用的形式撰写而成。宪章在 1999 年修订，并一直被澳大利亚遗产委员会采用。对澳大利亚人来说，布拉宪章大概是过去 30 年中关于遗产地保护根本原则和程序的最为重要的文件。它为照管我们的遗产提供了指导性哲学，并且不仅在澳大利亚而且在全世界其他地方，并被广泛采用为遗产保护实践的标准指导文件。它开章明义，对于相关词汇给予了定义，例如：地方（Place）：意味着场所（Site）、区域（Area）、土地、景观、建筑物或其他构筑，建筑群或其他构筑群，而且包括构成元素、内容、空间和视野。

文化意义（Cultural Significance）：对于过去、现在或未来一代美学的、历史的、科学的或精神的价值。文化意义体现在地方本身，其肌理、环境、使用、关联、意义、记录、相关地方或相关物体。地方对于不同的人或不同群体或许有不同价值。

肌理（Fabric）：意味着一个地方的所有的物质材料，包括组成元素、装置、内容和物体对象。

保护（Conservation）：意味着看护一地，以便于保留其文化意义的全过程。

维护（Maintenance）：意味着持续地对于一地的肌理和环境的保护性照看，与修复应有所不同，后者包含修复或重建。

保存：意味着保持一地的地方肌理及其现存状态，并避免其进一步毁坏。

修复：意味着将一地现存肌理回归到一个较早的世人皆知的状态，通过删除其添加物，或通过不采用新材料而修复现存肌理。

重建（Reconstruction）：意味着将一地回归到一个举世公认的早期状态，并通过引入新材料到地方肌理之中而与修复有所区别和不同。

再者是真实性（Authenticity）这个词汇。真实性在 ICCROM 所发表的在欧洲语境中的相关文件里，被定义为："在物质层面上是原来的或真实的，如所建造之初并随时代而沧桑的。"同时，整个建筑的各个环节却都热衷于建筑性格和外观上的歧义，无论是市场时代的房屋，还是那些门或窗的相似性方面。在建筑保护实践中，除了一系列具有特别意义的关键词汇外，还有十分重要的就是一系列的保护宪章。

历史建筑与城市保护的哲学和实践，是由一种不断增加的宪章和声明所推动形成的。这源于 19 世纪，这些文件某种程度构成了一种基本的智力运动。当然，这些宪章反映了一种以欧洲的哲学和实践传统为主的倾向，其中每一款，都是其时、其地和著作权的产物。

真实性概念，是现代保护中潜在的指导性原则。事实上，早在 1877 年，威廉・莫里斯已创建古代建筑保护学会（SPAB），该学会 1877 年宣言强烈地、毫不妥协地对 19 世纪中期不尊重历史层次而进行的哥特建筑风格的重塑复制潮流给予了回应，并直接面对了真实性的概念。宣言聚焦于"古代艺术品"——也许涵盖历史的和如画的品质。宣言斥责"修复"劝诫"保护"。此宣言确定了两条原则：其一，最少干预，表述为建筑减少日常使用磨损；其二，当建筑没有改变或扩建而不再适于使用后，应该停止使用而进行静止保存。

16.2 为何保护

人类本性上渴望依偎在如母亲怀抱般的自然环境中，保护本身即是在一个快速变化的世界里，保持并建立秩序。我们越是趋向全球化，我们越是渴望附着于体现我们文化身份的建成环境中。保护，是一种平衡这个世界一代一代地可持续发展的平衡艺术，它不仅仅是留住过去，还为的是放眼未来。如果我们能够更好地了解和保护过去，我们便可以更好地管理和规划未来秩序。换句话说，保护关乎过去、现在和未来。我们为何保护历史建筑和建筑环境，保护意味什么？既然历史建筑是建筑环境中固有的一部分，那么转变、再用、修正与新建同样受用吗？保护是一个过程还是一个结果？保护的另一个动机，来自促进民族认同或者为促进国内与国际在旅游中获得历史与文化的熏陶。实际上，持续地使用既有的东西，而非浪费资源一味地开采，在环境上与经济上都具有可持续发展的意义。也许有三种原因能够解释我们为何希望保护那些最好的建筑。其一是考古的原因；其二是艺术的原因；其三是社会的原因。前两个原因，始终伴随着我们，虽然他们的重要性，在过去的百年或更久时期，已经逐渐成长。

考古层面的保护动机：考古，就是保存具有历史意义的某物，至少也是出于好奇心或有兴趣保存过去的一种简单愿望，也许这可以使大多数到博物馆和展览馆的人，从比较祖先的生活方式与今天的生活方式，来满足求知的欲望。保存所有历史上的东西但不再继续使用，这也是保护具有历史兴趣的某种东西的本能。而也许就是最初制定保护立法的潜在动机。

艺术层面的保护动机：艺术风格方面的保护动机，源于艺匠与工艺所产生的艺术美。第一次类似艺术保护运动——古建筑保护协会就是对于英格兰维多利亚时代大量生产过剩的反应。我们现在评价那些批量生产的文物，只是以我们自己正在改变的观念来进行评论。过去了的 20 世纪和如今的 21 世纪，对于那些毫无艺术美感的建筑，我们过于容忍了。当代与历史过去相比，太忽视图像研究，而借图像丰富的艺术信息可以增强我们的艺术品位，在对艺术图像进行价值评估中，优美案例的保护可以将我们与过去产生艺术的关联。

社会层面的保护动机：社会动机来自外在客观因素的影响。在过去及当下，更多是因为社会的驱动，将保护推向前进，简单来说，是一种变化的步伐与变化的本质所带来的一种不安的感觉，一种试图抓住那熟悉和令人安然的感觉，而促进了保护。以环境层面而言，它与我们历史中心的毁坏密切相关，这些历史建筑的重建，在建筑风格层面，迎来了极少公众的赞扬。保护是相对于变化而产生的。保护运动是与对变化的反应而对应产生的。是一种对于变化所产生或可能产生的变化的恐慌，同时，也是对于过去历史沉淀与历史美的一种执着。保护的最先提出，是因工业革命而产生的。

城市的文脉：前工业时代，在欧洲的城市中，无论在一个特殊时期的规划，还是随着时间而有机发展的规划，在功能和元素方面，都有着某种共同之处。这些城市是权力中心、贸易中心、社会和文化相互作用的中心。无论是为了防御还是为了管理，抑或相对来说人口稠密原因，城市定义清晰、结构紧凑。城市有极少的几幢纪念性建筑物：宫殿或城堡，宗教建筑物，行会或市政厅和证券交易所。城里主要分布着工艺作坊和贸易者与居者混居的邻里关系，城市中极具社交性，常具有宗教和民族的起源。市场是贸易的聚焦点，在城市内战略性地分布着，因此能最好地服务居民并诱惑吸引着旅行者们前来休憩。这些城市与其地形地貌直接相关，并且与所在地的地方场所精神具有内在的和谐平衡，无论城市坐落在沿海、沿河、林边或田野地区，并与外围社区形成场所感。这种和谐，是通过有限的当地材料的建造所使用之工艺所强化的，有时受到严格的建筑规范所强化和加固。

在本质上，这些城市尺度是人性的。对于究竟何者构成城市生活，何者构成乡村生活，在共同享有的约定俗成的理解基础上，给予适应社会经济的功能性解决。与建筑保护如出一辙，前工业时代，市容的许多方面，也即是协调一致的三维构成艺术，也许应该至少是回溯到意大利文艺复兴时期：秩序、视野与前景，建筑之间的关系，公共空间和私密空间，公共的炫耀、排场、卖弄、虚饰、浮夸，以及私密的卿卿我我。此外，前工业时代的城市，根据类型和规模，通过各类活动而具有鲜明特征，但总是以近距离的最为直接或继发的形式形成空间的流通。城市中更多信步闲庭或信马由缰的空间。现代城市规划主流，出自西方城市规划的形成与影响，并非在于前工业时代，而是来自18世纪英国的工业革命前辈们的前卫性实验，新的工业城市，恰逢农村土地改革，这是以在城市中工厂的集中，农村人口迁往城市，以煤炭为主要动力能源及工厂和家庭取暖为主要特征。从19世纪直至进入20世纪工业城市的演变与商品和人员的机械运输的发展，是相互平行的。首先，铁路取代了运河体系，之后，铁路又面临陆路运输日益增长的竞争。因对公共健康及工人阶级居住状况的关心，再加上强烈的家长式的社会主义和浪漫主义，发展成为不妥协的反城市运动，拉斯金和莫里斯在其中起到了非常重要的作用。这种反城市化运动，演变成一种新的乌托邦视野，一种否认前工业化时代的城市性概念：建成的形式和反映其形式的关系；在各个层面的传统的社会经济活动的混合为特征的，这不可避免地将规划的理论和实践，与历史城市中的建筑和基础设施产生冲突。几乎每座城市的历史演化及其物质特征方面都如此。18世纪发源于英格兰中部的工业革命，给城市带来根本性改变的契机：花园城市与现代运动。而霍华德（1850—1928年）时代发生了基因突变。他以乌托邦理想表达给世界的是一种花园城市的意象。霍华德将现代城市规划最重要的形成概念，简约地表示为几何图形，此图形亮相于1898年。那是个预计容纳3万人的城市，霍华德的方案是一簇簇集群式图形，基于同心圆的圈圈，虽然同心，然而与意大利文艺复兴时期的几何形之理想城市具有严格的区别。文艺复兴的城市是三个向度的，与建筑、公共空间以及视野相关的艺术视觉，而花园城市过于扁平简单，是二向度的准社会学概念，而当时这样的规划概念成为压倒一切的目标：将土地硬性地划分为分离的区域—居住的、娱乐的、工业的，等，以层级的流通模式相互连接，周围由农田所围绕，没有为人性生活之积极自由地生长与幸福有机的空间生成，留出空白。

现代建筑与规划运动的领导，察觉到这种使用的分割可以通过机械化交通方式而连接的原则来解决工业城市和大都会的问题。这也是1933年《雅典宪章》的核心内容，其回应了霍华德先生。1933年的宪章，确定出城市的四个功能：居住、娱乐、工作与交通。期待根据这简单的模式，大规模重建历史城市，包括通过大规模拆除不合标准的住房，取而代之的是开放空间。而新的居住区在城市的其他部分，建造来满足较低的住房密度，城市重新组成秩序，以满足机械化运输的需要，包括至今满足汽车的需要。拥护追随花园城市概念及现代规划运动理念，对于所有时代和规模的历史城市都具有主要的冲击。清除贫民区，成为国家住房政策的核心部分，而全面综合再发展项目的目的旨在聚焦于城市中心有效的使用——主要是办公室和商店，成为国家规划政策的中心平台，而重新将城市秩序化，这一挑战则适应汽车城市，得到了道路运输所需的大堂，及汽车制造工业的欢迎。尽管这些毁灭性的思想元素直至今天依然存在，许多城市尚需从何为城市的前工业时代，以及城市是如何运作的思考中恢复过来。简而言之，如何整个地、建设性地、积极地生活，与我们城市尚存的历史元素共存，包括 19 世纪的工业与大都市。进化是中心主题。城市是一个生态系统，应该被理解为是一个有着出生、成长、开花、成熟、衰落与腐败这样一个周期，随之而来的是再生。帕特里克・格迪斯爵士（Sir Patrick Geddes，1854—1932 年），将家庭看作是人类社会最为核心的“生物单元”，一切皆由此生。根据研究，稳定健康的家庭，为孩子的人格、精神与道德之发育与发展，提供必需的条件和环境，培养出美丽健康的孩子，能够完全融入人类世界生活体系中。他运用地理学场所之流通循环理论，展现了环境与机缘的有限性，并由此决定了人类有限的工作的本质。物质地理学、市场经济学、人类学是相互关联的，三者结合，产生出社会生活的和弦。他将城市看作是共同的、环环相扣的模式，是一种无法分开的相互交织的结构体系，如花朵一样。这些思想，实际上来自东方哲学——将宇宙视为混沌，将人生看作一体。反对过度极端的新技术、工业化、城市化。其理论旨在找到人与自然之间的平衡，从而改善人类生存条件。

在一个场所的社会和文化发展之间，有一种直接的演化连续，即一个社会文化之根，包括建成环境与遗产，这是市民创造性潜质、个人意志和集体意志的根本基础。每座城市都是独特的，其文化的演化取决于其地方和人民的特殊品质，格迪斯阐明了文化认同与文化多样的重要性，强调文化在城市生命中的重要性，强调都市中心的偏移弥散，通过强化城市里的文化生命，将建筑与历史文脉相关联，对于一个场所、人民和文化传统之社会过程到空间形成，乃规划与建筑本质。因此，不仅只是将物质环境有序，规划与建筑，是社会和文化演化的基本构成，需要与社会和文化相和谐。关于城市的演化即是关于城市文明过程，即是市民化与公民权成熟过程。人类福祉取决于人与自然环境之间的一种新的平衡。格迪斯公开站出来反对现代主义者们试图毁坏人造世界或其城市。他寻求一种创造性的能量而非一种毁灭性的能量，来解决现代城市问题。犹如荒野之中的孤鸣，他警告并预言了大量拆毁城市中心以及城市住宅，以及那些高尚社区的疏散与伴随而来的社会——文化遗产，包括那些家庭的毁坏而带来的后果。然而，格迪斯在有生之年仅仅吸引了一小部分群体，他继续以类似于生态学家和保护者的身份，启发着大众的灵性，时至今日。帕特里克・格迪斯被尊为现代城市规划之父及城市保护之父。

另有一位意大利人乔万诺尼（Gustavo Giovannoni，1873—1947 年），他是工程师、建筑师、建筑历史学家及修复家。大部分时间作为一个建筑师和规划师，教授建筑及建筑保护。一般公认他创造了城市遗产与功能意义上的生活保护理念。他认为建筑师与规划师应该具有三种属性——科学家、艺术家以及人道主义者。其丰富多产但略显混乱的成果，直接或间接地聚焦于现代城市和历史城市在所有层面的相互之间的关系。并得出两者相互依存、相互支撑和谐共存的原则性结论，既非同化亦非合并。正确的回应方法是理解并尊重每一地所特有的相辅相成的特质以及相应的机缘。

现代建筑的无限扩张性所表现出的特征：①快速的步伐及非步行运动形式的动感，②城市布局与建筑物和空间的大尺度，③缺乏文脉感故而毫无任何限制的设计自由。以上三点形成鲜明对照的是历史文化城市所呈现出来的特点：①街廊行人的步伐代表生命的韵律；②城市肌理是近人的适宜尺度；③建筑物体量及公共空间为人而作；④许多人性化活动创造具有可感应的氛围；⑤文脉的同质化连续化而非过度创造异质空间或建筑形体；乔万诺尼与勒・柯布西耶的毁坏及重建历史城市的思想形成截然相反的观点。他预见到了一座城市的历史中心是其内在联系构成元素的一种充满活力的紧密相连的扩大形式，在市民日常生活中扮演一个基本的明显不同的社会和经济作用。他也反对博物馆式的保护，认为历史的、美学的、旅游的目的，都不能将历史街区分隔开来。认识到一座古城的历史肌理，他并未严格区分纪念物与以谦逊姿态连接它们的民间建筑，认为两者是一个不可分割的一个完整的整体。无论在文脉上还是在功能上，没有对方就无以完整。他完全支持旨在将历史街区的建筑适应并使之符合当代生活的有控制的介入方式，但是，规划这些区域，作为小规模的混用活动的聚焦点，并反对引入不相容的大规模活动。此外，他是制定 1931 年《雅典宪章》形成的会议成员之一，并且表明了自己的观点。虽然在乔万诺尼与帕特里克・格迪斯之间并无直接或间接的联系，但基于生物和有机生长植物及控制性再生长的方法用于城市进化的观点，两人有相似之处。

市容概念与城市设计：市容（Townscape）与地景（Landscape）不同。前者涉及城市设计（Urban Design），后者主要是规划（Planning，或以往的形式构图）。市容是城市设计的基石，是与在城市文脉中的建筑保护相平行的学科，并且形成了建筑和城市规划之间的桥梁。因为市容是三个向度构成之协调与连贯的艺术，是在任何城市景观中的各个部分的构成——包括建筑、空间与外壳，连接与闭合，视图与视野，所有二元对立之元素结合在一起，形成完整的逻辑关系，在某个时期和谐并对比鲜明地、静止但不乏变化地结合在一起的影响因子，决定了场所与认同的物质意义。被描述为给予一种城市环境一项以个性的特征性格，包括建筑物的设计，其尺度、风格、质地和色彩，因为宏伟和亲切而产生对比，平淡无味和错综复杂，刚硬和柔软的景观，街道家具，在指示标牌和广告中呈现的书法字体，以及所产生的反应，诸如一个人移动所产生的期待和惊喜。一些老城市，是因为时代而产生的，通常是有机的并包容不同时期及不同的建筑风格。这些城市封装概括了好的城市设计的精髓，即在约定俗成中彼此不同。凯文・林奇通过 5 个基本元素：路径、边缘、区域、节点和地标，归结出城市意象，对城市规划和在现代城市尺度上的市政设计贡献良多。

第 17 章　遗产地的旅游价值与可持续发展

遗产旅游正在迅速成为政府促进旅游业计划的一个重要因素。这在不小的程度上是国际保护机构的工作成果所引发衍生出的政府执政措施，这些国际机构包括联合国教科文组织世界遗产委员会（UNESCO WHC），国际古迹遗址理事会（ICOMOS），国际自然保护联盟（IUCN），以及国际文物保护与修复研究中心（ICCROM）。鼓浪屿作为旅游目的地之早期所获得的关注，以大众休闲为主。阳光、大海、沙滩、购物旅游，主要是面向来自遗产地以外的国内外游客。伴随着鼓浪屿申请世界遗产地的风声鹤唳，鼓浪屿旅游，已经从失控而得到了有效的控制，并且让位于更为微妙的可持续的方法，以开发旅游，注重文化和环境的发展，以及有节制地控制和分流进岛和在岛的游客数量，并从接待国内外一般游客到有组织的有导览服务与特定线路的专业性与教育性的国内外旅游。由此，国内外来自遗产地旅游的重要性、教育性和目的性日益增加。这部分内容，探讨了如何在可持续发展被引入到世界文化遗产地和自然遗产地的管理方面，并对需要在遗产旅游方面确保游客和其他发展的压力不破坏遗产资源的政府和国际机构希望保护问题的解决。历史建筑和遗产建筑与遗产地的再利用与转型（转换）继续成为保护和活化文化遗产的主要挑战。为了将鼓浪屿的建筑遗产放在一个全球化的或至少是亚太区域背景之中，关注点集中在了其物质与非物质遗产方面，以发展、生长以及对于历史的象征性和文化记忆所赋予遗产地的价值，展现对于遗产的使用或再利用。这一部分聚焦在可持续的再利用的策略上，包括遗产地旅游作为今日的文化和经济景观的一个基本组成部分，这对于历史环境既是一种受益，同时也是一种威胁。同时也探讨混合使用与协同设计的发展模式。鼓浪屿的过去和现代之间的关系是一种动态的在时间和空间两个向度上的关系，是一种动态的对于文化和认同的相互作用的分析。鼓浪屿的建筑与遗产，展现了一种城市文化与历史的关联方式，以及我们今天赋予岛屿的各种价值。这使得我们再思考民族和区域的认同，通过文化与区域以及代际的视角，对于遗产的使用与价值问题产生新的观点，以此对于建筑遗产的保护与可持续再利用提供未来的政策和规划建议。无疑，在当代文化、社会和环境的实践与争论之中，历史遗产正在因其有用而享受着复兴之路。当今城市与其建筑遗产之间的关系，在此成为关键。首先应该思考一下对于城市空间的持续变化的使用以及变化的感知。特别是在此思考关于将历史遗产用于在城市肌理之中镌刻下文化记忆的方式与方法。我们也可以寻找在各种形式的文化碰撞中的相互作用，这有助于思考关于保护和可持续再利用的策略，并且切实融合历史和现今的新方法，这在当代的城市实践中日益突显出来。也许，建筑历史学更关注于我们能从过去汲取什么教训，以适合于未来城市的发展和建设问题，以一种全球文脉的角度有助于我们来思考鼓浪屿，尤其是其建筑遗产。这可能增强我们城市空间和在跨国文脉中的文化遗产转型的复杂的动态机制。更确切而言，对于现在状态的一种历史学的（历史性的）欣赏。

17.1 交叉学科方法

为了将建筑遗产放在一个全球性的或至少在区域性的文脉背景下来进行审视，我们需要既关注其物质的也关注其非物质的文化遗产，以发展和生长的模式来显示对于历史遗产的使用与展示，以及对于历史符号和文化记忆所赋予的价值。其中一个最为有效地进行这类复杂分析的最有效的方法，就是通过多学科的研究探索，包括艺术、人文、社会和保护科学学科各个领域的综合性的知识和遗产再利用的方法。最为明显的是建筑的历史知识和一个城市的文化生命是一个关乎保护或者可持续再利用的诸多策略之中的一个核心策略。我们必须知道并理解一个建筑或一个城市空间原有的意义以及某些案例的物质状态，这样我们才能判断其文化价值以及其在未来的适应性和可持续再利用的策略之中所起到的作用。文化旅游是全球旅游业中增长最快的部分之一，一直是国际和国内游客兴趣的主要焦点。在亚洲，尤其是在后殖民时期城市，因文化遗产的概念和世界遗产地的重要性而使文化旅游的兴趣得到了加强。文化遗产可以是有形的和无形的。对于前者而言，文化遗产指建筑物、古迹、景观和文物。

例如，鼓浪屿在过去的十年里，因旅游的饱满，时不时传出游客超载而使得遗产地失去了原有的海上花园的静谧。因此，基于线路组织的游览路线游，将分散的文化景点和遗产建筑的独特历史故事，以旅游路线告诉游客，并创造有趣的旅游主题。旅游业是无烟产业，给城市带来活力，为政府提高国内生产总值（GDP）指数。除了旅游市场的推广，基于路线的旅游业对历史地区旅游业发展的可持续性尤为重要。考虑到历史文化和遗产地通常是空间非常紧凑的并很容易造成拥挤，将旅游路线的概念应用于引导邻近地区漫游的游客，可以减少特殊遗产地的压力，提高城市的整体承载能力，从而保持遗产地可持续的长期发展。以前的研究都集中在一些如何有效创建成功的旅游路线方面，例如提供良好的基础设施支持，可及性、视觉信息、城市地图指南、如画的美丽风景等。特别是新的通信技术，诸如智能手机已应用于提高文化遗产的知名度来促进游客到达。为了加强文化旅游的推广，先进的技术是创造地图和位置敏感信息所必不可少的工具。

一种方法是由地理信息系统（GIS）为工具，来显示由 GIS 所制造的地图所定义出的城市景观。还有一种方法是空间估值方法，用于识别和映射游客感知的景观价值及相关威胁。然而，旅游路线的声学舒适度在学术研究和决策制定中却很少提及。由于城市遗产地密集人口与紧凑型城市形态的存在，以及缺乏对车辆数量的控制，街道上的环境噪声水平可能会超过国家或国际标准。虽然鼓浪屿在过去是一个没有车马喧嚣的宜居之地，因为旅游者与外来人口的大量融入，岛上的噪声正持续增加，对于在岛居民对噪声等带来的干扰时常是难以容忍的程度。随着遗产地的知名度提高，喧嚣噪声可能会更高，来自发达国家的外国游客可能会非常不舒服，从而危及鼓浪屿遗产地旅游地的声誉。为了能有一个竞争力的旅游环境，一个迫切需要是提高在声环境方面的关注与保护限定，尤其是成为世界遗产地路线上的旅游景点。

近年来，为了解决游客过度拥挤于热门景点的痛苦这个问题，厦门市政府采取了将上岛游客与本岛居民以及分流登岛的路线，采取分流的处理方法，将原有的几个轮渡码头开放为各种功能的码头，展示出非常好的游客分流效果，促进了文化多样性的呈现，将全岛展示出来，为岛屿未来的可持续发展之路，进行了必要的调整。

1. 场地、景色和环境

时常会有这样的情况，发展商面对的是一个有许多列入名单的建筑，在场地之中或者在保护区内。其建筑规划，不但被本地保护者们反对，而且规划委员会小组内部也时有争议，因为很难将对建筑发展的设想与满布着保护名单历历在目的建筑场地或将建筑的特征与形象与周围环境相互融合的完美计划。有时，令人惊奇的是，这比重新发展或者昂贵或者经济，令建筑师或规划者每一具体的案例而采取不同的对策。

保护包含了适应性的可能性，而且它获得了相对于每个人而言的发展体系而绝非是仅只个体的兴趣而已。在一个有历史意义建筑的庭院中，总有着或自然或人为特意营造的特征，那些特征和环境有着直接关系，并且对建筑的功能和使用有很大的影响，这些是调查者需要考虑的。建筑、构筑物、场所、地形，他们之间的相互关系往往就能区分一个纯粹的房子和一幢真正的建筑。

什么需要解决，什么需要长远考虑。这些特征或者情况的发现，不在于调研者的经验是否丰富，也不需要专门的特殊技能。一栋建筑的某些部分的朝向，需要考虑到日照和主导风向与朝向，建筑材料的热量扩散，内部空间对日照的获得风雨和那些不断增长的青苔到那些需要遮荫的部分有重要的影响。这些在水边的位置时尤其需要考虑。在那些建筑密集的地区，也要将来自道路、工厂和相邻用地的噪声和污染放入考虑。从一个屋子看出去的景色，不论是看到了花园还是外面的景色，总是在建造房屋或者花园的时候就被考虑到了。远景，任何特色，或者能在特定角度被看见的景色都是非常重要的，他们被视为屋子的一部分，也作为评价好坏的一部分，当然也作为保护的一部分。如此设计时总会有某些植物和某种高度的树在设计者的脑中，而被设计者设计出的景色总是不能被如预期那般的模样。参考绘画，种植计划和当代的手段可能对那些负责设计园林和景观的人有用。尽管场所和基地环境会影响建筑的朝向，但是设计和建造一幢新的建筑会对已存在的建筑产生直接的影响。对于建筑预期的改变、扩展或者使用功能的改变可能才是更为重要的考虑因素。

2. 硬景观与软景观

硬景观有很多特点，排除一些细部的考虑，但有些可能视为细部也是硬景观，如小径、石铺路面、台阶、斜坡、快车道、站台、停车区、栏杆和园林的小品。软景观的特点往往和建筑本身的调研无关，但是软景观所考虑的因素会与建筑能否很好地建成使用有关。考虑的因素包括树木的品种、大小、触感，来自那些将断未断的树枝的威胁，还有树的遮阳效益和通风问题。专门的意见通常是区分树木和灌木，然后对他们的状况进行估价。若哪个地方的树木的生长威胁到了建筑的稳定或者会破坏建筑，那就很可能用传统的手段去修剪树木，当然在修建的同时也会同样避免树木受到毁坏性的威胁。值得一提的是，在森林里每棵树，它们都受到树木保护条例的保护。条例中规定禁止没有授权砍伐、修剪、毁坏树。在指定保护区的树木也受到同样的保护。凡是和水有关的，如湖、塘、池、河、喷泉还是瀑布，也都是需要生态学者，工程或景观学家做调查给建议的。

3. 园林建筑和结构

各种各样的建筑和构筑物被安排在园林或者景观带，这件事情本身就有很长的历史，也成为很多书刊的话题。这里简单列出了将来会更普遍的对园林的评价。对于园林现状的估价将会取决于个体建筑的形态，材料的选用，地理位置和最近的使用情况。包括园林和景观的建筑和构造物包括了温室、阳台、凉亭、（供儿童游乐的）树上小屋，浴室、蓄水池、洞穴、景观塔、假山、湖、池塘、鱼塘、河、喷泉还有小瀑布。还有的不动产也可能包括了鸽房、冰库、井、车房、修车库、大温室、奶房、烟熏房、各种储存用房、烧窑砖和石灰的地方、木加工房。园林雕塑，不论是青铜的、紫铜的，铅的还是石头的，都需要专门的技术去定位和诊断存在的问题。典型的问题包括铸件有损坏，金属生锈，内不腐蚀，雕塑不稳，影响整体效果的破坏，未完成的雕塑，着色和植物对雕塑的破坏。蓄水池和缸，当被用作种植时，需要做保护处理（垫层）还需要有很好的排水。

17.2　整体论的方法与展望未来

建筑被日益视作相互联系的整体，其中的每个构件，每个成分或者每种材料都是相互作用的。这种看法为对待建筑以及它们的不足之处提供了一种新的方式，即重视整体而非局部的角度。这种帮助理解症结和缺陷的整体论方法或许在以下一种根本性不同的方式中最容易体现，那就是干枯现象如今已经被监控并且包容着，而不是给予它彻底的消除。随着人们日益增长的了解历史建筑的需求，测量人员应该采用综合多门学科为一体的技术手段来提出恰当的问题并且给予深刻的解答。当今这种综合性手段只被用来研究大型的、重要的建筑，然而日益增长的需求要求这种手段同样被用来对待小型的，正在修复更新的建筑。能源利用效率是评估建筑物质量时需要考虑的一项重要因素，但是现代的标准是否应该强加在老建筑之上是很有争议的。屋顶要绝缘的规定造成了真菌生物的大量生长，因为自然通风路径被堵塞，水汽凝结现象的发生率提高。生活标准的改变以及人们怎样消磨时间同样可能会影响到历史建筑怎样满足我们的需求。当一座建筑物中生活着多个居住者的时候，特定的问题就产生了。对于公共的或者私密的通道，服务设施、隔声装备、挡火墙、逃生通道，以及私密性的保障的安排布置都成为在历史建筑之中需要解决的问题。

民宿在最近几年引起了广泛的关注。尽管被用作旅馆，休闲娱乐中心和其他商业用途将为这些本来会被遗弃的房屋带来新的生机，人们在处理某些案例的时候，缺乏足够的敏感度。另一个消极因素是，新的房屋拥有者没有能力去重现以前生活在建筑物中的人的生活方式。 传统材料的加工方式也随着人们对传统手工艺技术的漠视而失传。通过师徒关系和经验学习传承的传统的建造方法能够满足不同时代人们的需求，并且包含了对各种材料和技术的适用范围和缺陷的知识，然而，这些传统技术正在被预制构件和标准化的精确度的现代的快速建造方式所取代。其实，这些传统技术和手工艺的训练应该重新传授人们学习。

1. 关于建筑保护的专业培训

直到今日，建筑保护的教育主要安排在研究生阶段，并且只针对建筑师，规划师和测量人员。但是逐渐的，少数必要的其他课程和手工艺者也被纳入课程计划中。然而当今的趋势是，更多基础性“建筑遗产”课程被安排进入大学生的课程中去，以期能够为更多的人们提供关于建成环境和自然环境的学习机会。这种趋势来得正是时候，因为在研究生阶段“建筑遗产”课程不可避免的会因为服从整个教学规程的需要而沦为选修课程。特殊技术工艺的教授同样也十分重要，这样的培训可以弥补由于技术和制造智慧的失传以及人们对传统工艺需求的减少所造成的损失。无论以哪一种方式传授，特殊技艺的培训毫无疑问的都是支撑建筑保护事业繁荣发展的必要课程。1994 年，荣誉测绘人员组织的主席在他的就职演说“将来的趋势”中提出疑问，人们是否足够关注到历史建筑环境对英国全国经济繁荣发展的重要意义，他还特别强调了建筑遗产和旅游业的相互关系。这些因素应该被视作是“学术机构面对提高建筑保护教育的重要性问题所给予的答案”。当今，人们必须认识到对于建筑保护专业教育的需要是有限度的，过多的要求只会造成资源的浪费。因此，不应该以扼杀设计师的创造才能为代价去片面追求建筑保护领域的技能。同时为了使建筑保护不只是纸上谈兵，建筑保护的专业培训必须满足今日专业人员和雇主们的要求。

2. 教育大众

建筑保护的教育必须同时扩展到包括诸如建筑物所有者和使用者这样的一般人。全国性的战略计划，以及礼仪社会，教育信托组织和地方政府专业保护人员的工作，能够帮助人们认识到保护历史建筑对于地方自明性的重要意义。保护教育同时应该涉及诸如基本的保护哲学和优先原则问题。由国家信托组织制定的遗产保护日和截止至千禧年的全国范围的巡展和研讨会议，是值得称赞的举措，因为它们激励了全国人民去应对基本的文化、经济、政治问题。另外，必须促使人们更好了解专业的实际保护服务并且知道从哪里获得这些特殊服务。最近的关于建筑测量本质内容与形式表现的困惑，显示出大众建筑保护知识的欠缺，以及缺少来自相关专业人员的指导。在这快速发展的时代，不管是国内还是周边国家的实际经验都告诉人们，专业人员能够获得相关建筑物的所有者和使用者的理解和信任是十分重要的。

3. 城市保护与可持续发展

检视城市保护的整体背景，对于设定城市保护的场景来说非常重要。在艺术、建筑和景观的变化之中的样式，以及这些变化与保护行动的关系是非常重要的。这一章讨论建筑与整个城市街区的保护思想。与保护相关的行动具有漫长的历史。最初的行动几乎完全是因为对于历史与作为历史见证者的人的关心、尊重、甚至虔敬的态度。希腊人以光荣之心，保护雅典卫城，罗马人以帝国姿态，保存了遍地的教堂古迹。古典是一个特别涉及处理建筑秩序的手法。无论是建筑还是城市，都遵循比例原则，以取得完美和平衡的感受。这种对于当下存在的建筑的态度，也影响了我们对于历史建筑和仅仅是既有建筑赋予色彩的感受。而主流的审美意境，也经历着几乎完全的逆转。社会精英的创新活动,开始将“美的”“庄严的”和“别致的”引荐到哲学和心理学中，由此这些概念开始在建筑学中日益变得明显。人们对于这些概念的解释，在乡村的、工业的，以及宗教的聚落形式中，都以“范式模型”而有所表达。“如画的”那种看上去非对称和缺乏秩序，是反对古典主义戒律的一种反应。这些不同的审美理想，因为一群建筑师和建筑的作家而喧嚣鼓噪整个社会，而使得大众皆知，由此对于所接受的建筑风格产生深远的影响，对于如何能够保护历史建筑也具有深远的影响。这种美学的、社会的态度所发生的变化，导致保护立法最初的产生，显而易见，这是一种理性的和机械论的方法。随着变化，社会精英意识到现在的建筑，必须源自历史和过去，但不应该仅仅是复古。历史建筑杰作，应该加以分析应用于当下。经验或教训，借鉴用来解决当下的问题。人们开始认识和欣赏历史建筑与纪念性建筑，许多具有纪念性保护作用与景观意义的例子，是举世认可的。这些包括受到保护的教堂、城堡以及新的景观园林的产生。特别是景观园林常常与小城镇相伴而生，并且对于乡村的农业和聚落景观的形式具有极大的影响。除了某些景观园林外，这些精英活动的例子是当下引导城市保护努力的主要焦点，相对来说还是比较小的。的确，与精英变化的视野形成对比的，是那些较低等的社会阶层，包括许多官方和市民组织，似乎更感兴趣于城市空间再发展机会。这是以毁掉如画的但是具有历史价值的建筑为代价的。特别是，从乡村景观到城市区域的保护，大多数最近的居住郊区具有主要的变化。从18世纪景观的如画传统视野，已经减弱了城镇景观的视野。在当下这个世纪，保护正如作为一种整体的规划一样，经历了可以被称为是一个周而复始的变化过程。公众，特别是以那些精英为代表的一群人，在表达保护的观念时，具有更为响亮的声音。但是，正如所暗示的那样，这些都还是在外观等表面层面而未关注其真实性层面，作为遗产的城镇景观而非历史。虽然，保护现今在社会历史方面已经达到了较高点，但可能会被其他更宽泛的领域所取代，例如对于规划和发展中的可持续发展的考虑。

4. 可持续的城市

（1）概念与主题：正如遗产、修复、真实性和可持续发展，意味着许多意思一样，可持续的城市之概念也许难以捉摸或单一地确立定义。然而，在理论的层面，有更多的共识。如果不是在实践中来实现的话。正如意大利文艺复兴的理想城市的许多不同版本一样，其前任与后继，如果不是一个在地方或时间中的一个固定目标的话，而是一个不断变化的，如社会所期许及技术变化的那样。在可持续的城市主题下，城市发展如何能满足人类的需要，同时又满足生态的可持续发展。一座可持续的城市，就是人们努力提升其在邻里和区域层面自然的、建成的和文化的环境，而以很多的方式，总是支持全球可持续发展这样一个目标。也即是寻找城市与其区域之间的一种平衡的关系，寻找城市集群和世界上一定的有限资源之间的关系。此外，在今天可持续城市发展最为强烈的主题，就是只有我们视城市为一个动态和复杂的生态系统，并且以这样的方式管理它。可持续的城市，将寻求保护、增强和促进其在自然的、建成的和文化环境方面的资产。在全球尺度上对于可持续的城市的争论具有贡献的主要议题包括：①与土地使用的关系；②清洁水的质量以及可以获取的程度；③不可再生的原材料和能源的消费；④空气污染与其对于健康的影响；⑤垃圾的起源于处理；⑥城市环境质量——包括社会经济的以及对于未来需要的适应程度。研究表明，土地问题迅速变为最为严峻的问题。在一个人口迅速增长的世界里，以及一个城市元件更为迅速增长的地方，在土地因发展而来的消耗以及依然留待耕种以便喂养人口之间的关系，是有待考虑的许多因素之一。1900年，在不到20亿的世界人口中，只有15%的人住在城市里。2000年，刚达到60亿的世界人口中，这一百分比已经升至50%。欧洲平均达到了80%，从

50% 的国家（例如罗马尼亚）到 90% 的国家（例如英国）。

研究表明，城市仅仅占据世界土地的 2% 的地球表面，每年消耗自然资源达到 75% 并以同样的比例排放垃圾。我们生活在城市时代与可持续的时代。城市是在自然环境中聚焦于消耗资源和降解垃圾的地方。要获得一个可持续的世界，我们必须以城市为出发点及改变的契机。对于可持续城市的整体概念的理论上的共识，以及关于它的主要的议题，是关于城市的大小、形状、密度、布局及在一座城市中的活动分配布点乃至自然消耗和污染的负面效应之减缓与环境品质的正面效应得以增强，以及其他方面的归纳——包括文化和生物多样性，同代和代际之间的公平。广泛持有的出发点在于可持续的城市是紧致的、高密度的以及混用的。这样的城市应该是每日的出行需要减少行走或以自行车作为首选，公共交通有效并可行。能源消耗、污染排放、垃圾生产处于基本底线。土地使用中的经济因素，是由于较少道路之需而得到辅助的。同样，地块之间很好地彼此连接以公共交通。如此，大小或形状都不是主要因素，迫切的必要的因素是可以无障碍地接近及访问。除了后工业时代商品运输或人员交通机制外，与前工业时代城市具有相似性的是，几乎总以一种可持续的关系保持其地方性这样一种模式。当然，历史的城市因循第一次工业革命而重新塑造。最初，因为铁路，之后是因为汽车，今天，因全球经济，城市已经从文明之地改变成为聚集、筹集、调集的管道，包括人力的调集，自然资源与商品的筹集乃至垃圾的运输，等等。

（2）可持续的城市视野：21 世纪可持续城市的概念，取决于一种视野，那就是逐步地复苏历史城市自给自足模式的主要方面，而不是撤退到那个状态。同时，积极拥抱和面对以往那些本土化地方之全球化不可阻挡之潮。此视野最为基本的元件，是避免 20 世纪那种对于现存城市的特立独行的方式方法——无论是通过勒・柯布西耶的作品与写作而进行的诠释——中心城区再发展或贫民区清除计划或者其他——还是认识现存城市本身的物质肌理本省构成了一个极为多样的、丰富的、不可再生的环境资源，一种与赖以生存的社会经济框架之同样丰富多样不可分的模式，代表我们已经栖居的环境之都所应关爱的创造性地适应，以一种比现存更好的条件继续传递给后代。简而言之，即包括联合国教科文组织（UNESCO）定义的、广泛的遗产概念。城市可持续的目标，就是减少使用不可再生的自然资源以及垃圾的生产，而同时改善增强其宜居，这包含了所谓的 3Rs，即减少排放，再回收以及再使用。对于历史城市中的建筑师—规划师来说，出发点即是已经建成的基础设施与建筑，以可持续的视野，不论其建筑和历史兴趣；而从保护的角度，作为主要保留和适当关心的理由与原因。以可持续发展的尺度，创造一种混用的发展概念，希望鼓励发展城市村庄，以便重新介绍人性尺度与亲密关系以及充满活力的街道生活。这些因素，可以帮助人们恢复归宿感，并且在各自自己特殊的环境中感到自豪与骄傲。城市村庄是一个城市规划和城市设计概念。它所指的城市形式，典型地以具有如下显著特征而著称：①中等密度的发展；②混用的区域；③良好的公共中转设施；④强调城市设计——特别是人行道区域与公共空间。城市村庄用于许多城市的都市发展模式中，提供另外一种模式，特别是提供一种“去中心化”和城市扩张中的分权制。其本意是①减少对于汽车的依赖，并提升促进自行车行走以及过境的使用；②提供一种高层次的高级别的自我遏制，在同一区域中，人们工作并重新创建及快乐生活；③协助促进强烈的社区机构以及相互作用。

城市村庄的概念，在20世纪80年代晚期，因城市村庄组的成立（UVG）而产生。其城市村庄理念已经应用于新的绿地发展——即在一个城市中或乡村中的未开发之地，或用于农业、景观设计，或留作自然演化之用。一个具有远见的发展商，与其在绿地上建造，不如再发展那些棕色地带或灰色地带。即那些已经开发过的，但是被废弃或闲置的。例如工业的和商业的设施之再利用。这些棕色地带和灰色地带，虽似“昨日黄花”，土地一旦重新清理，具有无限再利用的潜质，亦能“死灰复燃”。城市村庄这一概念，与美国的“新城市主义”运动紧密相关。前者的发展，被看作是一种结构紧凑型的混用，有一般步行者至上的专用村庄。其中，至少在理论上，人们可以生活、工作、购物并在一个独立的区域中享受一种积极的社会生活，运用传统的建筑材料以及建筑风格。后者提倡在城市设计中运用，提倡可以行走的街区，其中包括一些房屋与职业类型。

“新城市主义”运动，在20世纪80年代早期兴起，并逐渐持续重塑了房地产发展及城市规划以及市政土地使用策略的很多方面。它受到了直到20世纪中期一直盛行的以汽车工业的兴起为主流的城市设计标准的强烈影响。它包含诸如传统街区街道与邻里街坊的设计原则以及以可穿越过境导向发展的原则。这也与区域主义、环境主义以及城市智慧生长这一宽泛的概念紧密相关。新城市主义宪章如此写道：“我们倡导重构公共政策与发展实践，以支撑如下原则：邻里应该是多样化的使用，人口应是多元化的，社区应该是为步行者以及汽车过境而设计的，城市应该由物质界定的以及普及的公共空间和社区机构；城市之地应该由建筑和景观设计来庆祝纪念当地的历史、气候、生态和建筑实践。”

新城市主义者支持为开放空间而进行的区域规划，与文脉相适应的建筑与规划，以及工作与居住的平衡发展。他们相信这一策略能够减少交通拥挤，增加可承受住房供应以及单纯的向郊区蔓延扩张。宪章也包括诸如历史保护、安全街道、绿色建筑及棕色地带再发展这些方面。假想的城市村庄，召回了霍华德的花园城市的视野。城市村庄缺少功能的分割，而这是花园城市概念的基础。但是，如法炮制了同样的“英格兰式绿色与愉悦之地”所产生的统一：家庭生活的同样浪漫的图案，正如霍华德视野的投射：在规划的单元以及在规模上有所限制。城市村庄最多五千人口，而花园城市达三万。同样地，大规模发展将是一个多个中心的模式。田园般的图像，因为为城市村庄所提出的朴实而无虚饰的突出新规划之划定——规划城市发展结构。城市村庄是一个不那么野心勃勃的优秀概念。从传统城市中现存的社区模型出发，以及以许多特别是已经丧失了品质的现代大城市的重新排序为前提，最为明显的城市村庄概念的应用，并不在绿色，而在现存城市已经发展了的地带，那些混用的街坊邻里地带。作为一系列城市村庄每日方方面面的功能。作为一种重新建立而非追求创造可持续尺度的混用发展模式，城市村庄依然是特别有价值的。在现存的社区和历史性城市中，其作为可持续发展的主要组成部分之应用，应该所是姗姗来迟了。那么，理想的可持续城市是什么样的呢？自从古代，建筑师和城市规划师曾追求以规模大小和城市形状来界定一座理想的城市之参数。规模，以一种生态系统的比喻，是被用以表明并无一个最佳的人口的整体规模，而一个成熟的可持续城市，就如一个成熟的生态系统，是密集紧致的、结构紧凑的，在空间的使用上是高效的，并具有创造日益增加有效适宜规模的潜质。这些包括在能源的使用以及营养成分与物质资源循环体系的可行性方面。此外，高层次的功能多样性，增进了生产者、制造与服务之间的平衡；高层次的结构多样性，可以满足不断变化的功能和空间需要的灵活适应性与感应性；而高层次的社会多样性，增进了平衡与自我调节的社区结构，为整个系统提供了总体的稳定性。形状，实际上规划设计并非是在一张白纸上作画，勾勒线状的圆形的环形的多心形等形状。社区和城市的规划设计，是以其规模形状社会—经济结构作为出发点的。霍华德花园城市的概念，问世于 1898 年，是基于围合 400hm^2 土地的圆环并容纳 30 000 人口（以每公顷 75 人的密度），圆环的直径为 2.3km。而城市村庄组所推的“格里维尔”1992 年问世，是一种适于 40hm^2 的密集之地，容纳 3 000~5 000 人口。而现今与可持续城市相关的理论表明，并没有一个理想的规模或形状。挑战在于要评估并重返其可持续的秩序，每一种都是根据其个别的模式与需要，包括预期的人口稳定性或者人口扩张。

（3）城市的文艺复兴：显然，意大利对于亚洲以及中国的影响，并未以城堡或商业聚落的正式身份出现。然而，许多初到鼓浪屿的游客，会情不自禁发出仿如身在意大利小城之中的感叹。可见，在文化的无形氛围之中，意大利对于城市文化与建筑遗产的影响是多么的至关重要。在那些欧洲国家纷纷发现“海外”奇珍世界的时代，意大利人却在默默地寻找着自身的曙光与内在的光芒。正是以那文艺复兴的新思想新理念，而征服了整个欧洲乃至世界。其中的建筑灵感与理念，是受到地中海古典建筑遗产的深深的启发。以此方式，许多人将地中海阳光之下的古典之美传播到海外。在城市规划上、总体形式上、建筑立面上、门窗细部上、在“东方地中海”的倩影，都是“她”的投射所至。这些文艺复兴的符号象征，无疑应该都是在所谓的殖民时代完成的，如今在鼓浪屿的许多建筑物上依然清晰可见。在遥远的意大利，有另一座“翡冷翠”花城，“她”与鼓浪屿曾经如此相像。

弯曲的街巷与不期然的如画景致，不知是不是东西方匠人们的心有灵犀，还是意大利文艺复兴建筑艺术的源远流长。意大利文艺复兴时期，正是基督教与人文主义的融合时期。当时认识到古典传统文化艺术，既是历史的一个重要的纪元，也是文化持续性与创造性的跳板。历史古迹遗址，无论是已成废墟或依然健在，都因其固有的建筑质量与艺术视觉而无上荣光，并因其历史的和教育的价值而激起人们对其建筑与历史的兴趣。而18世纪欧洲的启蒙主义时代与理性主义时代，在科学上的进步更伴随着日益增长的对于古典希腊和古典罗马的兴趣。18世纪也因为那些描绘古典及中世纪遗迹及田园的浪漫绘画和雕刻而兴起了“风景如画”的建造活动。18世纪，出现了为保护古迹艺术而产生的监护制度。意大利许许多多的大型博物馆与艺术画廊，正是将所收藏的艺术品转变为文化和自然遗产的功能场所之所在。而许许多多的城市，都成为活生生的文化遗产，向整个世界开放，并主要通过世界遗产公约而得以表达。翡冷翠，即我们熟知的作为历史城市而于1982年被列入世界文化与自然遗产名录的佛罗伦萨，她以第一朵报春花——花之圣母大教堂（百花大教堂），象征着欧洲文艺复兴的花之盛开。15~16世纪，美第奇的时代，经济和文化空前发展，强大的家族因其对艺术的投资和推崇，对这座城市乃至整个意大利的文艺复兴运动，起到了推波助澜的作用，因而翡冷翠名副其实地成为文艺复兴繁花盛开的摇篮。在其巷陌纵横间，遍布着许多的博物馆、美术馆、宫殿、教堂、府第与别墅建筑。在这花之故乡，同样孕育了一大批如达芬奇、米开朗基罗、拉斐尔、提香、但丁等的著名艺术大师，他们都是诞生在这座美丽的花城。世界各地对于原住民和历史之地，史前和历史遗址，文化资源及对文化资源的管理等的关注与重视，正日益增强。

我们这个世界，可以用两分法简要地分为自然的与文化的环境。自然资源即是涉及自然环境，伴随人们利用、改变的同时，也正日益重视并欣赏和享受。文化资源，是在自然世界中的人类相互作用或干预的结果。在最为宽泛的意义上，文化资源包含所有人性的表现：建筑、景观、文物、文学、语言、艺术、音乐、民俗及文化机构，这都是文化资源。文化资源常用来文化遗产的人文性的那些表现，在景观中物质地表现为场所。而文化资源管理，就是描述看护那些景观之中的文化资源的过程，在此解释为文化或遗产地。遗产地在如下的文脉条件下存在：是物质景观的一部分，并且彼此联系十分紧密。这在绝大多数原住民的地方非常明显：贝丘因附近的海滩与礁石而存在；绘画或雕刻出现在适宜的石头表面上；人居之地更多地邻近水木丰盛之地。走向城市文艺复兴充分认识文艺复兴概念，首先以及最重要的取决于基于参与和共同的承诺，以信息技术及网络接触交流的技术革命；可持续发展重要性的生态以及更广泛的理解；以生命的平均寿命以及更广泛的生活方式的选择而带来的社会转变。走向城市的文艺复兴，包含了总共105项建议，包括：设计、交通、管理、再生技能、规划以及投资，亦涉及紧致的良好设计的城市人们的生活、工作、休憩都很密切的以公共交通而串联并且适宜于变化。这些都被判别为是在城市环境中为了文艺复兴而进行的主要成分。这标志了从一个规划的主流转向可持续城市概念的一个重要的转变。如果说城市的文艺复兴，不是可持续城市发展的全面性的蓝图，它也展示了以一种连贯的方式所呈现的主要组成部分，并且提供了一种框架，在其中个体建筑再生的生成与发生，从单体建筑尺度，到那些可以容纳通过城市再生而促进的项目，并且承认，自从工业革命以来，人类已经丧失了对我们的城市的拥有感、归属感及自信感。以潮流时尚为导向的方法进行城市设计，具有一定的风险性，因为缺乏保障已有棕色地带的已建社区的就业机会的平衡的战略，城市的文艺复兴和可持续的社区，将和谐共同运作。设计的质量并非仅仅是关于创造新的发展，而且也是关于最好地运用现存的城市环境，那些从历史中心区到低密度的郊区，修复现有的城市肌理，并对于未尽其用的建筑进行再循环。一项重要的建议就是空置的财产策略应该在每一个当地权威区域兴建起来，另一个是公共团体应该释放多余的城市土地与建筑，以使之再生。关于人们的运动这项议题，走向城市的文艺复兴，也认识到了最好的方法之一，就是鼓励并吸收更多的人，进入到城市区域中，以便减少以汽车为交通工具的需要，步行、骑单车，以及公共交通。在邻里层面，引进〝家庭区〞，行人优先，公共领域的设立机制。城市在场所和民众之间，建立了一个重要的联系，城市创造了公民，公民创造了城市。

（4）保护与可持续发展的巧合：在许多城市中，有许多空置的建筑。如果将一些建筑改造转变其空间，使城市获得经济与社会的再生，此外，这也增强了城市中心的安全性，特别是关于贫困和公共领域，只源于采用二维的土地使用的规划而非三维的建筑使用方法。可持续城市的概念，追求寻找在与生态可持续的本土层面与全球层面的人类需要与市民愿望之间的平衡。认识到城市的自然环境的消费与退化的焦点。而要获得一个可持续的世界，我们必须始于城市。可持续城市寻求保护并增强在自然建成的和文化的环境之中业已存在的，视城市为一个动态和复杂的生态系统，核心目标是创造一个平衡的自我调节的自我调整的基于功能的结构的和社会多样性基础上的社会经济与环境组织机构。可持续城市表现为紧缩型具有适当密度的混用的以及土地的经济使用。以可以接近以及步行为优先，公共交通高效能及很好地集成与整合的城市。其中所提出的城市村庄，探讨创造混用的邻里街坊尺度的发展，并与现存城市及社区具有广泛的相关性。可持续发展，包括了一系列所关心的问题：其中包括栖息地的丧失及生物多样性的丧失，不断升级的不可再生材料与能源的消耗、污染、废气排放，以及这些与地球及生物圈健康之间的关系。可持续发展，认识到在人类与自然环境之间的历史平衡，从全球的到地方在所有层面，已经受到了严重的干扰。最根本之处是发现这样一种平衡，而两者的共同出发点就是作为一个整体的是国际社会，而每一个个体在各自的社区里，都能产生这样的平衡。可持续发展，告诫一种建设性的演化方法，是在人类世世代代的权益基础上人类发展优先基础之上的方法之一，包括健康的提升、教育的发展、生命的质量，过度经济发展聚焦于增加少数人早已富裕了的生活方式。可持续发展，强调生物多样性和文化多样性之间的基本关系，强调每种自然环境的特殊性以及人类栖居于或相联于该环境的生活模式之间的关系以及如果不能平衡将失去两者的危险。最后，可持续发展，理解文化多样性是文化认同、社区归属感、社会包容性与社会参与的一个基本的组成部分。文化认同的表达体现在很多方面，正如我们经常在文化遗产语境中所经常分类的那样，分为物质与非物质。

建筑保护已经演化为一种宽泛的学科，它认识地缘文化的多样性以及本土文化的独特性，尤其是这种多样性与独特性，通过所在地的物质认同—建筑物、建筑细部等，在从纪念性建筑到民间建筑的所有层面。然而，保护真实性与完整性，必须依照其所在每一个特殊场所来定义，这是构成文化多样性的物质与非物质元素以及社会认同和社会凝聚力的先决条件。从对于背景的分析以及建筑与城市保护理论所产生的一个关键信息，就是最少干预—也表示为对变动率的控制：这表现为对建筑物的结构，对历史城市的肌理，以及对寓居于这些建筑与城市中的社会经济结构。这一保护的信息，与前面提到的格迪斯与乔万诺尼两位大师将保护置于自然科学的理论产生了共鸣，以及可持续城市定义的重点，即认识到这一概念依赖于城市被视作本体或被管理作为一个生态系统，因此将我们带回到由于环境意识而产生的原点。 这一保护的信息与联合国教科文组织日益强调非物质遗产的重要性，以及将文化看作为一个动态的和演化的过程这样一种对文化之人类学的视野相一致，其中通过社会经济文化的连续性与强化，超越了将遗产视作为古迹或对过去之记录这样一个狭隘的视野。对于遗址所在的一方来说，经济价值和旅游资源带来的本地就业影响，经常是保护的一个非常强烈的原因。然而，保护也常常因为成为发展的障碍而遭受反对，尤其是在城市中心区。因为历史中心不仅仅增添了城市性格，而且增加城市的经济。每座建筑、每处场地，遗址或结构的保护，对应于建筑类型，特别是建筑状况与建筑使用，都是不同的。因而，保护一个现存遗址景观所采用的方法，与将一座原来的工业建筑适应性地再利用为居住建筑使用的方法应该是不同的。然而，两者以同样潜在的原则为指导。有很多保护原因，而最主要的原因是建筑有用，或者对使用者具有价值，因而才进行保护。比如说，建筑代表了一个国家或社会团体的一种身份认同。在此情况下，建成的遗产可以被看成事个人集体或其时的想象的记忆的一种物质表现。历史建筑，不但提供了过去的科学的信息，而且也代表了与之的一种情感联系，提供一种在我们之前的那些使用者对于空间与场所的一种体验。

建筑遗产，从代表一种国家的胜利的纪念性建筑，到一种我们熟悉的民间建筑风格的景观。建筑保护，从预防性维护，实施最小的修复，到重大的调整，无论是部分的拆毁或开放，还是允许一项新功能在既存的建筑之中涌现出新的生长。保护，可以包含从保护一座皇宫的天花之装饰性吊顶，或者将一座原来的工厂改造成为一座新的博物馆，还是将一处历史街区保护其特征并允许它演化为一处继续可以在其中居住的场所。保护是一种管理其改变的过程，而发展则是带来变化的机制。历史建筑并非是孤立的符号，而是一个较大的地区网络，场所、城镇与景观的一部分。在关于建成遗产的保护所应该进行的决策中，一座历史建筑的文脉与背景，与建筑及其物质构成同等重要。建筑保护不仅仅是关于建筑，也是关于人，关于文脉。而任何时候所采用的保护方法，不可避免地与其时的社会价值观紧密相联。保护的作用，就是帮助维护建筑与景观的连续性，并且服务于当下社区及其需要之间作出个平衡的判断。建筑保护，就像建筑设计一样，是一个创造性的过程。设计的技能应用于既存建筑物中，有效敏感地适应于新的使用功能，特别是当新材料与既存的建筑相结合时。没有任何两个保护的项目是相同的。但是，理解并尊重既成事实是共同的出发点。

可持续发展，强调历史的环境不应该仅仅局限于考古的、建筑的，以及历史的兴趣等有限的文化定义。保育方法之理性，在于历史环境的文化意义得到极大的增强之后，应该是与其环境资产——包括历史城市的所有层面、所有尺度相关的。这包含了一种聚焦于重新定位，并强调维护、再利用、适应性以及增强现存环境之基础设施。所有都处于一种总体的、包含可持续的城市原则的框架之内，并与城市管理相协调。保护—可持续发展的方法并非是新方法。的确，历史上，前工业化是所有文明的范式。建筑材料是再循环的，建筑是再使用的；而进化的额外的附加过程是理所当然的。材料对于个体的资源价值与社区来说是主要的动机；自上而下的对于文化意义的学术解释，并未形成，并且未起作用。后工业化战略性方法，诸如由乔瓦尼 112 所提倡的并在他本国意大利所寻找而应用于巴黎的方法，反映并持续了这种前工业化的范式。在今日的英国，材料再循环，但是在一个有限的尺度进行的再循环，部分聚焦于较高价值的建筑材料，而非那些基本的建造材料。在以消费者为导向的社会之遗留问题之一，就是视建筑为一次性的具有极为有限寿命的物体。正如 20 世纪 60 年代晚期的一份出版物所陈述的那样"居住建筑，最长寿命 60 年后，应该被替换掉，看上去是合理的"。就地取材的原则，应该是重要的原则之一。可持续发展的口号，通过包容邻近这一概念而得到强调，无论是其工作之地还是休憩之地，还是教育之地到休闲之地，或者是重要的为了建筑保护的传统的建筑材料到本地的工艺技艺。在其中，历史地得到运用，并为此到今天最好地得以应用，减少每天的旅行与运输的需要和在此过程中不必要的非再生能源的使用，是一个主要的受益结果。20 世纪主要的教训之一就是在人类能够解释一切并使其有秩序这样一种假设之间的对比，以及认识到人类社会和自然世界是如此变化丰富，远比许多人想象与希望的更为丰富多彩。城市规划中自上而下的原则与理论，假想并预测结果。根据功能分割所产生的城市秩序，产生了一系列关于土地使用，运输以及以前没有表现出来的社会问题。正如简・雅各布 1961 年所写的那样："城市如生命科学一样，遇到了有机复杂性的问题"。好的规划，仅仅是一个好的管理。城市规划中自上而下的解决办法，追求一种强加那些抽象自真实生活并已经成型的理念于规划案例之中，实践证明是不适合的。而自下而上，始于对历史城市身份的分析与理解在于其物质遗产和人类文化的持续演化。需要特殊的对于规划和建筑的需求。在城市规划中，自下而上的方法，允许建筑物、地块的尺寸大小，街道模式和开放空间与传统。

5. 结论与建议

1998 年在阿姆斯特丹举行的全球战略会议指出，突出普遍价值可被定义为"对那些在全人类文明中所宣扬和受到普遍承认的共性观念的优异反映"。国际古迹遗址理事会在一项名为"世界遗产名录：填补缺憾——一项为了未来的行动计划（2005）"的研究中采纳了这个定义作为其出发点，提出了一套关于普遍性议题的主题框架，作为探讨指定场地意义时的范式参考。为世界遗产提名所作的准备应当被视作一个过程，其中的每一个步骤都环环相扣。同时，在这个过程中，清楚地区分几个不同的概念是非常必要的。

以下三点尤其为重中之重：①入选的条件在《实施世界遗产公约的操作指南》（以下简称《操作指南》）中已经明确，包括至少满足一项突出普遍价值标准，具备符合原真性与完整性的状况，并且在场地中已实施了适当的保护措施与管理机制。②突出普遍价值，即 OUV，是为入选世界遗产名录的最基本参考条件。这在世界遗产公约中被提及并在《操作指南》的 10 项标准列表中被明确指定。杰出普遍价值的证实和确认需要在比较型研究中得出，并且应有相关领域的主题型考察作为研究依据。③定义项目的意义是准备一项提名的基础。这里需要区分项目的"意义"及其"突出普遍价值"，并将这一点参照到场址的"定位"上。对该场址"建立背景故事"涉及如何从普遍性关联中提取和辨识出其主题，并且要求对与其相关的文化历史文脉（在主题型和比较型研究中）有所鉴别。现阶段国际古迹遗址理事会在报告中更加着重对"突出普遍价值"的提及，将其视为对文脉的提炼。《操作指南》所定义的标准得到了更多的关注。在这种情况下，值得注意的是，标准的表述由于委员会的决议发生过多次变动。而这导致对突出普遍价值的判定准则也非一成不变。在世界遗产公约颁布的早期阶段里，对突出普遍价值的要求相对于包括关于原真性与完整性的要求和对场址实施保护与管理的要求在内的其他入选要求而言显得格外与众不同。而在 2005 年公约的版本中，这种情况发生了改变——对突出普遍价值的要求与其他入选要求得到了一视同仁的对待。尽管这种改变表面上看更像是术语层面的转变，实际上却是对整个评估过程甚至之后的跟进都有所影响。在对一项新提名的评估当中开始时常出现这种情况：该项目在突出普遍价值相关方面表现不俗，却在立法保护和管理规划方面有待提高。结果是，该项提名不得不被建议延期考虑或是提交重审。这只是一个例子，希望引起那些在开发和管理控制方面存在问题的项目提案者的重视。以及，若是在突出普遍价值方面存在缺陷，则可能导致项目最终无法进入名录。当项目的定位一旦被确定，就必然会推进到针对该项目是否满足突出普遍价值要求的评估。这项评估，很显然，会参考世界遗产标准。同时，该项目的原真性与完整性指标将受到考核。所谓原真性的要求可阐释为物属应保有真实的和原始的质貌。显然，一项真实的物件必会反映出原物质的正确属性。因而，判断其原真与否的标准取决于本物的基本素质及以下参考项：

①在创造性过程和设计中的对原真性的遵循；

②表现材料的真实性和结构的一致性；

③传承原初传统及现存文化的真实性，包括改变管理时所作出的决策。

《奈良原真性文件》（1994 年）就提供了关于某具体文物的大量参数以证明其真实性。事实上，此项评估需要在所有必要层面上遵循一种评价标准。尽管如此，对此类参数的有效性甄别因不同案例而异。以及，最终的评估结果需要进行整合。仅基于单一层面的判断是远远不够的。考量完整性的情况则在于为了证实该项目确实囊括了所有达成其突出普遍价值的基本组成部分，涉及：

①社会—功能的完整性；

②材料—结构的完整性；

③视觉—审美的完整性。

有关完整性的问题在项目的评估中占有重要地位，它涉及该项目的宏观文脉、核心地区及缓冲地区的界定，以及更广域的景观文脉。它同样在关乎某特定区域的社会及文化完整性评估方面意义重大，例如保有连贯的传统社会系统及活动的一处文化景观或一块历史城镇地区。在理想的情况下，对于原真性和完整性的评估应当是贯通统一的，以便于它们彼此能够提供支持，其中一方鉴别相关的物质属性或要素，另一方核查这些内容的真伪。 关于突出普遍价值的定义在 20 世纪 70 年代已开始出现雏形。它的正式成果就是 2005 年出版的《实施世界遗产公约的操作指南》中给出的突出普遍价值定义：其中的第 49 条写道“那些优秀到足以超越国界、并且在全人类的当代及未来都拥有普遍重要性的价值”。1998 年在阿姆斯特丹举行的全球战略会议提出过一个有些许差异的定义，认为突出普遍价值即为“对那些在全人类文明中所宣扬和受到普遍承认的共性观念的优异反映”。尽管这两个定义的侧重点有所不同，它们彼此并不冲突。不如说，它们能够且理应相互补充、融合，从而更好地阐释了这个概念。世界遗产名录并非旨在仅仅列项出每个缔约国境内遗产的杰出例证。反而是，在评估中，将每一项提名视为“超越国别”的文脉展现。因此，这项工程的整体参考构架必须是国际性的，或者说“全球性的”，就像建筑界的现代运动那样。在定义突出普遍价值中的一个关键问题是“普遍”这个提法。上文提到的两个定义，都将这个概念阐释为类似于人性中或全人类文化中的“共同性”。然而如此代换并不完全可行——比如说，某项遗产举世闻名，这是仅就当下的判断和认知而言的。与此理解不同的是，共同性的概念应指的是某提案或主题能够被全人类的文化所分享，同时每种文化和时代对此作出基于自身特性的反馈。国际古迹遗址理事会所提出的“主题型框架”，正是基于对这些全人类共享主题及提案的鉴别。与此同时，如 1998 年提出的那个定义所提及的，我们还应当关注“人类的创造性”在其中扮演的角色。事实上，创造性是人类文化的另一基本体现，如《世界文化多样性宣言》(2001 年) 所指出的——是“人类的共同遗产”。2005 年版《操作指南》的定义认为申报项目的“意义”应“十分优秀”到足以在全人类的文化分量中占据“同种重要”的地位。这里的“十分优秀”必须不仅仅指“优于一般水平”，而是指在重要性和本身质量方面具备特别高的水准，能够承担起作为普遍同类事物中典范和表率的职责——是为其“意义”的表现。因而，这里的“十分优秀”可理解为“卓越”“非凡”“出类拔萃”。提出主题框架的目的在于鉴别出合适的主题并帮助判断该主题下的某项目是否具备“卓越性”。而主题型研究的目的在于界定出在相应的文化—历史条件下该主题所能够呈现的相关领域范围。在这之后，比较型研究将指出该项目在文脉中的相关价值。最终的成果就会像国际文物保护与修复研究中心（ICCROM）在 1976 年那篇关于突出普遍价值的报告（见附录）中所表明的那样：“如今的现状是，这种现于某样物什或文化合奏的价值并不能够被世人所认识，除非有那些在该主题下被认为能作为当代最前沿的普遍意识发言的针对性科学文献提到它。”因此之故，为世界遗产名录提名的准备工作，绝不应该仅仅从单个国家的利益出发来着手进行。应该说，为了联合起整个相关区域内从事相关知识研究的专家们，地域水平上的协同合作是必不可少的。此外，与其等待决策的结果出来后才开始进行某项提名工作的准备，更有助益的做法是参与到基于现有备选名单而开展的工作中去，并提前检测这些可能得到提名的项目的可行性。在本篇报告的第三章中，笔者已列举过大量例子来引证一些在过去的审议中提及的主题。应当注意到，其中的许多主题可以被应用到其他类型的项目中去。就呈现的结果而言，那些被提名的项目其实局限在纪念性遗址（清真寺、庙宇、大教堂、统治者官邸这一类）或是一块覆盖了历史城区中心（拥有建筑群）的区域，又或者干脆就是将一整片文化景观作为场址。许多参数都会影响最终的决策，也包括项目在全局上的原真性及完整性，和项目中的现存要素及它们受到保护的状态。最后，问题仍然在于文化—政治意识以及从社会和实践的角度来决定何者具备可行性。

标准①：在早期是以“一项独一无二的艺术或美学成就，创造性的天才杰作”为标准的。后来随着世界遗产名录中加入新的项目类型，在讨论如何介绍这些新类型的会议——如 1994 年的运河遗产会议中，"独一无二的艺术或美学成就"的说法被舍弃了，只保留了"人类的天才创造性"这个部分。这即意味着一项世界遗产提名项目不仅要见长于其艺术或技术水平，还应在艺术或技术的创新发展历史上有突出的贡献。从过去的经验看来，这项标准主要被应用于"创造型作业"的主题下，其中包括了杰出的建筑品质，杰出的艺术作品（雕塑、绘画等），杰出的城市设计或景观设计，以及创新技术的成就。在应对标准一的时候，人们总会热衷于给项目冠上"独一无二"的噱头。然而，为了证明一项设计或创新项目的卓越性，对其相关文化—历史文脉的鉴别并提供一份全面的比较性分析才是不可或缺的。原真性的问题在考虑标准①的情况下显得尤为重要。因为必须要展示出被提名项目确实是一项创造性努力的成果。举个例子，不久前入选的悉尼歌剧院被认为是 20 世纪人类遗产的杰出代表，而波斯波利斯城被视为公元前 6 世纪人类文明的范例。在这两个例子中，尽管大有珠玉在前之势，其建筑设计仍然实现了造就出新颖的杰作。至于在这项标准中对完整性问题的考察，其对象应被理解为实质上对该项目的创新品质有所贡献的全体要素。

标准②：最初是指某项目在经过实际的历时后所产生的影响力和影响效果。自 1996 年开始，作为一些主题型会议的成果而呈现，就如在运河遗产会议上，这种提法被修正为"人类价值的重要交换"。然而在发掘生成人类价值的重要性的过程中，人们也不应忘记最初的"影响"这一概念。所以说，这项定义可以理解为"影响与价值的相互交换"。在许多涉及艺术史、建筑史与城市建设史、或技术史的案例中，这一标准往往意在引导人们侧重去关注影响力的情况。能够看出，价值的体现是与文化、社会和经济的发展密切相关的，并且反映出一些遗产保护中的迫切利益问题所在。通过这一标准来指出不同的影响与价值综合在一起产生效用也与此相关。然而，简单地通过参照某一项目类型中一个已得到妥善保存的范例来草率评价它并不是合适之举。对原真性的关注应放在考察信息源的真伪上。此处问题的要点尤其在于鉴别相关文化区域及证实已经产生影响效果的范围。完整性的考量则应涉及那些促成该项目得以产生和发挥影响力及 / 或其价值的相关要素。

标准③：所指的是能证实某种文化传统或文明仍存续或已消失的证据。在第一版草案中，这一标准对应指的是珍品或古迹。事实上，一些早期的提名是作为"优秀古物"而被认可的（例如阿瓦什下山谷）。该标准常常被用于针对那些"已遗失的"文明或神话上。然而，它也适用于一些年代更近的历史，比如 19 世纪人们所取得的科技成就。自该标准在 1995、1996 年又获得了一些改变以来，它还用于现存的文化传统相关议题。这揭示了一种重要的全新尝试，将这一标准的适用范围从旧时文明的考古证据扩展到了现时生活文化。显然，这些被虑及的文明或文化传统本身应为其普世价值自证——意即，它当为世界历史的进程带来必要的元素。对原真性的检验在此可以通过两种方式来实施。其一是验证历史材质的真实性。这与那些含有古迹遗存的考古场合有密切的相关性。此举的意义在于将这些历史物证完好地保存。另一种检验原真性的形式考虑所关注的文化传统其真实的本质特性。与之相关的，例如文化景观协同延存传统型住区及/或土地使用的案例。对完整性的考证取决于项目的特性和定位。另一方面，在定义项目和界定其边界时，完整性的问题也会作为重要的参考。在留存文化传统的案例中，在考虑区域范围时，要选择全部的区域还是其中的部分——在这个过程中，完整性的问题就会被提及。

标准④：指的是类型或属性的概念，在开始时更多的属于建筑类或城市建设类，后来还包括了景观类。与此同时，该准则要求被提名的项目能演示一个或以上重要的历史阶段。据此，改标准将得以在应对重要"原型"或最具代表性典例的类型学的问题上起到作用。当问题深入到一件人工制品的设计或是一处住区的规划时，对于原真性的检验涉及材料的真实性和项目的设计。同时，原真性应与完整性情况的界定关联起来进行考虑，以确保该项目中所有有效促成其杰出普世价值的组分都被囊括在内。在历史（合奏）城区或文化景观的案例中，有必要去证实该项目不仅涉及既有构造和相关空间关系，同样还涉及其社会功能状况和改造的潜在趋势。此外，还有必要去评估更广域景观范围内整体视觉的完整性。从历史城市景观这一新兴概念的角度来看，要考虑被提名项目的哪些部分与广域文脉有所关联，此事尤为相关。

标准⑤：指向"具有某文化（或某些文化）代表性的传统人类聚居行为、对土地或海洋的利用，或其他人类对环境的干涉行为，尤其是那些产生了不可逆影响、使环境受损的举措"。这一准则的定义随着时间推移及"遗产"一词本身的意义演进而有所扩充。特别是从广义上的文物建筑到土地使用甚至海洋使用的发展就已显现出这种衍化的趋势。作为结果所呈现的是，与评定这项标准相关的主题涵盖了：聚落及历史城镇、考古基地、生态系统及景观，以及防御工事甚至工业区，如瑞典法伦地区和日本石见地区的矿区及其相关文化景观。像标准④中提及的案例一样，原真性与完整性的评估在此是紧密相关的。对完整性的考证尤为重要，且应结合项目的社会功能、材料结构、视觉层面及其与广域文脉的关系。就如《操作指南》所提到的，在评估中囊括所有有效支撑该项目杰出普世价值的要素一事，其重要性必须予以强调。关于原真性的问题，可以在验证被提名项目材料及结构要素的真实性中得到部分体现，同时还应考虑真实社会与文化传统的连贯性。

标准⑥：可以被视为是世界遗产公约和2003年的非物质文化遗产保护公约的连结点。这项准则考察项目同"蕴含理念或信仰、承载艺术文学作品的事件或生活传统"之间的联系。这一标准，尤其在单独作用时，受到委员会定期地限制，甚至在2005年版的《操作手册》中被认为"宜与其他标准结合使用”。如其自身文本所指出，该标准结合了从文化认同到心理学、科学及政治学等不同领域的理念，并被应用于对那些与宗教、神话、甚至贸易相关的传统进行评判。值得注意的是，这项标准有其使用的限度。因此，在项目涉及某特定宗教的发源地或首要朝圣地的情况下，或当项目的审议受到宗教信仰的影响时，有必要区分其适用程度。第一种情况通常很容易判断，而第二种情况则应只在特殊条件下使用该标准。另一点需要着重考虑的是被提名区域中物理结构的质量。当有其他标准参与评判并得到满足时，此项质量被自动视为合格。然而，当此一标准被提出单独作用时，这项质量就需要被仔细审查了。在 Michel Parent 1979 年所作的报告中他已指出，该标准不应被用作仅仅考证重要名人事迹。原真性的证实与标准⑥息息相关，尤其在社会文化与历史的层面上关系密切。在涉及神话的案例中，“真实”的成分并不像在其他情况中那样被关注，更需要在意的反而是社会文化传统的纯正性。另一方面，应当认识到，无论在过去还是当下，神话都是许多传统文化中享有基础地位的要素。因此，它也是传统社区社会文化完整性的一部分，应当从管理系统中被识别出来，尤其是在处理一项传统型管理系统的情况下。

标准⑦：是一个在实践上连结自然与人文的有趣事件，这种连结是公约的基本目标之一。尽管有将自然和自然景观纳入考虑，这项标准的基础仍然是建立在关于心理学和美学的文化与历史之上的。它也因而企图建立一种协商型和跨学科的联系，这种联系首先发生在参与提名准备工作的专家们之间，其后出现在对项目的评估和监控之间。

第 18 章　案例 鼓浪屿遗产保护性再利用设计

18.1　遗产的保护性再利用

从一个特殊建筑或其一部分的选址、形式和规划中可得知他原本的用途，当这一功能停止或者改变时，它会留下需要证实或者解释的迹象。由于这一原因，一种对于社会的、文化的和国家政策的基本的自我的认识，将会对解释这些迹象产生帮助。

在某种功能的需求下或者作为整体的一部分，建筑或结构经常被建造并扮演着特殊的角色；使用中的地产正在逐渐废弃、失修并且灭亡，这种情况与很多不同的紧密相关的因素有关。如果要采取恰当的行动，必须要了解这些因素；对建筑产生影响的废弃过程与建筑功能的改变或者使用者的改变有关。第一种情况可以看作是功能的、经济的、地域的、社会的、法律的、物理的废弃。建筑的使用者也会产生基于个人目标和看法的决定，这会直接影响到建筑的状况，这包括身份地位、品味、时尚和个人信仰。针对现存的建筑结构的首要任务是一种对文化遗产存在并继续生存的理解、价值评估和认同。对这些建筑的检查、评估和报告将会提醒和影响对于它们的将来所作的决定。因此，全面地了解鼓浪屿的世界文化遗产的价值，以及相关历史建筑及遗址地转型之必然性与保护能力对于从业人员来说至关重要。

保护政策与实践的潜在趋势：在其中保护实践、社会文脉和利益相关者是集成的、连接的、条理清晰连贯的。在传统上，保护领域的着力点多在物质条件方面。对于了解和捕捉遗产物质状况恶化的情况，已经取得了很大进步。结果，在物质科学与技术介入领域，在过去的若干年中已有一定量的信息应用于保护领域。在管理的领域，在法律和经济领域也涌现出了某些保护特定的话语。然而这类研究聚焦于遗产拥有者的权利与财经方面，而非在保护领域或者将保护作为社会中的公民之物的关于遗产资源管理的复杂性方面。同样的，有关于遗产体现在自然环境中对后代的责任、物质文化、社会功能及管理等，以及遗产艺术与历史价值、个人价值的准则，也存有广泛的信息。相对而言，特定的文化遗产保护或已进行的保护领域的服务的研究相对较少。事实上，所有的保护研究的绝大部分依然聚焦在物质层面的挑战，即材料的恶化损毁以及可能的干预，也即是多集中在物质本体而非其文脉层面。每一种保护行动都是由于一个物件或者一个场所是如何被估值所形成的。其社会文脉、可以获得的资源、本地的优先权等。对其处置与干预的决定，并不仅仅是对于其物质的损毁来考虑的。然而，缺少以上三方面的条理清晰的知识集合，对于评价与将这些彼此整合也是非常困难的，在保护专业工作中也是同等重要的因素。在当今建成环境中，如何再认识前人留存下来的历史建筑与遗产，成为摆在我们面前的工作。通过近年指导的历史建筑与遗产保护实践案例——鼓浪屿，探讨空间作为历史建筑与遗产的主题，在当下所经历的与历史、与文化、与社会、与环境等相应和的流转。为遗址再生，使失去生命的建筑遗产地获得新生；核心单体建筑的保护与再利用，使建筑肌理与底色得以重现；对于六座建筑所进行的再利用设计，提取传统色彩精髓赋予历史建筑与环境新的生命色彩。总结如下：

①我们的建成环境，在本质上是我们人类自身的投射，如何认识历史建筑与遗产，就是如何认识我们人类曾经的过往；

②漠不关心地越过历史建筑与遗产而求新，是否定自我空间走向他我空间的建筑革命，也是对以空间为本质的建成环境的误解；

③申请世界遗产并进行保护的另一个原因，是促进国家身份与民族认同，或者是明确地吸引国内和国际的旅游。实际上，为早已存在在那里的遗产增加环境与经济价值，而并非浪费开发资源；

④一座坐标性的建筑物，不但具有其自身的建筑品质，而且在治理与民主中具有象征性的作用，特别是遗产可以引起某种思乡怀旧的情愫，这解释了为何人们选择参观历史城镇及具有历史意义的地方。自然法则使我们再认识历史建筑与遗产保护的目的与任务：当近现代城市建筑的空间已无法满足当下时代功能时，时间之轮终将建成建筑转变为遗产。为创造一种“中国近现代城市建筑的嬗变与转型”提供一个有益的尝试。

以价值认识为导向、评价判断为起点，对其形式与结构特征、经济与文化内涵、自然与社会环境各方面条件深入分析，选取鼓浪屿建筑文化遗产作为东南沿海近现代城市建筑遗产的典型代表性案例，进行适应性历史演变规律的转型范例研究。对于近现代建筑核心价值的讨论，实质上是引导对于这批近现代城市建筑的可持续发展得以实现。因为可持续发展的研究仍源于对建筑核心价值的认识，更确切说是建筑核心价值的延续和升华。而外在价值是在建筑本体三原则外影响建筑核心价值的至关重要的直接因素。有关历史、经济及文化价值，从可持续发展的角度，分为这四个方面：①近现代城市建筑对当地经济发展产生积极影响，即为建筑所产生的经济价值，例如带动一些旅游经济的发展（从本身的建筑属性出发）；②近现代建筑对人们物质生活影响；③近现代建筑对环境产生影响；④近现代建筑对人们精神生活影响，等等。通过鼓浪屿的近现代城市建筑经历的中西文化交融与影响之后的变化，深入分析遗产案例的技术特征、构成原理、与营造机理，结合室内家具陈设与装饰、建筑材料与色彩，比较各自核心价值与性质。探索案例在中国近现代的角色、功能定位及价值点。探讨文化遗产物质层面以及非物质层面与核心价值体系的支撑关联。示意如下：

建筑内在价值：科学价值（技术价值）→功能价值（使用价值，社会价值）→美学价值（审美价值，情感价值）；建筑外在价值：经济价值（史料价值）→历史价值（政治价值）→文化价值（关联价值）。

1. 科学价值

从建筑的本源出发，根据建筑的梁、柱、板等基本的建造元素排列组合开始，探讨建造的可行性以及建筑的形式；从建筑材料、建造过程、建筑装饰等出发，探讨建筑的优化设计。近现代的科学发展而带来的建筑技术或建筑材料，直接影响建筑耐久性与坚固性，所包含的信息，又与知识和教育价值联系在一起。作为近现代城市建筑的遗迹和器物，当时建造、制作是为了人们实用。从布局、形式、用材、装饰等方面都能提供技术借鉴。

2. 功能价值

从人们的工作、休闲、生活方式出发，探讨建筑的内部空间的分隔，交通空间设计、流线设计等，以适应人们的基本使用需求，力求使功能的最大化。建筑物的实用功能，决定居民生活质量。也包含建筑的社会价值，某建筑类型及材料工艺的使用，唤起群体记忆，是集体情感纽带，与事件节庆关联。

3. 美学价值

从使用者和参观者的角度出发，探讨建筑美学的最优方案，使得这类型的建筑符合人们的审美观，给人们提供精神和心灵的愉悦。艺术美感、样式风格、工艺水准，是建筑基本要素之一。欣赏愉悦包含对使用或参观人的情感共鸣。或许会被建筑本身的新奇或艺术与工艺的艺术成就而感动，在情感上对建筑或许有所附属。

4. 经济价值

从建筑的本身属性出发，探讨不同类型的建筑的社会价值和经济价值。经济政策与经济状况，决定建筑物建造过程中的技术体系，及对当时先进建造技术的贡献。近现代建筑技术深具经济价值，绝不是一个纯艺术文化的事，更不是公众怀旧或确立文化标志的需求。实践中的经济条件直接影响使用的技术。

5. 历史价值

从三个层面考虑：建筑本身使用的材料所印刻的历史痕迹；建筑的背景含义，即建筑反映的特定的历史时期的某些历史事件；建筑的纪念意义，即建筑本身就是一个历史故事。建筑或环境，不仅是过去的物质证据，而且参与到特定历史时期和历史事件中。建筑与政治密不可分。政治家们决定历史上哪段时期何种建筑具有政治价值。

6. 文化价值

从建筑的理念、设计的工艺、建筑的技术、建筑的造型、建筑的材料等出发，折射出建筑的文化价值。建筑从生活方式到建造过程中对于材料、工艺和技术的使用，在文化中起到延续传统的作用。建筑图案，也许可用到装饰设计中，与建筑的环境与历史上的事或人产生关联。

创新、应用及社会影响和效益根据对中国东南沿海近现代城市建筑的核心价值研究假设，主要有两个学术创新点，并由此提出建筑核心价值的新概念，重点体现在“建筑顺应力”和“建筑人文性”。近现代城市建筑的顺应力：本课题研究的有关中国东南沿海城市的近现代建筑都具有地方传统文明与西方现代文明融会贯通的顺应力——适应时代的变化发展。如此而来的是成果的学术价值，历史的传承必定要经过时代的洗礼和糅合，才能走可持续发展道路。建筑亦如此。在近现代城市建筑的核心价值研究与判断中，应将民族性元素与世界性元素相结合进行价值分析。

近现代城市建筑的人文性：近年来，有关近现代城市建筑的问题探讨，一般都是由专业人士参与，但却忽视了大众的感受以及某些个体的因素，因此导致近现代城市建筑的相关研究具有一定的局限性，近现代建筑本身是一段历史故事，而这些故事则是由“人”来实现的，包括世世代代的人之间的连续性、集体及自传记忆均影响个人和社会的和谐健康发展。而近现代建筑的历史记忆如何再度唤起人们对近现代建筑核心价值的认识，从而进行保护、修缮、改造等，达到物质性和精神性的统一，这些均为值得思考的问题。因此，有关近现代城市建筑的核心价值的问题探讨，应该是一场全民运动，需要各阶级层次的公民参与，尤其是那些对那些居住在近现代城市的人可能更具有意义。例如，通过对居住在这些地方的个体进行采访，以故事叙说的方式，主要内容是以个人成长环境的变迁为主要话题，从而折射出一代人有关这一区域近现代建筑的历史记忆。这些也正是社会走可持续发展道路的一个重要的途径。由此体现了本研究项目的应用价值以及社会影响和效益。

18.2　创新整合设计的几个案例

鼓浪屿在历史上是多姿多彩的。在蓝天碧海的映衬下，传统建筑匠艺运用传统的红砖与白石墙，令鼓浪屿在阳光的照耀之下熠熠生辉。值得注意的是，过去由于本地居民搬离鼓浪屿岛，许多建筑转型为商业用途的空间。过度暴露于商业的噪声与各色商品色彩，可能会丧失鼓浪屿的原有的高雅文化氛围。应更加重视对当地居民的色彩环境的保护问题。

建筑调研资料与分析：研究范围与基地概况通过建模技术的色彩文化绘图映射，需要处理大量的复杂的地理参考数据，以支持有效的遗产建筑之再利用而带来的旅游规划、城市规划和风险管理，这反过来又需要更多的处理地理参考数据。鼓浪屿经历了两个辉煌时期，一个是在 20 世纪初的殖民时代初具雏形，即1903年鼓浪屿正式成为多国共管的公共租界，成立具有现代地方自治性质的工部局管理行政事务，一直到1941年太平洋战争爆发，鼓浪屿进入了日本占领时期，多元文化的交流与融合中断。另一个是时至今日，鼓浪屿的城市历史景观，尤其是20世纪30年代形成的国际化公共社区的城市空间结构，多种功能的社区公共设施、大量住宅庭园，相关历史遗址和自然景观都被相对完整地保存了下来。为当下申请世界遗产带来丰硕成果，同时申遗也为鼓浪屿的可持续发展带来新的机遇。这两个辉煌的时期是一致的，都是因为中国向世界开放，国际社会认可以及中国经济的繁荣带来的转折时期。色彩研究展示馆，以位于厦门鼓浪屿岛上的几座近现代建筑及其环境为设计依据，分别确定为以展示丝绸云锦时尚的展示馆，以展示阳光自然食物和以展示彩色玻璃瓷器为内容的现代建筑的创新整合设计。针对鼓浪屿全岛的综合考察以及在基地现场调查研究中发现的若干问题，从色彩方面提出对选出的六座典型遗产核心建筑及其周边场地进行整合设计。

18.2.1 六座典型遗产再利用设计案例

1. 吴氏宗祠

因为基地位于居民居住区内，设计时应注意协调展览公众性与居民生活私密性的问题基地并不位于主要路径上，应考虑道路接入问题，使入口更具引导性和吸引力。具体为：①整合入口空间序列；②设计基地环境，适当增添一些室外艺术品展示，增加场地可观赏性；③改造服务用房，整体环境应丰富并有趣味，为宗祠的“漆画展览”服务，提供游人观览后的停留空间；④建筑本体修复：木构部分的色彩及彩画修复及设计，重现木构屋顶的优美（结合传统漆器艺术）；细部——门窗、天井等修复及设计；可考部分尽量恢复原貌，适当加入当地传统建筑及装饰特色进行再次设计；⑤建筑整合改造：布展空间改造及布展方式的改进，丰富展览内容，使空间更有效率，流线更趋合理；布展灯光的改造，为漆画创造更好的展示光环境；室外展区的置入，改造闲置的二层平台；展品的丰富，比如用漆器艺术展示闽南地区传统建筑中丰富的花鸟图纹，再现传统建筑艺术；借助色彩的选择与诠释，协调建筑的一层砖石部分与二层木构部分；改造过程中突出色彩的主题，采集当地的地域色彩融入设计之中，提升建筑的民族感与艺术性。

2. 八卦楼

周边区域及建筑调研分析，收集八卦楼建成历史及概况资料，进行八卦楼功能和形式演变模式分析与区位分析；①分析现状优劣：对于八卦楼所使用的建筑材料、贴面方法、砖石砌法、门窗形式、装饰形式、结构构件、空间流线形式进行详细的研究，包括他们在历史中可能的演变过程；②分析八卦楼建筑现状，周边环境现状，现状中存在的问题和待修复或改进的地方；③价值分析：对八卦楼价值定位进行分析，包含了历史价值、文化价值、美学价值等；④规范调查：查阅八卦楼所处重点保护建筑的级别，以及规范相关保护及改造所能干预的程度的具体规范和章程；⑤研究具体的保护及改造措施和设计方案：包括：a. 八卦楼基地研究及重新设计：对于建筑物周边环境进行控制性的改动使八卦楼、更好地融入环境之中、突出其标志性建筑的定位；b. 拆除建筑主入口前形成视线障碍的建筑物，使建筑入口的公共空间可以同时作为看向码头和水岸对面厦门市景色的观景平台；c. 拓宽建筑主入口前的道路平成广场式公共空间，由于基地自有的高差条件，利用广场地下空间组织起商业、餐饮和服务功能；d. 改变不合理的入口现状，如今的现状中从主路进入入口广场的道路坡度较大，不适宜行走，需要合理地组织道路来改善现状并且加进无障碍通道设计，使八卦楼的可达性更高；e. 防潮层构造设计；⑥建筑功能研究及重新设计：保留风琴展示功能，设计符合现代展示功能的室内外展示空间；风琴展示馆的功能符合当地丰富教堂文化的背景，是鼓浪屿人文风俗的一部分体现，而八卦楼为鼓浪屿上相对大尺度的建筑作品，空间上符合风琴展示馆的功能，本身也是鼓浪屿建筑文化的体现，因此延续风琴展示馆的功能，而八卦楼本身室内格局非常适合展示功能，改造设计会整合组织室内空间来实现风琴展示功能；重新设计展示流线，开辟顶层观景功能；八卦楼现状为第三层与第四层穹顶的观景平台并未对外开放。建筑最早体量设计的初衷就在于能俯瞰鼓浪屿与对岸厦门市景色，并且它本身是鼓浪屿的标志性建筑，因此改造设计中将屋顶平台对外开放，并且合理地组织在观展流线中；设计大空间展示厅，除风琴展示之外，展示八卦楼历史与风琴工艺等相关内容；整合组织建筑功能：地下防潮层对外开放，作为艺术品商店及书店和风琴工艺展示馆；第一层功能为风琴展示馆；第二层为八卦楼历史馆；第三层的一部分为二层斜屋顶下的空间，因此层高有限。此层作为办公室、会议室及资料室；第三层屋顶平台及第四层屋顶平台为观景平台；⑦建筑空间研究及重新设计：穹顶空间作为建筑中心的重新设计——穹顶作为整个展示空间的重点营造者应该保持纯净和完整性，它的自然光进入为整个建筑带来的神圣的教堂式的空间氛围；穹顶空间内加入灯光设计，很好地营造空间氛围；展示空间应更适合风琴展示功能——整合小尺度的空间作为大型的展示厅，并且打通其中部分的室内隔墙，更加适合大空间风琴展示；玻璃及新材料尝试——将现有部分玻璃窗新型玻璃来营造独特的展示空间氛围；⑧建筑材料与肌理研究：a. 外立面墙体：八卦楼外立面以清水红砖墙配以水刷石饰面的柱廊以及附壁柱、窗套等仿石构建，形成红灰主基调，现墙体刷以白色水泥，减少了质感和历史感，因此改造设计中会针对外立面的原始材料、当地覆面材料和材料的做旧与复原作研究，来重新设计具有质感和历史感的外立面来取代白色水泥墙面；b. 建筑色彩的重新设计：进行展示空间和宗教空间中的色彩运用的研究，来设计具有现代艺术感的玻璃窗和室内色彩；c. 室内白墙的材料重构与门窗重设；室内白墙会在材料和肌理上进行重新设计，设计的意象来源于风琴管，并且该立面形式会贯彻在整个建筑的室内设计包括门窗设计之中，来表达现代建筑中的纯净性这一面。这种重新设计将会在形式上契合风琴展示馆的主题，并且对于室内的拱券形式进行现代建筑形式上的转译。

3. 原日本领事馆

针对鼓浪屿全岛的综合考察以及在基地现场调查研究中发现的若干问题，从以下三个方面提出对原日本领事馆及其周边场地的整合设计思路：(1) 功能：展示馆功能：①建筑模型：鼓浪屿标志性建筑；②建筑大样（实体展示）按材料分类：a. 木（闽南木结构建筑构件：彩漆斗栱、彩绘凿井梁柱)；b. 砖（红砖、砖雕、砖画)；c. 石（白石、青石雕)；d. 瓷（剪瓷雕)；e. 陶（泥塑、陶作）；③制作展示（图片、制作过程模拟体验、文献资料）；④部分建筑原貌展示（暴露的屋顶桁架、外廊）；学术研究功能：会议室、档案室；辅助功能：售票处、存放寄包处、管理办公、卫生间、储藏；商业功能：咖啡馆、休息厅、零售；(2) 创新整合：了解闽南建筑特色，代表性建筑材料展示质感、色彩、制作流程、工艺、用途、价值、历史；不同展品所需的不同展示方式（模型、文字图片、场景重现、实物展示)：自然采光、人工采光、橱窗展示、场景展示；合理的功能分区及流线组织；建筑原貌修复，展示原建筑风貌；室内外空间过渡组合（外廊、室外屋顶平台利用)；与周围环境结合绿化景观、人流参观引导；(3) 历史建筑改造：日本领事馆为重点历史风貌建筑，按照要求，不得变动建筑原有的外貌、结构体系、基本平面布局和有特色的室内装修；建筑内部其他部分允许作适当的变动。领事馆曾作为厦门大学宿舍，大部分外廊已被封上作为室内空间使用。栏杆样式也因后期改建导致互相不统一。作为国家级文物，需要对其尽可能恢复原貌，而在功能需求、建筑空间组织上，也许也会在其原貌基础上进行增改，原则上不影响和破坏它原有的建筑风貌，使新建部分与之自然结合。

4. 原日本领事馆警察署

(1) 遵守《鼓浪屿文化遗产地保护管理规划》对该项目基地提出的改造要求与指导规范，提出相关设计要求：①完整保存庭院及围墙；②保留警署地下室（曾用作监狱）墙体上爱国志士所留标识、字迹。(2) 相关调研：①搜集日本领事馆建筑群落相关历史资料，包括建造背景、建造时间、建筑师、建筑风格、建筑材料及改建利用状况；②调研警察署建筑与同院落内其余两座同时期历史建筑及整个庭院的空间布局关系、场地情况、外墙状况、植被保留情况等；③考察建筑区位状况与街区关系，设计出入口流线与区域可达性，以及天际线与视线关系。(3) 策展背景资料要求：①瓷器文化的相关资料搜集与筛选；着重关注突出由中国传统民族性特色的瓷器文化与作品，以及富有地方特色的瓷器文化（如德化瓷器)；②瓷器制作工艺技术及相关发展沿革资料的采集；考虑现场演示瓷器制作技艺的可行性，以及瓷器的保存保管注意事项；③选择具有时代性与地域性的瓷器及瓷文化相关展品和资料。策展的暂定内容包括：传统（经典）瓷器、古式（官式）瓷器、民间（区域特色）瓷器及瓷器的现代演绎表现（如碎瓷的解构与重构)。展览宜结合历史建筑的现有空间及氛围、传达民族主义与爱国主义情怀。(4) 建筑功能整合改造规划：①展示区：实物展品区，文字图片区，技术工艺工具展示；②服务区：基础服务设施（售票、寄存、卫生间），交流休憩区；③学术区：小报告厅（会议室），文献阅览室（图书室），开放交流空间；④商业区：礼品部，茶饮供应（可能）；⑤管理区：办公，库房。(5) 设计内容：①建筑内流线重规划；②利用原有空间，进行适用性改造；③结合建筑与布展方式作细部设计；从人体尺度、保护展品、多项交互等方面入手考虑；有材料拼接的部分应考虑技术构造节点；④建筑外部环境设计。结合庭院、室外导览及与主楼展馆的互动，尽可能保留庭院原貌与古老乔木植被；考虑指示标志、路灯、垃圾桶等设施与场地的协调表现。清除违章搭建构筑物，还原建筑外立面的历史风貌。(6) 深度要求：整合设计概念的说明；场地分析；功能与流线设计；改造对比分析；策展设计；建筑材料及构造技术。

5. 海天堂构 42 号

针对鼓浪屿全岛的综合考察以及在基地现场调查研究中发现的若干问题，从以下三个方面提出对海天堂构 42 号及其周边场地的整合设计思路：①丝绸的种类与展示形式；②考虑色彩对人的影响与对展品的影响；③考虑运用先进设备改善室内环境；具体到设计任务，体现在六个方面：①阅读鼓浪屿申遗的相关参考文献，了解这一课题的研究历史与现状；②熟悉海天堂构的资料，包括历史背景、与使用现状等；③熟悉闽南传统文化与传统色彩，包括建筑、艺术、服饰等；④阅读丝绸的相关书籍，设计恰当的展示形式；⑤阅读色彩的相关书籍，设计恰当的颜色与使用面积；⑥设计合理的参观流线与运营模式，使展馆更为人性化。

6. 海天堂构 38 号

相关色彩调研内容，风貌建筑保护条例，展出内容和布展方式调研，空间布局等；考察调研场地周边现状环境，提出分析与解决的方案；掌握展示类建筑、绿色建筑，以及色彩应用的基本知识、设计原则和方法。方案设计阶段对政策、法规与规范的响应情况；对建筑结构、建筑设备、建筑材料、绿色建筑的基本概念的理解与阐述；相关设计，前期采取全组合作方式，对接鼓浪屿管委会部门，结合实地调研，确定建筑的性质和修缮的合理力度；之后各自选择特定的研究课题，独立完成色彩展示馆的设计。中期检查以后对各自的设计进行技术深化和相关的说明工作；相关研究主题，彩色玻璃结合原有建筑展示的整合设计。

六座单体建筑调研资料与分析：地处热带的鼓浪屿近年来以“旅游城市”之名闻名全球，每年都有大批海内外游客前去参观游览。岛上气候温暖潮湿，各种植被生长茂密，色彩鲜艳的建筑错落其中，形成独特的视觉色彩体验。岛上的色彩构成主要由三部分构成：①繁茂的绿色树木与各色鲜花构成的植物海洋；②岛上各时期建造的建筑，用色大胆的外立面涂料色彩与“白石红砖”的传统建筑材料色彩形成了中西交融的独特感受；③海岸上海天一线的无边蓝色。这些共同组成了鼓浪屿的特质。闽南景色中常常出现的对比强烈的特征在这里有更鲜明的体现。

在岛上的时间里信手拍照都可以得到让人愉悦的色彩。课题的设置也是基于这个特点出发，收集岛上的迷人色彩，探索其历史与传统的因素，再加以保护与展示。让来到这里的游人能够更清晰地体验到鼓浪屿独特的色彩风情。自然地理环境对城市地区色彩的客观影响主要表现在气候条件和地方材料两个方面。气候条件不但决定一个地区的自然景观，也是决定建筑形式和材料的重要因素。材料作为色彩的载体，使得建筑的色彩也将受到气候条件的制约和影响。不同气候条件形成不同的自然色彩景观，带给人们不同的心理感受。另一方面，气候条件和自然色彩景观也将影响建筑色彩的决定。使用地方性的建筑材料，采用传统工艺是形成地方色彩的根本原因。鼓浪屿原有的建筑群落主色调为红砖色。但在 1949 年之后，各式现代建筑林立，色彩也变得与原有建筑很不一致。尤其是近年来岛上兴起 100 多家家庭旅馆，有些旅馆为了招徕顾客，把外墙涂成刺目的柠檬黄或鲜绿色，与鼓浪屿原有建筑的结构和色调发生很大冲突。以上为鼓浪屿建筑色彩调研分析。而鼓浪屿建筑色彩景观形成原因，主要表现为自然地理因素与人文地理环境因素两方面。对色彩心理学的研究表明，人类对不同色彩的感知会引发不同的心理联想，而这种心理联想存在一定的共性，影响人们对色彩的喜好和憎恶。这是人类共性因素。作为建筑的构成要素，不同类型住房的色彩是就地取材和当地传统惯用色彩二者紧密作用的结果。这两者是由自然地理条件和技术工艺所局限而逐渐形成的，还有诸如社会制度、思想意识、社会风尚、宗教观念、文化艺术、经济技术等因素共同作用参与形成的色彩传统，为人文社会环境因素。

鼓浪屿自然色彩景观：鼓浪屿处于南亚热带滨海岛屿，山、海、城融为一体。蓝色——亚瑟带海湾色彩景观。作为一个西面环水的海岛，蓝色是鼓浪屿城市色彩之一，蓝色在可见光谱中波长较短，遂人的视觉刺激较弱，常用于表现某种透明的气氛和空间的深远。黄色——亚瑟带海湾色彩景观。鼓浪屿岸景千姿百态，沙湾绵绵。海岸线曲折蜿蜒，形成多处大小不同形状各异的海湾，半岛及峭壁带，与近处的礁石群构成了变化万千的滨海色彩景观。绿色——亚热带绿体色彩景观。岛上有大面积绿色山体和自然形成的植物带作为色彩景观。由于鼓浪屿处于南亚热带，植物种类丰富，大多具有较强的观赏价值。得天独厚的亚热带海洋性季风气候造就了一年四季郁郁葱葱的植物景观。灰色——亚热带岩石色彩景观。

鼓浪屿建筑色彩景观：鼓浪屿隶属厦门市，是厦门岛西南隅一座面积 1.88km^2 的小岛。近百年来多原文在这里碰撞并交融，作为外来建筑文化与闽南建筑文化交汇点之一的鼓浪屿，其建筑展示了一个西方建筑文化在中国由被排斥、否定，到被模仿和消化吸收并加以运用这样一个过程。因而鼓浪屿素有“万国建筑博览地”之称。

闽南传统民居是清代当地传统建筑的代表，采用院落式布局，材料上使用当地红砖，装饰细节上采用燕尾脊等构件和灰塑等传统工艺。近代则盛行殖民地外廊式建筑。其后西方古典复兴式风格和早期现代主义建筑风格也在特定时期作为摩登文化的一部分传入鼓浪屿，并留下代表性的历史建筑。当地设计的洋楼不仅模仿西方建筑风格，并且结合了鼓浪屿地理环境，在平面布局上更为自由和大胆，并且融入岭南地方“出龟”“塌岫”等传统建筑平面处理手法。在宅院设计中也能反映出传统闽南园林设计手法与西方古典园林几何式格局的结合。

闽南传统大厝建筑色彩景观：闽南大厝是闽南红砖民居的重要组成部分，具有地方传统风土质感和色彩景观，注重环境的综合关系，考虑到地理、气候、风水等多方面的因素，蕴藏着传统文化渊源。大厝主要运用了当地红壤泥土味主要原料经过成型、干燥、焙烧形成的红料砖瓦。大厝的屋顶多为悬山、硬山配燕尾脊、马鞍背形式，以橘红色为主。常在正脊的脊尾、山墙面有泥塑、贴瓷与彩绘装饰，色彩以蓝、黄、绿为主作为点缀色。墙身以红砖为主，辅以灰色花岗石组合砌筑，构成独特的色彩景观。正立面往往为白石墙基，青石柱础和墙面镶边带饰红砖组砌的贴面与檐口的泥塑彩绘巧妙组合形成鲜艳的色彩对比。另外常会运用各种石雕、砖雕、泥塑、才会等雕饰艺术，窗户是色彩装饰的点睛之笔。墙基材料多为花岗石与青草石的搭配使用。台基多为青草石。

洋楼建筑色彩景观：鼓浪屿洋楼早期建筑材料主要是当时海外最近的建筑材料，如水泥、钢筋、西式瓦、划玻璃等。除了钢筋水泥等材料外，洋楼的建设使闽南固有的地域材料有了新的用武之地。水泥饰面被闽南人称为“洋灰饰面”，是鼓浪屿洋楼建筑外饰面的主要材料之一。洋瓦为西式的波形瓦，釉面、色泽好，尺度比本土的红瓦小，多为橘红和赭红色调。清水红砖为鼓浪屿洋楼外饰面的最主要的材料。在鼓浪屿洋楼外立面景观中，外廊是重中之重，因为有了这层表皮才把有些本不是洋楼的闽南传统民居装扮成洋楼，另一方面，外廊是立面色彩景观装饰的重点。有了外廊，才会衍生出梁柱样式、栏杆样式、檐口样式、女儿墙样式与山花样式等装饰色彩。早期券柱式外廊立面为灰泥线脚，清水红砖砌住或外加水泥饰面。后期梁柱式外廊立面以水刷石饰面为主，以素水泥为主要原料，参杂适量白色颗粒形成类似石材的肌理和质感，颜色呈灰白色调。

18.2.2 案例解析

1. 吴氏宗祠

(1) 区位分析：在鼓浪屿的最新规划中，全岛被分为五个部分——东部旅游服务区、中部风貌建筑区、南部自然风景区、西部人文艺术区、北部音乐旅游区。

分区与组成要素：①分区：东部旅游服务区、中部风貌建筑区、南部自然风景区、西部人文艺术区、北部音乐旅游区；②构成要素：旅游积极要素，三丘田码头、海岸景观、商业街、娱乐设施、遗址故居、钢琴码头、家庭旅店、商业街、古大厝博物馆、自然景观、私人别墅、内厝澳码头、海岸景观、闽南传统建筑、小型商业、运动场地、私人别墅；其他要素，居民住宅、公共服务设施、医院、办公、公司、风貌建筑。

吴氏宗祠所在的内厝澳区域属于西部人文艺术区。历史上内厝澳地区是鼓浪屿上最先发展的区域，宋代有一李姓人氏上岛开发，捕鱼晒网、耕作生息，以后繁衍兴旺，逐步形成"内厝澳"。然而后期其他地方相继发展，这里却发展缓慢，成为岛上旅游业涉及最少的区域。在规划中拟将厦门工艺美术学院与浪荡山艺术公园结合考虑，营造区域艺术氛围，打造人文艺术区。现实状况是内厝澳区域作为岛上居民主要的生活区，建筑密集、游客稀少。近年来，岛上的游客增多而固定居民越来越少，大多年轻人都外出工作，留下的多是老人与孩子。所以内厝澳区域的转型也是必然之事。

（2）交通分析：鼓浪屿岛上有五个码头——钢琴码头、三丘田码头、内厝澳码头、黄家渡码头、别墅码头。钢琴码头现为岛上居民专用码头；三丘田码头与内厝澳码头是游人码头；黄家渡码头被改造成货物码头，每天清晨都有许多人力车停在岸边等待运送货物；而鼓浪屿别墅码头为私人码头，现在处于闲置之中。鼓浪屿的道路网络形成于19世纪鼓浪屿道路和公路委员会的建设，并逐渐在工部局时期发展完善。道路依山就势、高低起伏、林荫茂密，全岛内交通主要依靠步行。网络主体结构包括：由龙头路—鼓新路、内厝奥路、鸡山路、晃岩路连接而成的环线，将环线分为四部分的安海路、厝奥路、永春路和泉州路，以及环线与海岸的龙头路、三明路、鼓山路、港后路、漳州路等放射性道路。鼓浪屿的道路系统丝毫现代化大都市式的规整路网体系的痕迹，是自发生长起来的道路。这种路网形式无可避免地会给游人带来方向感的迷失，会迷路，但也给行走的过程增添可很多趣味，曲曲折折、忽上忽下的小路总是隐藏着不可预期的风景。在考察的过程中我们也产生了用色彩来标示道路，既保留并增强原本道路的趣味性，又能让人们更明确自己的方向。

（3）基地分析：吴氏宗祠位于内厝澳地区康泰路上，邻近内厝澳码头；亦可由环线——内厝澳路转到康泰路到达。基地周边建筑类型较多，位于大学区域、民居区域、绿化区域之间。周边道路性质较为私密，商业较少，且多为路边摊位形式。由于宗祠位于区民区内部，需由泰康路进入一条小径才可到达，可达性与标识性较差。且位于居民区之中，周边区域景点性建筑很少。调研中发现建筑基地周边色彩主要可归为红色、黄色、绿色三色：红砖屋、黄墙房、红色小径、绿树掩映、青草茵茵。在鼓浪屿的最新规划中，这一区域被归为西部人文艺术区，将福建省鼓浪屿工艺美术学校与浪荡山艺术公园结合发展，鼓励艺术家来鼓浪屿进行艺术创作，形成富有活力的西部艺术氛围。在此规划下，吴氏宗祠经历了一次修缮转型，目前是工艺美术学校的漆画展馆。

（4）建筑功能现状分析：吴氏宗祠与此次项目中其余五座建筑相比，是闽南传统建筑色彩最为浓重的一座，为双落式祠堂。双落式祠堂是完整的祠堂格局。前落是三间门厅，祠堂大门屋顶一般用三川脊形式。第二落是厅堂，大厅与大门之间左右围以两廊，称榉头或东厅。大厅后部设雕琢华丽的公妈龛，大厅正中空间称“寿堂”，是重要的祭祀空间。由于闽南地区气候原因，门厅、大厅与榉头一起面向天井开敞。但与传统宗祠的单层布局不同，吴氏宗祠分为两层：下层为砖石结构，上层为传统木构结构。个人推测这与当地气候潮湿建筑普遍修建防潮层的做法有关，也与岛上习惯修建多层建筑的传统有关系。宗祠原为吴氏家族祭祀及大型活动举行的地方，后因家族迁出而没落，被使用者乱搭乱建而失去了原本的色彩。如今它的价值又被政府挖掘，经历了一次整修后，大体还原了原本的状况，现作为厦门工艺美术学院的研究所，用以展示漆画作品。建筑现状存在许多建筑细部的缺失，原本的装饰图纹也已辨认不清，而且没有进行针对转型为展厅的再次设计就直接改造成临时展馆。漆画从漆器艺术演化而来，漆器艺术在中国已有 7 000 多年的历史，福建地区是脱胎漆器的重要产地。漆画艺术创作取材自然：主要材料大漆以及各色染料都是自然提取，并喜欢用蛋壳以及动植物入画，取其纹理，生动自然。漆画艺术浓郁而厚重的色彩与吴氏宗祠肃穆的气氛极为协调。并且漆画的耐潮与耐腐蚀性很好，可以适应吴氏宗祠的建筑环境。宗祠二层的空间有足够的空间潜质来作为漆画展览。但目前的布展状况比较粗糙，存在很多问题，比如展览效率偏低且方式单一，流线混乱，光照方式不当等问题导致很少有游客会认真观看展览，了解漆画这门艺术。宗祠场地内部大面积为绿化区域，但在调研中发现这写区域虽然有一些石板路的铺设，但基本上无人使用，是十分消极的区域。这也导致了整体氛围冷清的状况。在后期设计中将会针对这些问题重新进行室内外的规划，优化展览空间环境、提升展示效率、丰富展示方式、合理规划流线，并增添能让游客亲身参与的互动性活力点来带动场地气氛，更好地传播闽南传统文化，成为形成西部人文艺术区的带动点。

（5）建筑材质现状分析：宗祠外观是典型的“红砖白石”闽南建筑样式，主要建筑材料为——一层白石大理石，二层红色烟炙砖、内部结构以及细部构件多用木头。纵观全岛，“红砖白石”是绝大多数建筑的主要材料，也是整个闽南文化区域中主要的建筑材料。“红砖”及烟炙砖，在其红色砖面上有斜向黑色条纹。这种遍布于闽南地区的暖洋洋的红砖建筑是今天的闽南人对先辈几百年建筑方式、生活模式和文化观念的传承结果。闽南红砖民居以一种红色为主的色调强调了其地域可识别性，成为闽南地区乡土建筑景观的代表，红砖是一个不可或缺的核心元素。曾有学者在研究中提出了“红砖的视觉表象”这一说法——“视觉表象由色相和明度刺激形成。亚热带阳光和煦、海洋湛蓝、沙滩细白、菜畦青绿，闽南建筑中大面积的清水红砖墙面在田野风光中更富有生命力。无论是农民从青绿的稻田望去，还是渔民从天蓝的海洋中回眸，红砖所呈现的强烈的乡土气息就是安居乐业的居所。这种富有强烈的乡土地域性的红砖色，本身所呈现的特殊视觉效果，可以堪称是闽南传统民居的代表色彩，抑或我们可称之为‘闽南红’。”红砖作为闽南传统红砖民居主要建筑材料，是取稻田中的泥土制作成砖坯，再装窑焙烧。烧制的时候采用马尾松夹杂一些干柴杂草作为燃料焙烧。红砖入窑时，采取斜向叠加的摆放方式，堆码烧制时松枝灰烬落在砖坯相叠的空隙处。出窑后，表面会自然形成几条红黑相间的纹理，这些纹理在砌筑墙体时，自然形成装饰，使墙面变化丰富、自然活泼。闽南地域的土壤含铁量高，焙烧砖石时，黏土所含的铁被氧化成三氧化铁，容易呈鲜亮的土红色，其色彩华丽红艳、稳重大方。砖质质感朴实、色彩黑红相间，又被称为"胭脂砖""烟炙砖""颜紫砖"。闽南的能工巧匠便利用这些红砖本身的纹理按一定的美学规律砌筑墙体，远看是由红砖堆砌的素净的清水墙面，近看是紫黑条纹构成的"<"形图案，犹如燕子的尾巴。宗祠中另一种极具闽南特色的建筑材料便是它屋顶的"红瓦"。关于其来历，比较普遍的说法是红砖红瓦都是舶来品，从西班牙传来，被闽南地区人民接受并喜爱于是成为一种传统。于是南方其他地区都是"白墙黑瓦"，而闽南地区则是"红砖红瓦"。

(6) 建筑木结构细部分析：中国古建筑的结构体系，可以分解为承重结构、屋面结构、围护结构以及地基与基础几个部分。其中以木结构为主的承重结构最为重要。大体而言，中国古代主要有两种木结构体系，即北方流行的抬梁式构架与南方流行的穿斗式构架。北方抬梁式构架的特点是以柱抬梁、梁上立短柱，短柱上再抬梁、梁头承托檩梅。穿斗式构架的特点是以柱直接承檩、柱间设穿枋联系。中国地域辽阔，历史悠久，各地匠师师承不同，技术的传播与交融比较复杂，木结构形制变化各异。中国南方浙、闽、粤等地民间一些重要的建筑或一座建筑中主要的构架，常使用一种介于抬梁式与穿斗式构架之间的混合构架，因为它的梁尤其是最下面一根的大梁插入柱中，有人称之为"插梁式构架"。插梁式构架的特点是承重梁的两端插入柱身（两端或一端插入），与抬梁式构架的承重梁压在柱头上不同，与穿斗式构架的以柱直接承檩、柱间无承重梁、仅有拉接用的穿枋的形式也不同。具体地讲，即组成屋面的每根檩条下皆有一柱（前后檐柱、金柱、瓜柱或中柱），每一瓜柱骑在下面的梁上，而梁端则插入临近两端瓜柱柱身，以此类推，最下端（外端）的两瓜柱骑在最下面的大梁上，大梁两端插入前后金柱柱身。这种结构一般都有前廊步或后廊步，前廊步做成轩顶，轩梁前端插入檐柱，后端插入金柱，前檐并用多重丁头栱的方式加大出檐。在纵向上，也以插入柱身的连系梁（寿梁或楣、枋）相连。这种构架与抬梁式一样，在文献、工艺及匠师中并没有专门的称谓。吴氏宗祠上层木构体系是惯用于寺观、宗祠中的插梁坐梁式架构。插梁坐梁式构架起源于宋代南方的厅堂插梁式构架，并融入了闽南宋代就已经成熟的外檐丁头体系，以及南方古老的穿斗技术。这种架构在元明已十分成熟。其特点是，以大通梁插入内柱中，其上设瓜筒或叠斗，再承二通，上又置瓜筒或叠斗承托三通，称"架内三通五瓜"；比之稍小的则用"架内二通三瓜"。

(7) 建筑细部彩画分析：闽南的彩画是中国南方彩画中的一个特殊流派。闽南民居之中，有的木材呈现本色，或者只以桐油髹饰，不施彩绘。富裕之家多施黑色、红色油漆，木雕部分贴金。闽南庙宇、祠堂的木构架，绘以彩画，闽谚称“红宫乌祖厝”，宫指庙宇，祖厝指祠堂、住宅。宗祠的梁架大多以黑色为主色调，局部红色，或者以红色调为主，局部黑色，闽南油漆作的行话是“红黑路”。一般的规则是“见底就红”，即梁架及大木构件以黑色为主，底面涂红，侧面涂黑。具体地讲，斗的耳、平为黑色，斗欹红色，唯斗底又为黑色；栱仔（丁头栱）的侧面施红色，正面施黑色；通梁的梁底施红色，侧面施黑色，鱼尾叉内又施红色，柱子用黑色。同一构件的侧面与底面施以不同颜色的彩画。闽南传统建筑的圆仔一般施红色，只有脊圆装饰华丽，多布满以龙、凤、花卉为主要题材的、以红色和金色为主要色调的彩画。

（8）建筑定位与需求分析：吴氏宗祠的位置与建筑风格是区分它与其他历史保护建筑的标志点。不同于“万国博览”的西式风格，宗祠的修复与整改的提出进一步丰富了岛上的建筑类型，因此在改造设计时设计者对于吴氏宗祠的定位不只是针对游客的参观景点，更是艺术区的展示窗口，闽南艺术的传播基地。又因为宗祠所处位置与周边环境，结合总体区域的未来发展规划，设计者考虑到的受众不只是游客，还有周边居住的居民以及未来可能吸引到的艺术家。建筑的独特优势也应该被很好地展示。使宗祠不只是展示空间的载体，其本身也是一件代表传统文化的展品。所以设计者认为在展示的主题方面，在展出传统地域艺术——漆画的同时，可以增加另一种传统建筑装饰工艺——彩绘（彩瓷粘贴）的展示。将这种工艺的展示与建筑本体修复以及场地设计相结合，既能增添建筑本身的艺术性，也可丰富展示内容，提高空间利用率，带动展览的整体活力，使建筑本身也成为一个展示的重点。

漆画与彩绘的展示并不矛盾，首先两者从性质上就具有某种相似性，其次展出的位置以及方式都有所区分，并不会造成混乱的状况。彩绘的展示与建筑更加融合，是一种永久式的展出，而漆画的展示是可以定期调换，更为自由。也可增设一下宗祠建筑细部的节点模型来更好地展示传统建筑工艺。转型的基本宗旨是让展品与建筑整体氛围协调一致，并使吴氏宗祠本身成为场地中最重要的展品，更好地传播闽南传统建筑文化。

2. 原日本领事馆

鼓浪屿位于厦门南部，与厦门岛隔海相对，由于其优美的自然环境、风土人情和特有的建筑风貌，是我国著名的旅游胜地。鼓浪屿上，1949 年以前建成的外国领事馆和华侨、官僚的私家庄园等建筑共有 60 万平方米，约 1 200 幢，但是由于很多老建筑年久失修，几乎成了危房。鉴于其历史价值，自 2008 年来厦门市政府就将鼓浪屿申遗提上日程，希望通过申遗，达到更好地保护鼓浪屿的目的。在申遗成功前，厦门政府对于鼓浪屿上一些老旧的历史建筑的修复工作也已陆续展开。此次课题，将针对鼓浪屿上的日本领事馆，进行历史建筑的修复再利用的创新整合设计。建筑所处地理位置优越，可达性较好，作为一座极具历史价值的建筑物，在保留它原有风貌的同时需要对其进行再利用，这不但是对建筑本身的修复，作为展馆，也是对周边环境的一种提升。设计过程中，在考虑建筑本身的同时，也要涉及与周围建筑对话、对人行为产生的影响、鼓浪屿整体历史建筑申遗规划等各个方面，这不是一个个体项目，而是对设计、规范、环境文化等多方面的统筹。

（1）建筑所处地区的地域性：第一次鸦片战争后，厦门被迫开放为通商口岸，西方人开始占据鼓浪屿作为居留地，1903年，鼓浪屿正是成为公共租界，并成立工部局管理行政事务。英、美、法、日、德、西、葡、荷等13个国家曾在岛上设立领事馆，同时，商人、传教士纷纷在此建公馆、教堂、洋行、医院、学校，把鼓浪屿变为“公共租界”。一些华侨富商也相继来此发展事业并兴建住宅。1942年12月，日本独占鼓浪屿，一直持续到抗日战争胜利后，这里才结束100多年殖民统治的历史，至今仍有千余幢风格各异的中外建筑被保存下来，鼓浪屿因此有“万国建筑博览园”之称。时至今日，鼓浪屿上，工部局时期的公共社区整体公建结构和环境要素以及历史建筑都被很好地保存下来。日本领事馆作为保留下来的重点历史风貌建筑之一，也是鼓浪屿上主要参观景点，周边包括原德国领事馆、英国领事馆、天主教堂、许家园、美园等，且与黄荣远堂、海天堂构、林氏府、圣教书局旧址，以及鼓浪屿商业中心、医院等公共设施距离较近。

（2）建筑现状：反映价值要点的建筑原貌的外观基本保持，红砖外墙依旧保存完好，但由于后来功能的改变，内部空间被改造，最具特色的四面外廊大部分被封死，并后加窗扇，外廊栏杆由于部分后期脱落，后加栏杆样式与原样式不符。防潮层的窗口和入口也被堵上。室内由于长期的废弃，内部装修基本腐坏，建筑质量残损严重。西侧加建一层平房，南侧沿街原有一层建筑作商铺用，其东侧也加建了一层商铺，向街道人群服务。

（3）建筑周边状况：日本领事馆位于景点区域。北侧正对为2层青年旅社，向东为陈家园、美园，院内均为2~3层的红砖别墅，现都部分开放作为私人商铺，以及鼓浪屿的十大别墅之一林氏府，现已翻修为精品度假酒店。东南侧与之相邻的为许家园也，为菲律宾华侨许椿生的故居，西式高楼、体量甚大。两根通高廊柱支撑着三层宽敞的阳台，柱头为科林斯柱风格，是颇具特色的大家庭氏住宅，目前作为私人住宅不对外开放。南侧为一小广场，与协和礼拜堂相对，其外墙已重新粉刷成黄色，广场东侧为天主堂，是由西班牙设计师设计的哥特式建筑，高3层，建筑外墙均为白色。

（4）交通及道路状况：鼓浪屿上基本以步行为主，建筑周围也都为步行道，建筑位于游人参观景点的必经之路上，游客一般从距离建筑约1 000m的三丘田码头进入鼓浪屿，北面的鹿礁路为上坡段，上行较为吃力，一般游客参观路线沿环岛路，经过鼓浪屿商业中心，通过台阶上至英国领事馆参观，后继续向前至三岔口交汇处，达到日本领事馆。建筑正门面对的道路为小径，由于沿街无明显对外开放的商铺，人流多从西侧道路通过，以到达南面教堂所在广场。

（5）绿化环境分析：日本领事馆原有院内绿化景观由于长久未经打理，除基本树木外，基本都为杂草，不仅不美观，也阻碍了人的步行道路。建筑西侧的榕树面对人流主要来向，十分醒目，有着很好的标志和引导作用。院内由于树木茂盛，在天气炎热阳光强烈的环境下，有着很好的遮阳效果，可向人提供舒适凉爽的休憩条件。

（6）周边人流活动：建筑北侧多为家庭旅馆青年旅社等，因此游客不会多作停留，人的活动主要集中于建筑南侧广场，广场附近分布有几家小商铺，售卖纪念品旅游用品等。平时，广场前的协和礼拜堂也是婚纱摄影的主要取景点之一，游人也会在此停留拍照留念，或进入礼拜堂参观，而后由福建路前往海天堂构等景点。

3. 原日本领事馆警察署

（1）基地概况：本次设计具体选定的改造设计对象为厦门鼓浪屿岛鹿礁路 28 号建筑（原中华路 24 号建筑，系原日本领事馆警察署），位于原日本领事馆旧址庭院内。此院内包含三幢保护文物建筑，分别是日本领事馆主楼（国家级重点保护）、警察署（国家级重点保护）及附属便所。

（2）庭院场地现状：庭院落地于丘陵区域，地势起伏。庭院外墙为近期修复的仿旧样式，使用了鼓浪屿岛上极具地域特色的五花头红砖。庭院有的处出入口，主入口位于地势下区，进入后以若干连续阶梯导向日本领事馆主楼正对入口，而警察署位于庭院左侧，靠近外围墙，隔壁是许家园；另一辅助入口设于日领馆主楼背后与附属便所之间。庭院已有丰富的绿化布置，并保存多处古老乔木。

（3）建筑物现状格局：警察署及警署宿舍建于 1928—1929 年，晚于日领馆主楼。建筑为砖混结构，面积约 700m^2。建筑平面为不对称布局，包括地上 2 层及地下 1 层，原作为办公使用，现被划分占据为住所。其中一层有三处出入口，地下一层有的处出入口，二层西侧有阳台，屋顶为平顶。警察署地下保留有监狱遗址，墙壁多处至今仍留有当年被关押囚者志士等手书及刻画痕迹。

（4）建筑物材料：警察署采用清水红砖以英式砌法砌造，造型梃括、棱角分明。其砖砌拼接构成多种图案。基座处有石材合砌，整修部分加建用材主要为清水水泥。

（5）建筑立面：警察署立面具有明显的装饰艺术风格特征，配有日本分离派样式的门券雨篷。建筑外观多由纵向线条分割组构，以及横向线脚装饰。建筑四面开纵向长窗，窗台为砖块斜砌入墙体样式。门窗为浅色木框，部分后加铁栏。

（6）建筑使用及业态现状：该建筑组团现归属于厦门大学用地。但使用现状基本为半废弃状态，部分房间及原敞廊空间被封堵为私人住所，缺乏有效管理和利用，且对游人封闭，仅作外立面展示，在整体的游客观览路线上作为必经景点但往往被导游匆忙掠过。其景观与建筑常被用作婚庆摄影取景场地，可见其建筑经典美观且富有特色，可惜未能得到充分展示与合理维护使用。

4. 海天堂构侧楼

(1) 历史概况：海天堂构建于1921年，被列为鼓浪屿十大别墅之一。它是鼓浪屿上唯一按照中轴线对称布局的别墅建筑群，由五幢别墅采用中国建筑传统的对称格局，以中楼为主，向两侧展开，中心建一广场，形成一组规模宏大的建筑群，为菲律宾华侨黄秀烺购得租界洋人俱乐部原址所建，占地6 500m²。最富建筑特色的38号主楼是被当地人称为"穿西装戴斗笠"的"厌压式"建筑，屋顶为重檐歇山顶，四角缠枝高高翘起，下半部分则是西式建筑，可谓是"是宫非宫胜似宫，亦殿非殿赛过殿；不中不洋不寻常，中西结合更耐看。"；主楼两边的34号与42号侧楼为欧式建筑。作为鼓浪屿历史风貌建筑保护开发再利用的典范，历时两年、斥资千万重新整修后的海天堂构外表依然保留原有的建筑风貌，内部已赋予丰富的文化旅游功能，在这里可以让游客品味到鼓浪屿中西合璧的建筑和文化。

(2) 基地环境：鼓浪屿的道路网络形成于19世纪末，道路依山就势、高低起伏、高低起伏，全岛交通主要依靠步行。海天堂构位于福建路，沿鹿礁路可直通钢琴码头，路经原德国领事馆、天主教堂、黄荣远堂、原日本领事馆和警察署等多处著名景点。同时与海天堂构相邻的鼓浪屿商业中心，是上岛游客必到景点之一。海天堂构周边可分为三条路线，一条是从钢琴码头开始，沿鹿礁路一路经过多处景点到达海天堂构，然后继续经过音乐厅、马约翰广场、人民体育场，最终到达日光岩的旅游路径。一条是从海天堂构出发，经过复兴堂，最终到达海边的郑成功像和皓月园的海滨路线。另一条是从海天堂构出发，沿福建路、龙头路，到达鼓浪屿商业中心的商业线路。这三条线路从各个方面满足了游客的不同需求。海天堂构所处的鹿礁片区现存的历史建筑包括：海天堂构、黄荣远堂、原日本领事馆建筑群、协和礼拜堂等四个历史建筑综合保护与更新的项目，其中海天堂构的定位是普及展示和演绎建筑文化、富商文化、音乐文化三种鼓浪屿本土特色文化。

(3) 现状优势分析：海天堂共有五幢老别墅，现对外开放三幢。其中，34号被开发成极具品味的南洋风情咖啡馆，现停业装修；42号开发为中国非物质文化遗产南音和木偶的演艺中心，一层为木偶演艺中心，二层为南音展示；最富建筑特色的主楼38号则被开发为鼓浪屿建筑艺术馆，主要展示老别墅及其背后鲜为人知的名人往事，深具怀旧色彩。

作为本次研究重点的42号别墅，现虽作为南音和木偶表演场地对外开放，但是利用率低，很多房间空置着、广场没有被激活、架空层闲置；同时，由于表演场次衔接不合理，室内外缺少统一的标志引导，使得整个海天堂构的参观流线不顺畅。

海天堂构是鼓浪屿八大核心景区之一，为全国重点文物保护单位，同时也是53个申遗核心要素之一，受到了鼓浪屿管理委员会极大的重视。其在历史价值、文化价值、社会价值上和艺术价值上在岛上都名列前茅。海天堂构位于鼓浪屿中部建筑风貌区，可达性好，沿途经过原德国领事馆、天主教堂、黄荣远堂、原日本领事馆等景点，同时相邻与鼓浪屿商业中心，是上岛游客必到景点之一。海天堂构现在已经经过一轮开发利用，三栋建筑的室内已经根据功能需求适度地规划，平面被重新划分、功能被替换、室内也进行了装修。

（4）现状劣势分析：海天堂构中的三栋楼虽已被开发利用为闽南文化展示馆、鼓浪屿建筑展示馆和咖啡馆，具有一定的使用价值与社会价值，但是由于规划不够完善，缺少一个统一的主题，建筑只有一部分被利用起来。海天堂构现存在空间闲置较多、广场未被激活利用、隔潮层封闭、外廊被封闭闲置、流线不顺畅、咖啡馆与其余两栋建筑分隔，破坏原有逻辑，同时由于票价过高，使得只有小部分游人得以进入其中，进行参观，利用率偏低。

（5）机遇分析：现在正值鼓浪屿申遗阶段，海天堂构作为 53 个核心要素之一，受到了鼓浪屿管理委员会的高度重视。海天堂构可趁此机会进行进一步的修复开发，梳理参观流线，将功能统一起来，形成一个有机的整体，使游人能够更多地参与其中，与展品产生互动，从而提高海天堂构的利用率，更好地展示闽南传统风采与鼓浪屿建筑历史。同时海天堂构位于鼓浪屿中部建筑风貌区，离钢琴码头和鼓浪屿商业中心近，可达性好，沿途经过原德国领事馆、天主教堂、黄荣远堂、原日本领事馆等多处著名景点，将海天堂构与这些景点联合开发，可形成一个更大的辐射范围，激活整个鼓浪屿的活力。

（6）潜在风险分析：随着海天堂构进一步的开发，利用率提高的同时，伴随着客流量的增大，这无疑会对作为全国重点文物保护单位的海天堂构带来维护上的负担。楼梯、栏杆、洗手间、座位等易损构件，需经常检查维护。同时，开发即意味着改变原来的功能、布置、装修与材料，这从一定程度上破坏了建筑原有的肌理与历史印记。所以在规划开发之前要仔细研究建筑的历史与原有材料，最大限度地保留建筑原样，沿用原有材料，保护其历史印记与艺术形式。

5. 海天堂构主楼

鼓浪屿作为文化遗产，具备历史、艺术、社会文化、情感、教育与研究、旅游、文化创意产业与经济价值。在对单体建筑的整治改造中应注意如何维持其本身特质，不荒废现状，不过度商业化，利用应与环境吻合，找到旅游开发和环境保护之间的平衡点。属于住宅类建筑，外观保存较好，内部基本保持建筑质量完好，区域历史环境较好。目前海天堂构现状功能为展览馆，展示方式有建筑外观展示、局部室内展示、标识性展示、阐释性展示、体验性展示，此类展示对本体影响不严重，同时对价值呈现有利，进行日常保护和日常保养。展示内容可延续当前使用功能，适当增加互动性内容，此外展示方式直接，内部空间过于平铺直叙，缺乏展示馆的魅力，因此就此现状，将原有展示内容结合内部原有的彩窗特色进行内部空间的设计。

(1) 建筑环境：海天堂构主体即福建路38号外墙以红白两色为主，有明显的建筑色彩，色彩鲜明抢眼。在设计中应该注意保留其原有建筑色彩；色彩鲜明的彩窗在建筑内部成为一个明显的特色，将色彩融入设计和现有展示结合起来，进行新的整合设计，让内部空间更具有吸引力；藻井作为一个有吸引力的建筑特色空间，上面原本精致的花纹没能得到好的展示，失去其原有的魅力，应当结合照明采光将其突出；展示方式较为单一死板，利用展示柜和墙面展板的方式对不同的展品进行展示，照明考虑欠缺，不具有可停留阅读性；二层可利用的平台现在已经封死，空间利用率低，周围的回廊和建筑内部脱开，未打开或者作展示用途，使建筑空间和环境脱离联系；目前隔潮层作为展示的一部分，但是光照差，照明方式使展品不具有可看性，有互动性的展品也没有人停留下来进行参与，对隔潮层的展示方式同样应当进行考虑，改变其照明方式；对一些色彩和光的创意展示方式进行的整理。

(2) 物理环境：利用彩色玻璃为载体，通过精心地将它们排列成各种不同的几何阵列来表达自己对光的审美认知，不同颜色的镜面反射出来的光互相叠加交织成霓虹般的色彩，从而创造出光影艺术，而且这种复杂的光影团还会随着光线与观察者的角度变化而变化。海天堂构的内部设计可以参考这种展示方式；在卷纸的纸筒中创作自己的剪纸作品，这些剪纸作品通过圆形的纸筒观看，就如看电影一般将不同的场景展现在观赏者眼前，并且合理的照明使内容更加具有吸引力；在和海天堂构的工作人员交谈中，对方提出意见，如果能够还原一些当时的场景可以使展示内容更加丰富，运用这种方式可能是个不错的选择；互动灯光的装置将灯光的概念转化成城市空间中的游戏，让各个年龄层的公众都能参与到这个以灯光和色彩为基础的互动系统中；这个结合灯光让人参与到一个装置的互动性中，增添它的活力；利用镜子来呈现特殊的视线效果，在地上摆放一系列建筑立面，人在地上做各种造型，就可以看见违反地球引力的各种视觉效果，这样的展示方式可以融合场景还原让游客与建筑之间有所互动，例如还原各种生活场景。

6. 八卦楼

鼓浪屿八卦楼在近现代被重新利用作为鼓浪屿博物馆，随后又改为风琴展示馆。这又与西方古典复兴式风格建筑具有较强的纪念性特征，与鼓浪屿建筑中占大多数的公馆、别墅建筑的休闲属性并不相符，在岛上采用这种样式的大多数是教会、领事馆等公共建筑，借助西方古典复兴式严谨、庄重的样式特征，强调建筑的纪念性与神圣性，区别于地方一般的世俗建筑。另一方面，鼓浪屿八卦楼设计时的初衷是作为鼓浪屿标志性的特大别墅，能够俯瞰鼓浪屿与厦门景色。因此成为其改革开放后被改造为公共建筑演变的重要原因。

参考文献
Literature

[1] 国家文物局．世界遗产公约申报世界文化遗产：中国鼓浪屿 [Z]，2014.

[2] 梅青．中国精致建筑 100：鼓浪屿 [M]. 北京：中国建筑工业出版社，2015.

[3] Michel Parent，Michael Petzet. What is OUV? Defining the Outstanding Universal Value of Cultural World Heritage Properties an ICOMOS study compiled by jukka jokilehto，with contributions from Christina Cameron[EB/OL] .http://www.icomos.de/pdf/Monuments_and_Sites_16_What_is_OUV.pdf

[4] Erica Avrami，Randall Mason，Marta de la Torre. Values and Heritage Conservation[R]. Los Angeles:The Getty Conservation Institute，2000.

[5] 清钞本．闽海纪要 [Z]. 北京：中国国家古籍图书馆.

[6] 清傅氏钞本．张忠烈公集（卷六）[Z]. 北京：中国国家古籍图书馆.

[7] 民国希古楼刻本．闽中金石志（卷十四）[Z]. 北京：中国国家古籍图书馆.

[8] 民国景十通本．清续文献通考（卷五十七十杂考二）[Z]. 北京：中国国家古籍图书馆.

[9] 清光绪石印本．清经世文续编（卷七十八兵政十七：道光洋艘征抚记）[Z]. 北京：古籍图书馆.

[10] 清文渊阁四库全书本．胜朝殉节诸臣録（卷七：钦定胜朝殉节诸臣录）[Z]. 北京：古籍图书馆.

[11] 治台必告录 [Z]. 北京：中国国家古籍图书馆.

[12] 闽粤巡视纪略 [Z]. 北京：中国国家古籍图书馆.

[13] 国朝柔远记（卷十二）[Z]. 北京：中国国家古籍图书馆.

[14] 防海纪略（卷下）[Z]. 北京：中国国家古籍图书馆.

[15] 海国图志（卷一）[Z]. 北京：中国国家古籍图书馆.

[16] 小腆纪传（卷三纪第三）[Z]. 北京：中国国家古籍图书馆.

[17] 约章成案汇览（甲篇卷二：条约）[Z]. 北京：中国国家古籍图书馆.

[18] 约章成案汇览（乙篇卷十上：章程）[Z]. 北京：中国国家古籍图书馆.

[19] 东溟文集（文后集：卷五）[Z]. 北京：中国国家古籍图书馆.

[20] 缘督庐日记抄（卷四）[Z]. 北京：中国国家古籍图书馆.

[21] 语石（卷五）[Z]. 北京：中国国家古籍图书馆.

[22] 夷艘入寇记（卷下）[Z]. 北京：中国国家古籍图书馆.

[23] 盾墨拾馀（卷九四魂集魂南集）[Z]. 北京：中国国家古籍图书馆.

[24] 诗铎（卷十三）[Z]. 北京：中国国家古籍图书馆.

[25] 东华续录（光绪朝）：光绪一百七十六 [Z]. 北京：中国国家古籍图书馆.

[26] 清史稿（本纪二十四德宗本）[Z]. 北京：中国国家古籍图书馆.

[27] 清史稿（志五十二地理十七）[Z]. 北京：中国国家古籍图书馆.
[28] 钦定胜朝殉节诸臣录 [Z]. 北京：中国国家古籍图书馆.
[29] 洋防说略 [Z]. 北京：中国国家古籍图书馆.
[30] 得树楼杂抄 [Z]. 北京：中国国家古籍图书馆.
[31] 籀经堂频稿 [Z]. 北京：中国国家古籍图书馆.
[32] 归朴龛丛稿 [Z]. 北京：中国国家古籍图书馆.
[33] 三湘从事录 [Z]. 北京：中国国家古籍图书馆.
[34] （乾隆）福州府志 [Z]. 北京：中国国家古籍图书馆.
[35] 靖海志 [Z]. 北京：中国国家古籍图书馆.
[36] 东南纪事 [Z]. 北京：中国国家古籍图书馆.
[37] 三藩纪事本末 [Z]. 北京：中国国家古籍图书馆.
[38] 清经世文续编 [Z]. 北京：中国国家古籍图书馆.
[39] 行朝录 [Z]. 北京：中国国家古籍图书馆.
[40] 清续文献通考 [Z]. 北京：中国国家古籍图书馆.
[41] （嘉庆）大清一统志 [Z]. 北京：中国国家古籍图书馆.
[42] 东华续录（道光朝）[Z]. 北京：中国国家古籍图书馆.
[43] 南疆逸史 [Z]. 北京：中国国家古籍图书馆.
[44] 中西纪事 [Z]. 北京：中国国家古籍图书馆.
[45] 小腆纪年附考 [Z]. 北京：中国国家古籍图书馆.
[46] 东华续录（光绪朝）[Z]. 北京：中国国家古籍图书馆.
[47] 海东逸史 [Z]. 北京：中国国家古籍图书馆.
[48] 张忠烈公案 [Z]. 北京：中国国家古籍图书馆.
[49] 闽中金石志 [Z]. 北京：中国国家古籍图书馆.
[50] 胜朝殉节诸臣录 [Z]. 北京：中国国家古籍图书馆.
[51] 台湾郑氏始末 [Z]. 北京：中国国家古籍图书馆.
[52] 夷氛闻记 [Z]. 北京：中国国家古籍图书馆.
[53] 海上见闻录定本 [Z]. 北京：中国国家古籍图书馆.
[54] 顾亭林先生诗文注 [Z]. 北京：中国国家古籍图书馆.
[55] 壮怀堂诗 [Z]. 北京：中国国家古籍图书馆.
[56] 意苕山馆诗稿 [Z]. 北京：中国国家古籍图书馆.
[57] 鲒埼亭集 [Z]. 北京：中国国家古籍图书馆.
[58] 愚斋存稿 [Z]. 北京：中国国家古籍图书馆.
[59] 希古堂集 [Z]. 北京：中国国家古籍图书馆.
[60] 赌棋山庄集 [Z]. 北京：中国国家古籍图书馆.
[61] 赌棋山庄词话 [Z]. 北京：中国国家古籍图书馆.
[62] 松龛先生诗文集 [Z]. 北京：中国国家古籍图书馆.
[63] 东溟文集 [Z]. 北京：中国国家古籍图书馆.
[64] 缘督庐日记抄 [Z]. 北京：中国国家古籍图书馆.
[65] 英轺日记 [Z]. 北京：中国国家古籍图书馆.
[66] 诗铎 [Z]. 北京：中国国家古籍图书馆.
[67] 碑传集补 [Z]. 北京：中国国家古籍图书馆.
[68] 人民日报（第 3 版）, 2017-05-05.
[69] 郑时龄, 中国科学院技术科学部, 城市规划和建筑学学科的发展战略研究组. 关于学科发展战略研究报告——城市规划和建筑学学科的未来发展 [R]. 2016, 1.

[70] 新华社."习近平致第二十二届国际历史科学大会的贺信"[EB/OL]. 新华网,(2018-08-23).www.xinhuanet.com/world/201508/23/C1116344061.htm.
[71] 安德烈亚·纳内蒂,张寿安,梅青,等.可持续遗产影响因素理论——遗产评估和规划的复杂行框架研究[J]. 建筑遗产,2016(4):21-37.
[72] 在国际古迹遗址理事会共享遗产委员会(ICOMOS ISC SBH)的推动下,2012年10月,由国家文物局,中国古迹遗址保护协会(ICOMOS CHINA)以及福建省厦门市鼓浪屿——万石山风景名胜区管理委员会联合在厦门—北京召集了鼓浪屿申建论证会,由此为鼓浪屿成为预备名单打下了坚实的基础。
[73] 保护世界文化与自然遗产公约[EB/OL].http://whc.unesco .org/en/guidelines.
[74] 史晨暄."世界遗产突出的普遍价值"评价标准的演变[D].北京:清华大学,2008.
[75] 史晨暄.世界遗产四十年:文化遗产"突出普遍价值"评价标准的演变[M]. 北京:科学出版社,2015.
[76] 梅青.鼓浪屿近代建筑的文脉[J]. 华中建筑,1988(3):64-67.
[77] 张海文,等.《联合国海洋法公约》图解[M]. 北京:法律出版社,2010.
[78] 国家文物局.中国文物古迹保护准则[EB/OL].www.sach.gov.cn/art/2015/5/28.
[79] 阿尔弗莱德·申兹.幻方——中国古代的城市[M].梅青,译.吴志强,审.北京:中国建筑工业出版社,2009.
[80] 梅青.中国建筑文化向南洋的传播:为纪念郑和下西洋伟大壮举六百周年献礼[M].北京:中国建筑工业出版社,2005.
[81] 鼓浪屿申报世界文化遗产系列丛书编委会.大航海时代与鼓浪屿——西洋古文献及影像精选[M]. 北京:文物出版社,2013.
[82] 梅青.中国建筑·城池村落·鼓浪屿[M]. 台湾:锦绣出版公司,北京:中国建筑工业出版社,2002.
[83] 董学文.美学概论[M]. 北京:北京大学出版社,2003.
[84] 梅青.女性视野中的城市、街道、生活[M]. 上海:同济大学出版社,2012.
[85] 北京市古代建筑研究所.近代建筑[M]. 北京:北京出版集团公司,北京:北京美术摄影出版社,2014.
[86] 爱德华·丹尼森.中国现代主义建筑的视角与改革[M]. 北京:电子工业出版社,2012.
[87] 维基百科网站[EB/OL].https://en.wikipedia.org/wiki/Architectural_conservation.
[88] (美)凯文·林奇.城市意象[M].方益萍,何晓军,译.北京:华夏出版社,2017.
[89] (德)马丁·海德格尔.存在与时间[M].陈嘉映,王庆节,译.熊伟,校.北京:三联书店,1987.
[90] (美)艾米丽·泰伦.新城市主义宪章[M]. 王学生,谭学者,译.北京:电子工业出版社,2000.
[91] 安德烈,张寿安,梅青,等.可持续遗产影响因素理论——遗产评估编制的复合框架研究[J]. 建筑遗产,2016(4):21-37.
[92] (加拿大)简·雅各布斯.美国大城市的死与生[M]. 金衡山,译.江苏:译林出版社,2006.
[93] 常青.历史建筑修复的"真实性"批判[J].时代建筑,2009(3):118-121.
[94] 林沄.历史建筑保护修复技术方法研究——上海历史建筑保护修复实践研究[D].同济:同济大学,2005.
[95] 钟敏.法国老建筑改造经典案例[M]. 重庆:重庆大学出版社,2009.
[96] 刘寅辉.基于目的性的既有建筑再利用技术策略研究[D].天津:天津大学,2011.
[97] 辛同升.鲁中地区近代历史建筑修复与再利用研究[D].天津:天津大学,2008.

[98] 陈蔚 . 我国建筑遗产保护理论和方法研究 [D]. 重庆 ：重庆大学，2006.
[99] 王旭 . 20 世纪遗产建筑围护结构节能改造技术策略研究 [D]. 北京：北京工业大学，2016.
[100] 蒋廷黻，徐卫东 . 中国近代史（彩图增订本）[M]. 北京 ：中华书局，2016.
[101] 刘先觉 . 建筑轶事见闻录 [M]. 杨晓龙，整理 . 北京 ：中国建筑工业出版社，2013.
[102] 赖德霖，伍江，徐苏斌 . 中国近代建筑史 [M]. 北京 ：中国建筑工业出版社，2016.
[103] 侯幼彬 . 缘分——我与中国近代建筑 [J]. 建筑师，2017（5）：8-15.
[104] 刘先觉 . 刘先觉文集 [M]. 武汉 ：华中科技大学出版社，2012.
[105] 人民教育出版社历史室 . 世界近代现代史 [M]. 北京 ：人民教育出版社，1992.
[106] 程世卓 . 英国建筑技术美学的谱系研究 [D]. 哈尔滨 ：哈尔滨工业大学，2013.
[107] 郭湖生，等 . 中国近代建筑总揽·厦门篇 [M]. 北京 ：中国建筑工业出版社，1993.
[108] 菊池秀明 . 末代王朝与近代中国 ：清末 中华民国 [M]. 马晓娟，译 . 桂林 ：广西师范大学出版社，2014.
[109] 潘安 . 商都往事 ：广州城市历史研究手记 [M]. 北京 ：中国建筑工业出版社，2010.
[110] 张鹏 . 探寻中国近代建筑 [M]. 北京 ：中国社会出版社，2011.
[111] 梅青 . What can we dedicate to you? [Z]. 洛杉矶：美国盖蒂基金会“联结海洋”主题论坛，2013.
[112] Jared Diamond. The World Until Yesterday: What Can We Learn from Traditional Societies? [M]. London ：Penguin Books，2013.
[113] Jeremy L.Caradonna. Sustainability:A History [M]. London ：Oxford University Press，2014.
[114] Marta de la Torre. Assessing the Values of Cultural Heritage [Z]. The Getty Conservation Institute，2002.
[115] Dennis Rodwell. Conservation and Sustainability in Historic Cities [EB/OL]. Hoboken: Wiley，2008.
[116] http://whc.unesco.org/en/criteria.
[117] Mason. Economics and Heritage Conservation: A Meeting Organized by the Getty Conservation Institute [Z]. Los Angeles: The Getty Conservation Institute，1998/1999.
[118] Riegl，Alois.The Modern Cult of Monuments: Its Character and Its Orign[M]. New York: Rizzoli，1982.
[119] The Burra Charter（The Australia ICOMOS Charter for Places of Cultural Significance）.
[120] Erica Avrami，Randall Mason，Marta de la Torre. Values and Heritage Conservation[M]. Los Angeles: The Getty Conservation Institute，2000.
[121] M. Bernard，Feilden. Conservation of Historic Buildings[M]. Boston: Butterworth Scientific，2004.
[122] Mei Qing. Houses and Settlement: Returned Overseas Chinese Architecture in Xiamen.
[123] 1890s-1930s[Z]. Michigan: UMI，2004.
[124] Cody，Jeffrey W，Fong Kecia. Built Environment[M]. London: Alexandrine Press，2007.
[125] Wim Denslagen. Romantic Modernism: Nostalgia in the World of Conservation[M]. Amsterdam: Amsterdem University Press，2009.
[126] Qian Fengqi. Chinas Burra Charter: The Formation and Implementation of the China Principles[J/OL]. International Journal of Heritage Studies，2007，13:3.
[127] Lisanne Gibson and John Pendlebury Valuing Historic Environments[M]. London: Ashgate Publishing，2012.